Lineare Systeme in der Wirtschaft

Emil Larek

Lineare Systeme in der Wirtschaft

Lineare Algebra, Lineare Optimierung

7., überarbeitete Auflage

PETER LANG

Frankfurt am Main · Berlin · Bern · Bruxelles · New York · Oxford · Wien

Bibliografische Information der Deutschen Nationalbibliothek
Die Deutsche Nationalbibliothek verzeichnet diese Publikation
in der Deutschen Nationalbibliografie; detaillierte bibliografische
Daten sind im Internet über http://dnb.d-nb.de abrufbar.

Umschlaggestaltung:
© Olaf Glöckler, Atelier Platen, Friedberg

Gedruckt auf alterungsbeständigem,
säurefreiem Papier.

ISBN 978-3-631-62270-4

© Peter Lang GmbH
Internationaler Verlag der Wissenschaften
Frankfurt am Main 2000
7., überarbeitete Auflage 2012
Alle Rechte vorbehalten.

www.peterlang.de

Inhaltsverzeichnis

Symbolverzeichnis

R	Menge der reellen Zahlen
$l_i \in R$	l_i ist Element der Menge R
$\otimes \in \{\leq, =, \geq\}$	Symbol $\otimes$ steht für $\leq$, $=$ oder $\geq$
$\sum\limits_{i=1}^{n} l_i = l_1 + l_2 + \ldots + l_n$	Summe
$\wedge$	und
$min(g_j)$	Minimum aller g_j
$\mathbf{a}$	Spaltenvektor
$\mathbf{a}^{\mathrm{o}}$	Einheitsvektor
$\mathbf{a}^{\mathrm{T}}$	Zeilenvektor
$|\mathbf{a}|$	Betrag des Vektors $\mathbf{a}$
$\mathbf{A} = (a_{ik})$	Matrix
$\mathbf{A}^{\mathrm{T}}$	transponierte Matrix
$\mathbf{A}^{-1}$	inverse Matrix
$|\mathbf{A}| = \det(\mathbf{A})$	Determinante der Matrix $\mathbf{A}$
$Rang(\mathbf{A}) = rg(\mathbf{A})$	Rang der Matrix $\mathbf{A}$
ME	Mengeneinheiten
$\mathbf{0}$, $\mathbf{o}$	Nullmatrix , Nullvektor
$\mathbf{E}$	Einheitsmatrix
$\mathbf{x_B}$	Vektor der Basisvariablen
$\mathbf{x_N}$	Vektor der Nichtbasisvariablen
$\mathbf{x}^{\mathrm{s}}$	Vektor der Schlupfvariablen

Abkürzungen

BV	Basisvariable
HE	Hauptelement
HS	Hauptspalte
HZ	Hauptzeile
NBV	Nichtbasisvariable
NB	Nebenbedingung
NNB	Nichtnegativitätsbedingung

Lineare Systeme in der Wirtschaft

Einleitung

Möchte man bestimmte Entscheidungen wirtschaftlicher Art nach ökonomischen Gesichtspunkten fällen, kann man nicht nur die Regeln des Wirtschafts- oder des Steuerrechts und vielleicht gewisse Erfahrungen heranziehen, sondern wird auch Überlegungen bezüglich der Zulässigkeit und Vereinbarkeit der benutzten Fonds anstellen müssen. Neben der Realisierbarkeit stehen aber auch Fragen nach der Effektivität, wenn es mehrere mögliche Varianten gibt.

Eine „Berechnung" von Problemen wird erst möglich, nachdem die gewünschte Aufgabenstellung in einem mathematischen Modell dargestellt ist. Ein Spezialist wird die Lösung des mathematischen Problems übernehmen müssen, wenn das mathematische Modell zu kompliziert ist. Die Kenntnis „einfach" lösbarer mathematischer Modelle kann durchaus hilfreich bei der Darstellung praktischer Sachverhalte sein. Häufig können durch Vereinfachungen der Problemstellung überschaubare mathematische Modelle erstellt werden, deren Lösung dann einen ersten Hinweis auf mögliche Entscheidungen gibt. Welche Vielfalt von praktischen Anwendungsfällen sich auf lineare Systeme zurückführen lassen, zeigt diese Abhandlung.

Es gibt zwei Wege betriebswirtschaftliche und mathematische Modelle gemeinsam darzustellen. Entweder man stellt das praktische Problem dar und sucht ein passendes mathematisches Modell, oder aber man stellt bekannte mathematische Modelle dar und zeigt mögliche praktische Anwendungssituationen. Hier soll versucht werden, eine systematische Darstellung linearer mathematischer Modelle zu geben, die von ihrer Grundidee bis zu speziellen Anwendungen erläutert werden. Die Kenntnis der linearen Modelle bietet den Vorteil, dass der Anwender die Bearbeitung eines Problems mit einem einfachen mathematischen Modell beginnen kann, um es dann schrittweise zu verbessern. Oft sind auch schon erste Teillösungen für den Entscheidungsprozess hilfreich und geben Hinweise auf zu erwartende kritische Situationen.

In der Wirtschaft sind viele Disziplinen mathematisch durchdrungen, und deren Verständnis wird wesentlich durch Kenntnis der wichtigsten mathematischen Methoden erleichtert. Hier werden lineare Modelle vorgestellt und ausführlich erläutert. An typischen Beispielen werden mögliche Anwendungen demonstriert und Bewertungen der Lösungen vorgenommen. Die einzelnen Abschnitte bauen aufeinander auf, so dass Studenten zu empfehlen ist, das Buch abschnittsweise systematisch durchzuarbeiten. Sind jedoch einmal Grundkenntnisse vorhanden, können die einzelnen Abschnitte unabhängig voneinander zur Vertiefung der gerade interessierenden Methoden herangezogen werden. Zu Beginn jedes Abschnitts werden die nötigen mathematischen Kenntnisse vermittelt, um dann an einer Fülle von Beispielen das Verfahren selbst zu demonstrieren, aber auch auf bestimmte kritische Momente hinzuweisen. Auf mathematische Beweise wird weitgehend zu Gunsten einer Vielzahl von Beispielen verzichtet.

Die Lineare Algebra gibt es als mathematische Disziplin schon länger, jedoch breite praktische Anwendung der bekannten Verfahren wurde erst mit dem stürmischen Siegeszug der Computertechnik in den letzten 40 Jahren wirklich möglich. Gerade die Verarbeitung großer Datenmengen und die wiederholte Anwendung einfacher Verknüpfungen derselben, wie sie in der linearen Algebra vorkommen, sind ein Vorzug der modernen Rechentechnik. Auf diesem Gebiet gibt es sehr viele und gut durchdachte Programmpakete, die bei Kenntnis der benutzten Modelle sehr schnell zu ersten Lösungen führen. Es soll hier nicht über Vor- und Nachteile einzelner Softwarelösungen gesprochen werden. Es sind sehr viele verschiedene gute Softwareangebote bekannt, und der Anwender hat die Qual der Wahl. So werden immer mehr Komplettlösungen gehandelt, die leider die benutzten mathematischen Modelle nicht mehr erkennen lassen. Das sollte als Argument aufgefasst werden, sich mit den mathematischen Verfahren zu befassen, um der Software nicht hilflos ausgeliefert zu sein. Für bestimmte Verfahren bestehen gewisse Kriterien, die bei Nutzung erfüllt sein müssen und bei Nichterfüllung zu Überraschungen führen. Mitunter bieten Pakete auch für ein Problem mehrere Lösungen an, so dass der Anwender auch die Vielfalt entsprechend einordnen muss, um sein praktisches Problem einer Lösung zuzuführen.

Emil Larek

1 Determinanten

Es gibt verschiedene Möglichkeiten, die lineare Algebra mathematisch darzustellen. Für eine exakte und trotzdem übersichtliche Beschreibung des mathematischen Grundgerüstes sollen hier auch die Determinanten genutzt werden. An mehreren Stellen können Sachverhalte so einfacher beschrieben werden und bieten Determinanten einfache Kontrollmöglichkeiten bestimmter Eigenschaften.

Die Determinante wird an einem Beispiel eingeführt. Ausgangspunkt ist ein lineares Gleichungssystem

$$\textbf{(1. 1)} \qquad \begin{array}{rcl} 3x \; +2y &=& 7 \\ 4x \; +3y &=& 10 \end{array} \; .$$

Multipliziert man die erste Gleichung mit 3 und die zweite Gleichung mit −2 und addiert sie anschließend, erhält man

$$3 \cdot 3x - 2 \cdot 4x \; +3 \cdot 2y - 2 \cdot 3y \; = \; 3 \cdot 7 - 2 \cdot 10$$

oder $(3 \cdot 3 - 2 \cdot 4) \cdot x = 3 \cdot 7 - 2 \cdot 10$.

Durch Umstellen nach x entsteht dann $x = \dfrac{3 \cdot 7 - 2 \cdot 10}{3 \cdot 3 - 2 \cdot 4} = 1$.

Multipliziert man hingegen die erste Gleichung mit −4 und die zweite Gleichung mit 3 und addiert sie anschließend, erhält man

$$3 \cdot 4x - 4 \cdot 3x \; +3 \cdot 3y - 4 \cdot 2y \; = \; 3 \cdot 10 - 4 \cdot 7$$

oder $(3 \cdot 3 - 4 \cdot 2) \cdot y = 3 \cdot 10 - 4 \cdot 7$.

Durch Umstellen nach y entsteht dann $y = \dfrac{3 \cdot 10 - 4 \cdot 7}{3 \cdot 3 - 4 \cdot 2} = 2$.

Die gefundenen Werte für $x = 1$ und $y = 2$ sind Lösungen des Gleichungssystems $(1. 1)$.

Die Rechenvorschriften in Zähler und Nenner bei der Bestimmung von x und y können mit Determinanten sehr übersichtlich dargestellt werden.

Definition

Einer Anordnung von Zahlen in einem quadratischen Schema wird nach einer bestimmten Rechenvorschrift ein Zahlenwert zugeordnet. Diese Zahl nennt man Determinante.
Die Ordnung n der Determinante wird durch die Anzahl der Zeilen (oder Spalten) bestimmt.

In der Literatur werden verschiedene Symbole für eine Determinante verwendet $|a_{ik}|$, $\det(a_{ik})$, D und sind zur näheren Beschreibung Begriffe wie Hauptdiagonale, Nebendiagonale, Zeile, Spalte und Element üblich.

$$(1.\,2) \qquad D = \begin{vmatrix} a_{11} & a_{12} & \cdots & a_{1n} \\ a_{21} & a_{22} & & \\ \vdots & & \ddots & \\ a_{n1} & \cdots & & a_{nn} \end{vmatrix}$$

Die Indizes i und k eines Elementes a_{ik} bestimmen den Platz in dem geordneten Schema. Hierbei ist der erste Index i die Zeilennummer und der zweite Index k die Spaltennummer des Platzes in der Anordnung aller Elemente.

Alle Elemente a_{ii} mit dem gleichen Zeilen- und Spaltenindex liegen auf der Hauptdiagonalen der Determinante.

Definition

Gleichzeitiges Streichen von Zeilen und Spalten führt zu einer neuen Determinante, die als Unterdeterminante bezeichnet wird.

Eine besondere Bedeutung haben die Unterdeterminanten $n-1$-ter Ordnung.

Definition

Die Unterdeterminante U_{ik} $n-1$-ter Ordnung (auch Minor genannt) entsteht durch Streichen der i-ten Zeile und k-ten Spalte einer Determinante.

Zu einer Determinante existieren verschiedene Unterdeterminanten unterschiedlicher Ordnung.
- Als Unterdeterminante mit der größten Ordnung wird die Determinante selbst bezeichnet.
- Eine Determinante n-ter Ordnung besitzt genau n^2 Unterdeterminanten $n-1$-ter Ordnung.

Definition

Eine Adjunkte A_{ik} (auch Co-Faktor genannt) ist eine mit dem Faktor $(-1)^{i+k}$ multiplizierte Unterdeterminante U_{ik} $n-1$-ter Ordnung.

(1. 3)

$$A_{ik} = (-1)^{i+k} \cdot U_{ik}$$

Das Vorzeichen der Adjunkten unterscheidet sich immer dann vom Vorzeichen der Unterdeterminante, wenn die Summe der Indizes ungerade ist.

Als Merkregel kann das **Schachbrettmuster** dienen:

$$\textit{Faktor} \quad (-1)^{i+k} = \begin{vmatrix} + & - & + & - & \cdots \\ - & + & - & + \\ + & - & + & - \\ - & + & - & + \\ \vdots & & & & \ddots \end{vmatrix}$$

1.1 Berechnungsvorschriften

Die Berechnungsvorschriften können in Abhängigkeit von der Ordnung n der Determinante dargestellt werden.
Eine Determinante **erster Ordnung** besteht nur aus einem Element und ist dieses Element selbst.

(1. 4)

$$D = |a_{11}| = a_{11}$$

Beispiel 1.1: $\quad |-7| = -7$
Nicht mit dem Betrag zu verwechseln!

Eine Determinante **zweiter Ordnung** besteht aus vier Elementen und wird durch kreuzweise Multiplikation bestimmt.

(1. 5)

$$D = \begin{vmatrix} a_{11} & a_{12} \\ a_{21} & a_{22} \end{vmatrix} = a_{11} \cdot a_{22} - a_{12} \cdot a_{21}$$

Beispiel 1.2: $\quad \begin{vmatrix} 3 & 2 \\ 4 & 3 \end{vmatrix} = 3 \cdot 3 - 2 \cdot 4$

Betrachtet man jetzt das Gleichungssystem (1. 1) genauer, findet man die obenstehende Determinante, gebildet aus den Koeffizienten der Unbekannten x und y, als Nenner wieder. Tauscht man die Koeffizienten der Variablen x durch die rechte Seite $\begin{vmatrix} 7 & 2 \\ 10 & 3 \end{vmatrix} = 3 \cdot 7 - 2 \cdot 10$ und tauscht man die Koeffizienten der Variablen y durch die rechte Seite $\begin{vmatrix} 3 & 7 \\ 4 & 10 \end{vmatrix} = 3 \cdot 10 - 7 \cdot 4$ entstehen jeweils die Zähler zur Berechnung von x bzw. y.

$$x = \frac{\begin{vmatrix} 7 & 2 \\ 10 & 3 \end{vmatrix}}{\begin{vmatrix} 3 & 2 \\ 4 & 3 \end{vmatrix}} = \frac{1}{1} = 1 \quad \text{und} \quad y = \frac{\begin{vmatrix} 3 & 7 \\ 4 & 10 \end{vmatrix}}{\begin{vmatrix} 3 & 2 \\ 4 & 3 \end{vmatrix}} = \frac{2}{1} = 2 \quad \text{sind die gesuchten Lösungen.}$$

Eine Determinante **dritter Ordnung** kann nach zwei verschiedenen Regeln berechnet werden.
Zunächst die **Regel nach Sarrus**:

$$\textbf{(1. 6)} \quad D = \begin{vmatrix} a_{11} & a_{12} & a_{13} \\ a_{21} & a_{22} & a_{23} \\ a_{31} & a_{32} & a_{33} \end{vmatrix} = \begin{aligned} & a_{11} \cdot a_{22} \cdot a_{33} + a_{12} \cdot a_{23} \cdot a_{31} + a_{13} \cdot a_{21} \cdot a_{32} \\ & - a_{13} \cdot a_{22} \cdot a_{31} - a_{11} \cdot a_{23} \cdot a_{32} - a_{12} \cdot a_{21} \cdot a_{33} \end{aligned}$$

Beispiel 1.3:

$$\begin{vmatrix} 1 & 2 & 3 \\ 4 & 1 & 3 \\ 3 & 5 & 7 \end{vmatrix} \begin{matrix} 1 & 2 \\ 4 & 1 \\ 3 & 5 \end{matrix} = 1 \cdot 1 \cdot 7 + 2 \cdot 3 \cdot 3 + 3 \cdot 4 \cdot 5 - 3 \cdot 1 \cdot 3 - 1 \cdot 3 \cdot 5 - 2 \cdot 4 \cdot 7 = 5$$

Determinanten **dritter und höherer Ordnung** werden nach dem Entwicklungssatz von Laplace berechnet.

Satz 1. 1 Entwicklungssatz von Laplace

Die Determinante n-ter Ordnung wird bestimmt, indem man für eine bestimmte Zeile (oder Spalte) die Produkte aus den einzelnen Elementen und den zugehörigen Adjunkten summiert.

$$(1.7) \qquad D = \sum_{k=1}^{n} a_{rk} \cdot A_{rk} = \sum_{k=1}^{n} (-1)^{r+k} \cdot a_{rk} \cdot U_{rk}$$

Beispiel 1.4:

$$\begin{vmatrix} 1 & 2 & 3 \\ 4 & 1 & 3 \\ 3 & 5 & 7 \end{vmatrix} = 1 \cdot \begin{vmatrix} 1 & 3 \\ 5 & 7 \end{vmatrix} - 2 \cdot \begin{vmatrix} 4 & 3 \\ 3 & 7 \end{vmatrix} + 3 \cdot \begin{vmatrix} 4 & 1 \\ 3 & 5 \end{vmatrix} =$$

$$1 \cdot (7 - 15) - 2 \cdot (28 - 9) + 3 \cdot (20 - 3) = -8 - 38 + 51 = 5$$

In diesem Beispiel wird die Lösung durch Entwickeln nach der ersten Zeile bestimmt.

$$D = a_{11} \cdot A_{11} + a_{12} \cdot A_{12} + a_{13} \cdot A_{13} = a_{11} \cdot U_{11} - a_{12} \cdot U_{12} + a_{13} \cdot U_{13}$$

Beispiel 1.5:

$$\begin{vmatrix} 2 & 1 & 2 & 3 \\ 3 & 1 & 6 & 2 \\ 2 & 0 & 2 & 1 \\ 3 & 4 & 5 & 0 \end{vmatrix} = 2 \cdot \begin{vmatrix} 1 & 2 & 3 \\ 1 & 6 & 2 \\ 4 & 5 & 0 \end{vmatrix} - 0 \cdot \begin{vmatrix} 2 & 2 & 3 \\ 3 & 6 & 2 \\ 3 & 5 & 0 \end{vmatrix} + 2 \cdot \begin{vmatrix} 2 & 1 & 3 \\ 3 & 1 & 2 \\ 3 & 4 & 0 \end{vmatrix} - 1 \cdot \begin{vmatrix} 2 & 1 & 2 \\ 3 & 1 & 6 \\ 3 & 4 & 5 \end{vmatrix} =$$

$$= 2 \cdot (-51) - 0 \cdot (-17) + 2 \cdot (17) - 1 \cdot (-17) = -51$$

Die Berechnung der Determinante erfolgt durch Entwickeln nach der dritten Zeile. Somit ergibt sich die Determinante aus

$$D = a_{31} \cdot A_{31} + a_{32} \cdot A_{32} + a_{33} \cdot A_{33} + a_{34} \cdot A_{34} = a_{31} \cdot U_{31} - $$
$$-a_{32} \cdot U_{32} + a_{33} \cdot U_{33} - a_{34} \cdot U_{34} \ .$$

Die Adjunkte A_{32} hat keinen Einfluss auf das Resultat, da sie mit dem Faktor null multipliziert wird, und braucht deshalb nicht berechnet werden. Es ist also zweckmäßig nach einer Zeile oder Spalte mit möglichst vielen Nullen zu entwickeln.

1.2 Rechenregeln für Determinanten

Diese Rechenregeln gelten sowohl für Zeilen als auch Spalten und sind unabhängig von der Ordnung n.

Satz 1. 2

Eine Determinante besitzt den Wert null, wenn eine Zeile (oder Spalte) nur die Elemente 0 enthält.

Satz 1. 3

Eine Determinante besitzt den Wert null, wenn zwei Zeilen (oder Spalten) übereinstimmen.

Satz 1. 4

Eine Determinante besitzt den Wert null, wenn eine Zeile (oder Spalte) Linearkombination anderer Zeilen (oder Spalten) ist.

Satz 1. 5

Eine Determinante wird mit dem Faktor k multipliziert, indem man alle Elemente einer Zeile (oder Spalte) mit dem Faktor k multipliziert.

Satz 1. 6

Eine Determinante ändert ihren Wert nicht, wenn man zu einer Zeile (oder Spalte) eine mit einem Faktor k multiplizierte andere Zeile (oder Spalte) entsprechend addiert.

Satz 1. 7

Eine Determinante ändert ihren Wert nicht, wenn man alle Elemente an der Hauptdiagonalen spiegelt (stürzt oder transponiert).

Satz 1. 8

Eine Determinante ändert das Vorzeichen, wenn man zwei Zeilen (oder Spalten) miteinander vertauscht.

Satz 1. 9

Eine Determinante ändert ihren Wert nicht, wenn man sie rändert.

Diese Rechenregeln sparen bei Kenntnis und Anwendung mitunter beträchtlichen Rechenaufwand bei der Bestimmung von Determinanten. An einigen Beispielen sollen diese Regeln erläutert und der entstehende Rechenvorteil gezeigt werden.

Beispiel 1.6 zu Satz 1. 2

Besteht eine Zeile einer Determinante nur aus den Elementen Null, wird man vorteilhaft nach dieser Zeile entwickeln. Es entsteht eine Summe von Produkten deren einer Faktor immer Null ist $D = \sum_{k=1}^{n} 0 \cdot A_{rk} = 0$. Analog gilt diese Aussage auch für eine Determinante mit einer Spalte Nullen.

$$\begin{vmatrix} 2 & 1 & 2 & 3 \\ 3 & 1 & 6 & 2 \\ 0 & 0 & 0 & 0 \\ 3 & 4 & 5 & 0 \end{vmatrix} = 0 \cdot \begin{vmatrix} 1 & 2 & 3 \\ 1 & 6 & 2 \\ 4 & 5 & 0 \end{vmatrix} - 0 \cdot \begin{vmatrix} 2 & 2 & 3 \\ 3 & 6 & 2 \\ 3 & 5 & 0 \end{vmatrix} + 0 \cdot \begin{vmatrix} 2 & 1 & 3 \\ 3 & 1 & 2 \\ 3 & 4 & 0 \end{vmatrix} - 0 \cdot \begin{vmatrix} 2 & 1 & 2 \\ 3 & 1 & 6 \\ 3 & 4 & 5 \end{vmatrix} = 0$$

Beispiel 1.7 zu Satz 1. 3

Angenommen in der Determinante stimmen die zweite und dritte Spalte überein, so entwickelt man vorteilhaft nach der ersten Spalte.

$$D = \begin{vmatrix} a_{11} & a_{12} & a_{12} \\ a_{21} & a_{22} & a_{22} \\ a_{31} & a_{32} & a_{32} \end{vmatrix} = a_{11} \cdot \begin{vmatrix} a_{22} & a_{22} \\ a_{32} & a_{32} \end{vmatrix} - a_{21} \cdot \begin{vmatrix} a_{12} & a_{12} \\ a_{32} & a_{32} \end{vmatrix} + a_{31} \cdot \begin{vmatrix} a_{12} & a_{12} \\ a_{22} & a_{22} \end{vmatrix}$$

$$= a_{11} \cdot (a_{22} \cdot a_{32} - a_{22} \cdot a_{32}) - a_{21} \cdot (a_{12} \cdot a_{32} - a_{12} \cdot a_{32}) + a_{31} \cdot (a_{12} \cdot a_{22} - a_{12} \cdot a_{22})$$

Jeder dieser Klammerausdrücke und somit auch deren Summe ist null. Die Anwendung des Satz 1.6 führt noch überzeugender zum gleichen Ziel. Nach Satz 1.6 darf man die dritte Spalte mit -1 multiplizieren und zur zweiten Spalte addieren, ohne dass sich der Wert der Determinante ändert. Es entstehen für die zweite Spalte nur Elemente Null, und, wie schon gezeigt, folgt der Wert der Determinante gleich null.

$$\begin{vmatrix} 1 & 3 & 1 \\ 2 & 3 & 4 \\ 1 & 3 & 1 \end{vmatrix} = -2 \cdot \begin{vmatrix} 3 & 1 \\ 3 & 1 \end{vmatrix} + 3 \cdot \begin{vmatrix} 1 & 1 \\ 1 & 1 \end{vmatrix} - 4 \cdot \begin{vmatrix} 1 & 3 \\ 1 & 3 \end{vmatrix} =$$

$$-2(3 \cdot 1 - 3 \cdot 1) + 3(1 \cdot 1 - 1 \cdot 1) - 4(1 \cdot 3 - 1 \cdot 3) = 0$$

Die Determinante wird nach der zweiten Zeile entwickelt und ergibt erwartungsgemäß null.

Beispiel 1.8 zu Satz 1. 4

Die dritte Zeile einer Determinante sei Linearkombination der ersten und zweiten Zeile.

$$D = \begin{vmatrix} a_{11} & a_{12} & a_{13} \\ a_{21} & a_{22} & a_{23} \\ \alpha \cdot a_{11} + \beta \cdot a_{21} & \alpha \cdot a_{12} + \beta \cdot a_{22} & \alpha \cdot a_{13} + \beta \cdot a_{23} \end{vmatrix} =$$

Nach Multiplikation der ersten Zeile mit $-\alpha$ und Addition zur dritten Zeile entsteht

$$D = \begin{vmatrix} a_{11} & a_{12} & a_{13} \\ a_{21} & a_{22} & a_{23} \\ \beta \cdot a_{21} & \beta \cdot a_{22} & \beta \cdot a_{23} \end{vmatrix}.$$

Der gemeinsame Faktor β der dritten Zeile kann vor die Determinante geschrieben werden, und es entsteht eine Determinante, in der zwei Zeilen übereinstimmen.

$$D = \beta \cdot \begin{vmatrix} a_{11} & a_{12} & a_{13} \\ a_{21} & a_{22} & a_{23} \\ a_{21} & a_{22} & a_{23} \end{vmatrix} = 0$$

Nach Satz 1. 3 hat diese Determinante den Wert null.

$$\begin{vmatrix} 1 & 3 & 1 \\ 2 & 3 & 4 \\ 4 & 9 & 6 \end{vmatrix} = \begin{vmatrix} 1 & 3 & 1 \\ 2 & 3 & 4 \\ 2 & 6 & 2 \end{vmatrix} = 2 \cdot \begin{vmatrix} 1 & 3 & 1 \\ 2 & 3 & 4 \\ 1 & 3 & 1 \end{vmatrix} = 0$$

Zunächst wird von der dritten Zeile die zweite Zeile subtrahiert (die zweite Zeile mit -1 multipliziert und zur dritten Zeile addiert) und anschließend der Faktor 2 aus der dritten Zeile vor die Determinante gezogen. Es entsteht eine Determinante mit zwei identischen Zeilen, deren Wert aber nach Satz 1. 3 null ist.

Beispiel 1.9 zu Satz 1. 5

Angenommen die zweite Spalte enthält den Faktor k.
Mit Hilfe des Entwicklungssatzes soll die Richtigkeit des Satz 1. 5 gezeigt werden.

$$k \cdot D = \begin{vmatrix} a_{11} & k \cdot a_{12} & a_{13} \\ a_{21} & k \cdot a_{22} & a_{23} \\ a_{31} & k \cdot a_{32} & a_{33} \end{vmatrix} = -k \cdot a_{12} \cdot \begin{vmatrix} a_{21} & a_{23} \\ a_{31} & a_{33} \end{vmatrix} + k \cdot a_{22} \cdot \begin{vmatrix} a_{11} & a_{13} \\ a_{31} & a_{33} \end{vmatrix} -$$

$$k \cdot a_{32} \cdot \begin{vmatrix} a_{11} & a_{13} \\ a_{21} & a_{23} \end{vmatrix} =$$

$$= k \cdot a_{12} \cdot A_{12} + k \cdot a_{22} \cdot A_{22} + k \cdot a_{32} \cdot A_{32} = k \cdot \sum_{k=1}^{3} a_{k2} \cdot A_{k2} = k \cdot D$$

Von dieser Regel gilt auch die Umkehrung. Die Berechnung einer Determinante kann vereinfacht werden, wenn gemeinsame Faktoren einer Zeile (oder Spalte) vor die Determinante gezogen werden.

$$\begin{vmatrix} 33 & 11 \\ 111 & 74 \end{vmatrix} = 11 \cdot \begin{vmatrix} 3 & 1 \\ 111 & 74 \end{vmatrix} = 11 \cdot 37 \cdot \begin{vmatrix} 3 & 1 \\ 3 & 2 \end{vmatrix} = 11 \cdot 37 \cdot (3 \cdot 2 - 3 \cdot 1) = 11 \cdot 37 \cdot 3 = 1221$$

Beispiel 1.10 zu Satz 1. 6

In einer Determinante wurde die erste Zeile mit dem Faktor k multipliziert und zur dritten Zeile addiert. Diese Determinante wird nach der dritten Zeile entwickelt.

$$D = \begin{vmatrix} a_{11} & a_{12} & a_{13} \\ a_{21} & a_{22} & a_{23} \\ a_{31} + k \cdot a_{11} & a_{32} + k \cdot a_{12} & a_{33} + k \cdot a_{13} \end{vmatrix} =$$

$$= (a_{31} + k \cdot a_{11}) \cdot \begin{vmatrix} a_{12} & a_{13} \\ a_{22} & a_{23} \end{vmatrix} - (a_{32} + k \cdot a_{12}) \cdot \begin{vmatrix} a_{11} & a_{13} \\ a_{21} & a_{23} \end{vmatrix} + (a_{33} + k \cdot a_{13}) \cdot \begin{vmatrix} a_{11} & a_{12} \\ a_{21} & a_{22} \end{vmatrix} =$$

Nach Ausmultiplizieren der runden Klammern entsteht

$$= a_{31} \cdot \begin{vmatrix} a_{12} & a_{13} \\ a_{22} & a_{23} \end{vmatrix} - a_{32} \cdot \begin{vmatrix} a_{11} & a_{13} \\ a_{21} & a_{23} \end{vmatrix} + a_{33} \cdot \begin{vmatrix} a_{11} & a_{12} \\ a_{21} & a_{22} \end{vmatrix} +$$

$$k \cdot a_{11} \cdot \begin{vmatrix} a_{12} & a_{13} \\ a_{22} & a_{23} \end{vmatrix} - k \cdot a_{12} \cdot \begin{vmatrix} a_{11} & a_{13} \\ a_{21} & a_{23} \end{vmatrix} + k \cdot a_{13} \cdot \begin{vmatrix} a_{11} & a_{12} \\ a_{21} & a_{22} \end{vmatrix} =$$

Die ersten drei Produkte ergeben den Wert der Determinante nach (1. 6)

$$= a_{11} \cdot a_{22} \cdot a_{33} - a_{11} \cdot a_{23} \cdot a_{32} - a_{12} \cdot a_{21} \cdot a_{33} + a_{12} \cdot a_{23} \cdot a_{31} +$$
$$+ a_{13} \cdot a_{21} \cdot a_{32} - a_{13} \cdot a_{22} \cdot a_{31}$$

und die letzten drei Produkte ergeben null

$$k \cdot a_{11} \cdot a_{12} \cdot a_{23} - k \cdot a_{11} \cdot a_{22} \cdot a_{13} - k \cdot a_{12} \cdot a_{11} \cdot a_{23} + k \cdot a_{12} \cdot a_{21} \cdot a_{13} +$$
$$k \cdot a_{13} \cdot a_{11} \cdot a_{22} - k \cdot a_{13} \cdot a_{21} \cdot a_{12} = 0$$

$$\begin{vmatrix} 3 & 1 & 1 \\ 3 & 2 & 4 \\ 3 & 1 & 2 \end{vmatrix} = \begin{vmatrix} 3 & 1 & 1 \\ 3 & 2 & 4 \\ 0 & 0 & 1 \end{vmatrix} = \begin{vmatrix} 3 & 1 & 1 \\ 0 & 1 & 3 \\ 0 & 0 & 1 \end{vmatrix} = 3$$

Zunächst wird die erste Zeile von der dritten Zeile subtrahiert. Daran anschließend wird die erste Zeile von der zweiten Zeile subtrahiert. In diesem besonderen Fall entsteht eine Determinante in Dreiecksgestalt, die durch Multiplikation der Elemente auf der Hauptdiagonalen bestimmt werden kann.

Der Entwicklungssatz von Laplace wird erst in Kombination mit dieser Regel zu einem brauchbaren Werkzeug zur Berechnung von Determinanten.

Beispiel 1.11 zu Satz 1. 7

Ausgangspunkt ist eine Determinante, in der alle Zeilen gegen die Spalten getauscht sind. Diese Determinante wird nach der ersten Spalte entwickelt.

$$D = \begin{vmatrix} a_{11} & a_{21} & a_{31} \\ a_{12} & a_{22} & a_{32} \\ a_{13} & a_{23} & a_{33} \end{vmatrix} = a_{11} \cdot \begin{vmatrix} a_{22} & a_{32} \\ a_{23} & a_{33} \end{vmatrix} - a_{12} \cdot \begin{vmatrix} a_{21} & a_{31} \\ a_{23} & a_{33} \end{vmatrix} + a_{13} \cdot \begin{vmatrix} a_{21} & a_{31} \\ a_{22} & a_{32} \end{vmatrix} =$$

$$= a_{11} \cdot (a_{22} \cdot a_{33} - a_{23} \cdot a_{32}) - a_{12} \cdot (a_{21} \cdot a_{33} - a_{23} \cdot a_{31}) + a_{13} \cdot (a_{21} \cdot a_{32} - a_{22} \cdot a_{31}) =$$

$$= a_{11} \cdot a_{22} \cdot a_{33} - a_{11} \cdot a_{23} \cdot a_{32} - a_{12} \cdot a_{21} \cdot a_{33} + a_{12} \cdot a_{23} \cdot a_{31} +$$
$$+ a_{13} \cdot a_{21} \cdot a_{32} - a_{13} \cdot a_{22} \cdot a_{31}$$

Es entsteht der Ausdruck nach Formel (1. 7), der die Determinante nach der Regel von Laplace berechnet.

$$\begin{vmatrix} 3 & 1 & 1 \\ 3 & 2 & 4 \\ 3 & 1 & 2 \end{vmatrix} = 3 \cdot \begin{vmatrix} 2 & 4 \\ 1 & 2 \end{vmatrix} - 3 \cdot \begin{vmatrix} 1 & 1 \\ 1 & 2 \end{vmatrix} + 3 \cdot \begin{vmatrix} 1 & 1 \\ 2 & 4 \end{vmatrix} = \begin{vmatrix} 3 & 3 & 3 \\ 1 & 2 & 1 \\ 1 & 4 & 2 \end{vmatrix} = 3$$

Beispiel 1.12 zu Satz 1. 8

In einer Determinante werde die erste Spalte mit der zweiten Spalte vertauscht. Zur Berechnung der Determinante wird diese nach der ersten Spalte entwickelt.

$$\begin{vmatrix} a_{12} & a_{11} & a_{13} \\ a_{22} & a_{21} & a_{23} \\ a_{32} & a_{31} & a_{33} \end{vmatrix} = a_{12} \cdot \begin{vmatrix} a_{21} & a_{23} \\ a_{31} & a_{33} \end{vmatrix} - a_{22} \cdot \begin{vmatrix} a_{11} & a_{13} \\ a_{31} & a_{33} \end{vmatrix} + a_{32} \cdot \begin{vmatrix} a_{11} & a_{13} \\ a_{21} & a_{23} \end{vmatrix} =$$

Diese Determinante kann mit der ursprünglichen verglichen werden, wenn sie mit dem Faktor -1 multipliziert wird.

$$= -\left(a_{12} \cdot \begin{vmatrix} a_{21} & a_{23} \\ a_{31} & a_{33} \end{vmatrix} - a_{22} \cdot \begin{vmatrix} a_{11} & a_{13} \\ a_{31} & a_{33} \end{vmatrix} + a_{32} \cdot \begin{vmatrix} a_{11} & a_{13} \\ a_{21} & a_{23} \end{vmatrix} \right) = - \begin{vmatrix} a_{11} & a_{12} & a_{13} \\ a_{21} & a_{22} & a_{23} \\ a_{31} & a_{32} & a_{33} \end{vmatrix}$$

Es ergibt sich wieder das ursprüngliche Vorzeichen, wenn zweimal zwei Zeilen (oder Spalten) miteinander vertauscht werden.

$$\begin{vmatrix} 3 & 1 & 1 \\ 3 & 2 & 4 \\ 3 & 1 & 2 \end{vmatrix} = 3 \qquad \text{aber} \qquad \begin{vmatrix} 1 & 3 & 1 \\ 2 & 3 & 4 \\ 1 & 3 & 2 \end{vmatrix} = -3$$

Beispiel 1.13 zu Satz 1. 9

Eine Determinante wird gerändert, indem man eine Zeile (oder Spalte) mit einer 1 auf den Platz a_{11} und Nullen auf den übrigen Plätzen der Zeile (oder Spalte) und beliebigen Elementen in der neuen Spalte (oder Zeile) am Rand hinzufügt.

$$D = \begin{vmatrix} a_{11} & a_{12} & a_{13} \\ a_{21} & a_{22} & a_{23} \\ a_{31} & a_{32} & a_{33} \end{vmatrix} = \begin{vmatrix} 1 & 0 & 0 & 0 \\ \alpha_1 & a_{11} & a_{12} & a_{13} \\ \alpha_2 & a_{21} & a_{22} & a_{23} \\ \alpha_3 & a_{31} & a_{32} & a_{33} \end{vmatrix} = 1 \cdot A_{11} + 0 \cdot A_{12} + 0 \cdot A_{13} + 0 \cdot A_{14} = D$$

Die Adjunkte A_{11} entspricht der Determinante D.
Es gilt auch die Umkehrung dieser Regel.

Eine Determinante kann auch unter Benutzen des Elementes a_{nn} gerändert werden.

$$\begin{vmatrix} 3 & 1 & 1 & 0 \\ 3 & 2 & 4 & 0 \\ 3 & 1 & 2 & 0 \\ 41 & 42 & 43 & 1 \end{vmatrix} = -0 \cdot \left| \cdot \cdot \right| + 0 \cdot \left| \cdot \cdot \right| - 0 \cdot \left| \cdot \cdot \right| + 1 \cdot \begin{vmatrix} 3 & 1 & 1 \\ 3 & 2 & 4 \\ 3 & 1 & 2 \end{vmatrix} = 3$$

Satz 1. 10

Sind alle Elemente a_{ik} oberhalb oder unterhalb der Hauptdiagonalen einer Determinante null, so berechnet sich der Wert der Determinante aus dem Produkt aller Elemente der Hauptdiagonalen a_{ii}.

$$(1.8) \quad D = \begin{vmatrix} a_{11} & a_{12} & \cdots & a_{1n} \\ 0 & a_{22} & & \\ \vdots & & \ddots & \\ 0 & \cdots & 0 & a_{nn} \end{vmatrix} = \begin{vmatrix} a_{11} & 0 & \cdots & 0 \\ a_{21} & a_{22} & & \\ \vdots & & \ddots & 0 \\ a_{n1} & \cdots & & a_{nn} \end{vmatrix} = a_{11} \cdot a_{22} \cdot \ldots \cdot a_{nn}$$

Die Determinante hat Dreiecksgestalt.

Beispiel 1.14

$$\begin{vmatrix} 2 & -3 & 7 \\ 0 & -4 & 11 \\ 0 & 0 & 6 \end{vmatrix} = 2 \cdot (-4) \cdot 6 = -48$$

Definition

Die Unterdeterminanten

$$|a_{11}|, \quad \begin{vmatrix} a_{11} & a_{12} \\ a_{21} & a_{22} \end{vmatrix}, \quad \begin{vmatrix} a_{11} & a_{12} & a_{13} \\ a_{21} & a_{22} & a_{23} \\ a_{31} & a_{32} & a_{33} \end{vmatrix}, \ldots, \quad \begin{vmatrix} a_{11} & \cdots & a_{1n} \\ \vdots & \ddots & \vdots \\ a_{n1} & \cdots & a_{nn} \end{vmatrix}$$

werden Hauptabschnittsdeterminanten (oder auch Hauptminoren) der Determinante $|\mathbf{A}| = \begin{vmatrix} a_{11} & \cdots & a_{1n} \\ \vdots & \ddots & \vdots \\ a_{n1} & \cdots & a_{nn} \end{vmatrix}$ genannt.

Beispiel 1.15

Zur Determinante $\begin{vmatrix} 1 & 2 & 3 \\ 4 & 5 & 6 \\ 7 & 8 & 9 \end{vmatrix}$ gehören

die Hauptabschnittsdeterminanten $|1|$, $\begin{vmatrix} 1 & 2 \\ 4 & 5 \end{vmatrix}$ sowie die Determinante $\begin{vmatrix} 1 & 2 & 3 \\ 4 & 5 & 6 \\ 7 & 8 & 9 \end{vmatrix}$

selbst.

1.3 Anwendungen

Die Berechnung von Determinanten höherer Ordnung kann mit Hilfe des **Entwicklungssatzes von Laplace** sehr aufwendig werden.

Es ist eine Determinante sechster Ordnung zu berechnen. Die erste Anwendung des Entwicklungssatzes führt auf eine Summe von sechs Determinanten fünfter Ordnung. Jede Einzelne wird auf eine Summe von fünf Determinanten vierter Ordnung reduziert. Es entstehen sechs mal fünf gleich 30 Determinanten vierter Ordnung die jede wiederum in vier Determinanten dritter Ordnung zu entwickeln sind. Es wären 120 Determinanten dritter Ordnung zu berechnen.

In Verbindung mit dem Satz 1.6 wird dieses scheinbare Problem jedoch völlig beseitigt.

Die Vorgehensweise soll an einer Determinante vierter Ordnung gezeigt werden.

Beispiel 1.16
Es ist die folgende Determinante zu bestimmen

$$\begin{vmatrix} 2 & 1 & 1 & 2 \\ 3 & 4 & 1 & 5 \\ 3 & 4 & 4 & 2 \\ 4 & 2 & 1 & 3 \end{vmatrix}.$$

Zunächst wird die zweite Zeile mit -1 multipliziert und zur dritten Zeile addiert Daran anschließend wird die dritte Spalte zur vierten Spalte addiert.

$$= \begin{vmatrix} 2 & 1 & 1 & 2 \\ 3 & 4 & 1 & 5 \\ 0 & 0 & 3 & -3 \\ 4 & 2 & 1 & 3 \end{vmatrix} = \begin{vmatrix} 2 & 1 & 1 & 3 \\ 3 & 4 & 1 & 6 \\ 0 & 0 & 3 & 0 \\ 4 & 2 & 1 & 4 \end{vmatrix}$$

Die so entstehende Determinante wird vorteilhaft nach der dritten Zeile entwickelt.

$$= 0 \cdot |\cdot| - 0 \cdot |\cdot| + 3 \cdot \begin{vmatrix} 2 & 1 & 3 \\ 3 & 4 & 6 \\ 4 & 2 & 4 \end{vmatrix} - 0 \cdot |\cdot|$$

Es bleibt nur eine Unterdeterminante zu berechnen. Jetzt wird die erste Zeile mit -2 multipliziert und zur dritten Zeile addiert. Aus der dritten Zeile kann der Faktor -2 vor die Determinante gezogen werden.

$$= 3 \cdot \begin{vmatrix} 2 & 1 & 3 \\ 3 & 4 & 6 \\ 0 & 0 & -2 \end{vmatrix} = 3 \cdot (-2) \cdot \begin{vmatrix} 2 & 1 & 3 \\ 3 & 4 & 6 \\ 0 & 0 & 1 \end{vmatrix}$$

Diese Determinante kann gerändert und dann leicht berechnet werden.

$$= 3 \cdot (-2) \cdot \begin{vmatrix} 2 & 1 \\ 3 & 4 \end{vmatrix} = -6 \cdot (2 \cdot 4 - 3 \cdot 1) = -30$$

Der Wert der Determinante wird mit -30 bestimmt.

Nachdem genügend Regeln und Vorschriften über Determinanten bekannt sind, kann das Ausgangsproblem, das Lösen von linearen Gleichungssystemen, noch etwas ausgebaut werden.

Gleichungssysteme mit einer eindeutigen Lösung lassen sich mit Hilfe von Determinanten lösen. Dieses Verfahren ist unter dem Namen „**Cramer'sche Regel**" bekannt und soll hier erklärt werden, da es später hin und wieder vorteilhaft benutzt werden kann.

Es ist ein lineares Gleichungssystem zu lösen:

$$
\begin{aligned}
a_{11}x_1 &+ a_{12}x_2 & \cdots &+ a_{1n}x_n &= a_1 \\
a_{21}x_1 &+ a_{22}x_2 & & &= a_2 \\
&\vdots & \ddots & \vdots & \vdots \\
a_{n1}x_1 & & \cdots &+ a_{nn}x_n &= a_n
\end{aligned}
$$

Zunächst wird die Systemdeterminante

$$D = \begin{vmatrix} a_{11} & a_{12} & \cdots & a_{1n} \\ a_{21} & a_{22} & & \\ \vdots & & \ddots & \\ a_{n1} & & & a_{nn} \end{vmatrix},$$

bestehend aus den Koeffizienten aller Unbekannten x_k, bestimmt. Ist diese Determinante ungleich null, werden die Bestimmungsdeterminanten D_{x_k} für die einzelnen Unbekannten x_k bestimmt.

$$D_{x_k} = \begin{vmatrix} a_{11} & \cdots & a_{1,k-1} & a_1 & a_{1,k+1} & \cdots & a_{1n} \\ a_{21} & & a_{2,k-1} & a_2 & a_{2,k+1} & & \vdots \\ \vdots & & \vdots & \vdots & \vdots & \ddots & \\ a_{n1} & \cdots & a_{n,k-1} & a_n & a_{n,k+1} & & a_{nn} \end{vmatrix}$$

Die Koeffizienten der Unbekannten x_k werden durch die Koeffizienten der rechten Seiten ersetzt. Nur wenn der Wert der Systemdeterminante ungleich null ist hat das Gleichungssystem eine eindeutige Lösung. Die Lösungen x_k ergeben sich als Quotient aus $x_k = \dfrac{D_{x_k}}{D}$.

Beispiel 1.17

Welche Lösung hat das Gleichungssystem

$$\begin{array}{rrrcl} 2x & +3y & -2z & = & 1 \\ x & +y & +2z & = & 6 \\ 3x & -2y & +z & = & 3 \end{array}.$$

Die Systemdeterminante $D = \begin{vmatrix} 2 & 3 & -2 \\ 1 & 1 & 2 \\ 3 & -2 & 1 \end{vmatrix}$ hat den Wert 35.

Zur Bestimmung der Unbekannten x wird die Spalte der Koeffizienten der Unbekannten x durch die rechte Seite des Gleichungssystems ersetzt

$$D_x = \begin{vmatrix} 1 & 3 & -2 \\ 6 & 1 & 2 \\ 3 & -2 & 1 \end{vmatrix} = 35.$$

Die Unbekannte x ergibt sich als Quotient $x = \dfrac{D_x}{D} = \dfrac{35}{35} = 1$.

Analog ist vorzugehen, um die Unbekannten y und z zu ermitteln.

$$D_y = \begin{vmatrix} 2 & 1 & -2 \\ 1 & 6 & 2 \\ 3 & 3 & 1 \end{vmatrix} = 35 \quad , \quad D_z = \begin{vmatrix} 2 & 3 & 1 \\ 1 & 1 & 6 \\ 3 & -2 & 3 \end{vmatrix} = 70$$

Die gesuchten Lösungen ergeben sich zu $y = \dfrac{D_y}{D} = \dfrac{35}{35} = 1$ bzw

$z = \dfrac{D_z}{D} = \dfrac{70}{35} = 2$.

Die Probe in dem Ausgangssystem zeigt die Richtigkeit der Lösungen $x = 1$, $y = 1$ und $z = 2$.

Beispiel 1.18

Welche Lösung hat das Gleichungssystem

$$
\begin{array}{rcl}
x_1 & -2x_4 & = & 1 \\
-x_1 + x_2 - x_3 + 4x_4 & = & 1 \\
2x_3 - 3x_4 & = & -1 \\
-x_1 - 2x_3 + 5x_4 & = & 0
\end{array}
$$

Die Systemdeterminante lautet

$$
D = \begin{vmatrix} 1 & 0 & 0 & -2 \\ -1 & 1 & -1 & 4 \\ 0 & 0 & 2 & -3 \\ -1 & 0 & -2 & 5 \end{vmatrix} = \begin{vmatrix} 1 & 0 & 0 & -2 \\ -1 & 1 & -1 & 4 \\ 0 & 0 & 2 & -3 \\ 0 & 0 & -2 & 3 \end{vmatrix} = 0 .
$$

Wenn man in der Systemdeterminante die erste Zeile zur vierten Zeile addiert, entstehen in der dritten und vierten Zeile zwei proportionale Zeilen. Die Determinante hat den Wert null.

Dieses Gleichungssystem kann nicht mit der Cramer'schen Regel gelöst werden, da es keine eindeutige Lösung hat.

Ist in einem Gleichungssystem die Systemdeterminante gleich null, hat es entweder keine Lösung oder es hat unendlich viele Lösungen. Die Anwendungsmöglichkeiten der Cramer'schen Regel sind als eingeschränkt zu betrachten, was mit diesem kleinen Beispiel gezeigt wird.

2 Matrizen

In der Wirtschaft werden viele Prozesse tabellarisch verwaltet oder mit Hilfe von Tabellen kontrolliert. Komplizierte technologische Abläufe können so übersichtlich dargestellt werden. Die lineare Algebra erlaubt eine vereinfachte Darstellung komplizierter ökonomischer Probleme, die dann mit der vorhandenen Computertechnik effektiv behandelt werden können.
In diesem Abschnitt werden alle Begriffe, Eigenschaften und Regeln zum Arbeiten mit Matrizen behandelt.

Definition

Ein rechteckiges Schema von $m \cdot n$ geordneten Elementen a_{ik} wird Matrix $\mathbf{A}$ genannt.

Matrizen werden durch große lateinische Buchstaben bezeichnet, und in der Literatur oft unterstrichen, um sie von anderen Objekten deutlich zu unterscheiden.

Beispiel 2. 1

$$\mathbf{A} = (a_{ik}) = [a_{ik}] = \begin{bmatrix} a_{11} & a_{12} & \cdots & a_{1n} \\ a_{21} & a_{22} & & \\ \vdots & & \ddots & \\ a_{m1} & \cdots & & a_{mn} \end{bmatrix}$$

Die Indizes i und k eines Elementes a_{ik} bestimmen den Platz in dem geordneten Schema. Hierbei ist der erste Index i die Zeilennummer und der zweite Index k die Spaltennummer des Platzes.
Alle Elemente a_{ik} einer Zeile i haben den gleichen Zeilenindex i . Alle Elemente a_{ik} einer Spalte k haben den gleichen Spaltenindex k . So stehen alle Elemente a_{2k} in der zweiten Zeile und alle Elemente a_{i3} in der dritten Spalte der Matrix $\mathbf{A}$
Zum besseren Unterscheiden von Determinanten und Matrizen werden Matrizen in runde oder eckige Klammern gesetzt, Determinanten jedoch durch senkrechte Striche gekennzeichnet.

$$\mathbf{M}_1 = \begin{pmatrix} 2 & 1 \\ 1 & 0 \\ 3 & 4 \end{pmatrix}, \mathbf{M}_2 = \begin{bmatrix} 1 & 3 & 5 \\ 2 & 2 & 1 \end{bmatrix}, \mathbf{M}_3 = \begin{bmatrix} 2 \\ 4 \\ 6 \end{bmatrix}, \mathbf{M}_4 = \begin{pmatrix} 1 & 3 & 1 & 2 \end{pmatrix}$$

Beispiel 2. 2

In einem Unternehmen werden Zwischenprodukte (**Z**) eines Teilbetriebes zu Fertigprodukten (**F**) verarbeitet. Die Matrizen für (Roh-)Materialverbrauch (**M**) des Teilbetriebes und des Bedarfes an Zwischenprodukten für die Endfertigung können der folgenden Tabelle entnommen werden:

alle Angaben in Mengeneinheiten ME !	Materialverbrauch des Teilbetriebes			Verbrauch an Zwischenprodukten bei der Endfertigung	
	M_1	M_2	M_3	F_1	F_2
Zwischenprodukt Z_1	5	4	1	5	9
Zwischenprodukt Z_2	7	2		1	
Zwischenprodukt Z_3		5	2	12	1
Zwischenprodukt Z_4	4	2		4	13

$$\text{Die Matrizen } U_1 = \begin{bmatrix} 5 & 4 & 1 \\ 7 & 2 & 0 \\ 0 & 5 & 2 \\ 4 & 2 & 0 \end{bmatrix} \text{ und } U_2 = \begin{bmatrix} 5 & 9 \\ 1 & 0 \\ 12 & 1 \\ 4 & 13 \end{bmatrix} \text{ können aus der Tabelle abge-}$$

leitet werden.

Definition

Das Format oder der Typ einer Matrix **A** wird durch das geordnete Paar (m, n) angegeben.
Vektoren sind Matrizen mit nur einer Zeile oder einer Spalte.

Das Format spielt in der EDV eine große Rolle bei der Bereitstellung von Speicherplatz für benutzte Matrizen. Es wird auch von der „Dimension eines Feldes" gesprochen.
Die oben genannten Matrizen sind vom Format :

Matrix	Format
M_1	$(3, 2)$
M_2	$(2, 3)$
M_3	$(3, 1)$
M_4	$(1, 4)$

Die Matrix M_3 wird auch Spaltenvektor und die Matrix M_4 Zeilenvektor genannt.

Vektoren werden durch kleine lateinische Buchstaben bezeichnet. Hierbei stellt der Vektor **a** einen Spaltenvektor und der Vektor $\mathbf{a}^T$ einen Zeilenvektor dar.

Definition

Zwei Matrizen **A** und **B** sind dann und nur dann gleich, wenn sie vom gleicher Typ sind und alle entsprechenden Elemente $a_{ik} = b_{ik}$ übereinstimmen.

Beispiel 2. 3

Aus der Gleichung $\mathbf{X} = \mathbf{M}_2$ folgt, dass $\mathbf{X}$ vom Typ $(2, 3)$ ist und

$\begin{pmatrix} x_{11} & x_{12} & x_{13} \\ x_{21} & x_{22} & x_{23} \end{pmatrix}$ lauten muss.

$$\begin{pmatrix} x_{11} & x_{12} & x_{13} \\ x_{21} & x_{22} & x_{23} \end{pmatrix} = \begin{bmatrix} 1 & 3 & 5 \\ 2 & 2 & 1 \end{bmatrix}$$

Weiter gelten $x_{11} = 1$, $x_{21} = 2$, $x_{12} = 3$ usw.

Definition

Wenn in einer Matrix **A** alle Zeilen und alle Spalten miteinander vertauscht werden, erhält man die transponierte oder gestürzte Matrix $\mathbf{A}^T$.

$$(\mathbf{A}^T)^T = \mathbf{A}$$

Beispiel 2. 4

$$\mathbf{M}_1 = \begin{pmatrix} 2 & 1 \\ 1 & 0 \\ 3 & 4 \end{pmatrix}, \qquad (\mathbf{M}_1)^T = \begin{pmatrix} 2 & 1 & 3 \\ 1 & 0 & 4 \end{pmatrix}$$

Definition

Eine quadratische Matrix **A** ist vom Format oder vom Typ (n, n) bzw. von der Ordnung n.
Ein Vektor **a** ist vom Format oder vom Typ $(n, 1)$ bzw. von der Ordnung n.

Bei einer quadratischen Matrix stimmt die Anzahl der Zeilen mit der Anzahl der Spalten überein.

Definition

Eine quadratische Matrix **A** ist symmetrisch, wenn $\mathbf{A}^T = \mathbf{A}$ gilt.

Beispiel 2. 5

$$B = \begin{bmatrix} 2 & 1 & 5 \\ 1 & -3 & 4 \\ 5 & 4 & 7 \end{bmatrix} = B^T$$

In einer quadratischen Matrix A liegen alle Elemente a_{ii} für $i = 1, 2, \ldots, n$ auf der Hauptdiagonalen der Matrix A.
Die Nebendiagonale verläuft von rechts oben nach links unten.

Definition

Eine Blockmatrix oder Hypermatrix ist eine Matrix, deren Elemente wiederum Matrizen sind.

Beispiel 2. 6

$$C = \begin{bmatrix} C_{11} & C_{12} \\ C_{21} & C_{22} \end{bmatrix} \quad \text{mit } C_{11} = \begin{pmatrix} 1 & 2 & 3 \\ 4 & 5 & 6 \end{pmatrix}, \ C_{12} = \begin{pmatrix} 11 \\ 12 \end{pmatrix}, \ C_{21} = \begin{pmatrix} 21 & 22 & 23 \end{pmatrix} \text{ und}$$

$$C_{22} = \begin{pmatrix} 31 \end{pmatrix}$$

ergibt die Matrix $\begin{bmatrix} 1 & 2 & 3 & 11 \\ 4 & 5 & 6 & 12 \\ 21 & 22 & 23 & 31 \end{bmatrix}$.

Insbesondere kann jede Spalte (oder Zeile) einer Matrix als Vektor angenommen werden.

$$C = \left(\begin{bmatrix} 1 \\ 4 \\ 21 \end{bmatrix} \begin{bmatrix} 2 \\ 5 \\ 22 \end{bmatrix} \begin{bmatrix} 3 \\ 6 \\ 23 \end{bmatrix} \begin{bmatrix} 11 \\ 12 \\ 31 \end{bmatrix} \right) = (c_1 \ c_2 \ c_3 \ c_4) .$$

2.1 Matrizenoperationen

2.1.1 Addition und Subtraktion

Definition

Gleichartige Matrizen sind Matrizen vom gleichen Typ.
Eine Addition und Subtraktion ist nur für gleichartige Matrizen erklärt.

Definition

Zwei Matrizen **A** und **B** werden addiert indem man die Summe einander entspre-
chender Elemente bildet.

$$\mathbf{A} + \mathbf{B} = \mathbf{S} \qquad s_{ik} = a_{ik} + b_{ik}$$

für $i = 1, 2, ..., m$ und $k = 1, 2, ..., n$

Analog werden zwei Matrizen **A** und **B** subtrahiert indem man die entsprechenden Elemente voneinander subtrahiert.

$$\mathbf{A} - \mathbf{B} = \mathbf{D} \qquad d_{ik} = a_{ik} - b_{ik}$$

für $i = 1, 2, ... m$ und $k = 1, 2, ... , n$

Beispiel 2. 7

$$\begin{pmatrix} 1 & 2 \\ 2 & 3 \\ 0 & 1 \end{pmatrix} + \begin{pmatrix} 3 & 1 \\ 0 & 4 \\ 5 & 5 \end{pmatrix} = \begin{pmatrix} 1+3 & 2+1 \\ 2+0 & 3+4 \\ 0+5 & 1+5 \end{pmatrix} = \begin{pmatrix} 4 & 3 \\ 2 & 7 \\ 5 & 6 \end{pmatrix}$$

oder

$$\begin{pmatrix} 1 & 2 \\ 2 & 3 \\ 0 & 1 \end{pmatrix} - \begin{pmatrix} 3 & 1 \\ 0 & 4 \\ 5 & 5 \end{pmatrix} = \begin{pmatrix} 1-3 & 2-1 \\ 2-0 & 3-4 \\ 0-5 & 1-5 \end{pmatrix} = \begin{pmatrix} -2 & 1 \\ 2 & -1 \\ -5 & -4 \end{pmatrix}$$

Satz 2. 1

Für die Addition von zwei Matrizen **A** und **B** gelten
das Kommutativgesetz

$$\mathbf{A} + \mathbf{B} = \mathbf{B} + \mathbf{A}$$

sowie das Assoziativgesetz

$$\mathbf{A} + \mathbf{B} + \mathbf{C} = (\mathbf{A} + \mathbf{B}) + \mathbf{C} = \mathbf{A} + (\mathbf{B} + \mathbf{C}) .$$

2.1.2 Multiplikation einer Matrix mit einem Skalar

Die Multiplikation kann im Sinne von wiederholter Addition erklärt werden. Es
fügt sich logisch ein, dass $\mathbf{A} + \mathbf{A} = 2\mathbf{A}$ ist.

Wie ist daraus die Multiplikation abzuleiten?

Mit $\mathbf{A} = \begin{pmatrix} a_{11} & \cdots & a_{1n} \\ \vdots & \ddots & \\ a_{m1} & & a_{mn} \end{pmatrix}$ ergibt sich für

$$\mathbf{A} + \mathbf{A} = \begin{pmatrix} a_{11} + a_{11} & \cdots & a_{1n} + a_{1n} \\ \vdots & \ddots & \\ a_{m1} + a_{m1} & & a_{mn} + a_{mn} \end{pmatrix} = \begin{pmatrix} 2a_{11} & \cdots & 2a_{1n} \\ \vdots & \ddots & \\ 2a_{m1} & & 2a_{mn} \end{pmatrix}.$$

Dieses Ergebnis lässt sich für beliebige skalare Faktoren verallgemeinern.

Definition

Man multipliziert eine Matrix $\mathbf{A}$ mit einem Skalar k, indem man jedes Element a_{ik} mit dem Skalar k multipliziert.

$$k \cdot \mathbf{A} = \mathbf{A} \cdot k = (k \cdot a_{ik}) \qquad k \text{ kann reelle oder komplexe Zahl sein.}$$

Beispiel 2. 8

Aus $\mathbf{A} = \begin{pmatrix} 1 & 3 & 0 \\ 2 & \frac{1}{2} & 3 \\ 1 & 1 & \frac{1}{3} \end{pmatrix}$ folgt $4\mathbf{A} = \begin{pmatrix} 4 & 12 & 0 \\ 8 & 2 & 12 \\ 4 & 4 & \frac{4}{3} \end{pmatrix}.$

Die Differenz zweier Matrizen kann auch als Summe zweier Matrizen erklärt werden, von denen eine vorher mit -1 multipliziert wurde.

2.1.3 Multiplikation einer Matrix mit einer Matrix

Definition

Zwei Matrizen $\mathbf{A}$ und $\mathbf{B}$ heißen verkettet, wenn die Spaltenzahl von $\mathbf{A}$ gleich der Zeilenzahl von $\mathbf{B}$ ist.

Mit Hilfe der Formate von $\mathbf{A}$ und $\mathbf{B}$ lässt sich die Verkettung prüfen.
$\mathbf{A}$ und $\mathbf{B}$ sind verkettet, wenn das Format von $\mathbf{A}$ gleich (m, n) und das Format von $\mathbf{B}$ (n, p) ist.
Nur verkettete Matrizen können miteinander multipliziert werden!

Definition

Das Skalarprodukt $\mathbf{a}^T\mathbf{b}$ zweier verketteter Spaltenvektoren $\mathbf{a}$ und $\mathbf{b}$ entsteht durch paarweise Multiplikation der Elemente dieser beiden Vektoren und anschließender Addition.

$$c = \mathbf{a}^T\mathbf{b} = a_1b_1 + a_2b_2 + \ldots + a_nb_n = \sum_{i=1}^{n} a_ib_i$$

Beispiel 2. 9

Aus $\mathbf{a} = \begin{pmatrix} 1 \\ 2 \\ 3 \end{pmatrix}$ und $\mathbf{b} = \begin{pmatrix} 11 \\ 22 \\ 33 \end{pmatrix}$ folgt $\mathbf{a}^T\mathbf{b} = 1\cdot11 + 2\cdot22 + 3\cdot33 = 154$.

Der Vektor $\mathbf{a}^T$ ist ein Zeilenvektor, so dass tatsächlich ein Zeilenvektor mit einem Spaltenvektor der gleichen Ordnung multipliziert wird. Diese beiden Vektoren, $\mathbf{a}^T$ und $\mathbf{b}$, sind verkettet, wenn sie von der gleichen Ordnung sind. Beide Vektoren besitzen die gleiche Anzahl von Elementen.

Definition

Das Produkt $\mathbf{C}$ zweier verketteter Matrizen $\mathbf{A}$ und $\mathbf{B}$ besitzt die Elemente c_{ik}, die aus dem Skalarprodukt der i-ten Zeile von $\mathbf{A}$ mit der k-ten Spalte von $\mathbf{B}$ berechnet werden.

$$\mathbf{C} = \mathbf{A}\,\mathbf{B} \qquad c_{ik} = \sum_{r=1}^{n} a_{ir}\cdot b_{rk}$$

mit $i = 1, 2, \ldots, m$ und $k = 1, 2, \ldots, p$.

Das Produkt $\mathbf{C}$ besitzt das Format (m, p). Die Matrix $\mathbf{C}$ besitzt so viele Zeilen wie der linke Faktor, die Matrix $\mathbf{A}$, und so viele Spalten wie der rechte Faktor $\mathbf{B}$.

Mit dem Schema von Falk kann die Matrizenmultiplikation übersichtlich darge-stellt werden. Außerdem besteht die Möglichkeit einer Selbstkontrolle für die Rechnung.

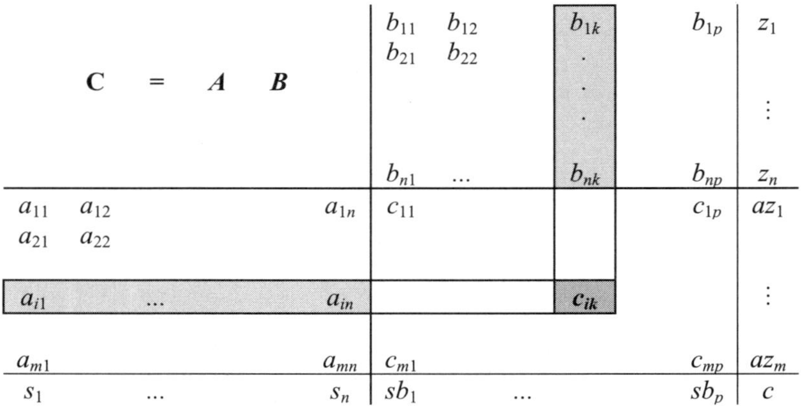

$$
\begin{array}{cc}
 & \begin{array}{ccccc} b_{11} & b_{12} & b_{1k} & b_{1p} & z_1 \\ b_{21} & b_{22} & \cdot & & \\ & & \cdot & & \vdots \\ & & \cdot & & \\ b_{n1} & \dots & b_{nk} & b_{np} & z_n \end{array} \\
\mathbf{C} = \mathbf{A}\ \mathbf{B} & \\
\end{array}
$$

a_{11}	a_{12}		a_{1n}	c_{11}			c_{1p}	az_1
a_{21}	a_{22}							
a_{i1}	$\dots$		a_{in}			c_{ik}		$\vdots$
a_{m1}			a_{mn}	c_{m1}			c_{mp}	az_m
s_1	$\dots$		s_n	sb_1	$\dots$		sb_p	c

Bild 2. 1   Schema von Falk

Beispiel 2. 10

Das Produkt $\mathbf{A}\,\mathbf{B}$ der Matrizen $\mathbf{A} = \begin{pmatrix} 3 & 2 & 1 & 6 \\ 5 & 0 & 1 & 3 \end{pmatrix}$ und $\mathbf{B} = \begin{pmatrix} 2 & 2 & 1 \\ 1 & 4 & 0 \\ 3 & 1 & 4 \\ 5 & 3 & 1 \end{pmatrix}$ ist

$\begin{pmatrix} 41 & 33 & 13 \\ 28 & 20 & 12 \end{pmatrix}$.

Das zugehörige Schema von Falk

				2	2	1
				1	4	0
	$\mathbf{A}$	$\mathbf{B}$		3	1	4
				5	3	1
3	2	1	6	41	33	13
5	0	1	3	28	20	12

Die Reihenfolge der Matrizen bei der Multiplikation ist unbedingt zu beachten. Das Kommutativgesetz gilt im Allgemeinen für die Matrizenmultiplikation nicht. Im gezeigten Beispiel kann **BA** nicht gebildet werden, da die Matrizen in dieser Reihenfolge nicht verkettet sind.

Das Falk'sche Schema bietet einige Kontrollmöglichkeiten. Diese Kontrollen sind insbesondere bei Handrechnung sehr hilfreich.

Zeilensumme von **B**

$$z_i = \sum_{j=1}^{p} b_{ij}$$

Spaltensumme von **A**

$$s_k = \sum_{j=1}^{m} a_{jk}$$

Zeilensummenprobe,

$$\sum_{j=1}^{n} a_{ij} z_j = a z_i = \sum_{k=1}^{p} c_{ik}$$

Spaltensummenprobe

$$\sum_{j=1}^{n} s_j b_{jk} = s b_k = \sum_{i=1}^{m} c_{ik}$$

weitere Kontrolle

$$\sum_{k=1}^{p} s b_k = c = \sum_{i=1}^{m} a z_i$$

Beispiel 2. 11

In diesem Beispiel werden alle Proben gleichzeitig benutzt. Es wird empfohlen, entweder eine Zeilensummenprobe oder eine Spaltensummenprobe vorzunehmen.

				1	1	2
				1	2	3
	AB			0	2	2
				1	3	4
1	2	1	3	6	16	22
0	1	2	1	2	9	11
1	0	1	3	4	12	16
2	3	4	7	12	37	49

Beispiel 2. 12

$$A = \begin{pmatrix} 5 & 7 & 13 \\ 2 & 1 & 1 \\ 3 & 3 & 5 \end{pmatrix}, \quad B = \begin{pmatrix} 1 & 2 & -3 \\ 2 & 4 & -6 \\ -2 & -4 & 6 \end{pmatrix}$$

			1	2	-3
	AB		2	4	-6
			-2	-4	6
5	7	13	-7	-14	21
2	1	1	2	4	-6
3	3	5	-1	-2	3

Das Produkt zweier Matrizen **A** und **B**, die nicht Nullmatrix sind, kann die Null-matrix ergeben. **A** und **B** werden dann Nullteiler genannt.

			5	7	13
	BA		2	1	1
			3	3	5
1	2	−3	0	0	0
2	4	−6	0	0	0
−2	−4	6	0	0	0

Satz 2. 2

Für die Matrizenmultiplikation gelten
das Distributivgesetz
$$(A + B)C = AC + BC \qquad\qquad A(B + C) = AB + AC$$

und das Assoziativgesetz $ABC = (AB)C = A(BC)$,
$$k(AB) = (kA)B = A(kB) = (AB)k \, ,$$
falls die Zwischensummen und Produkte existieren.

Für wiederholtes Multiplizieren von Matrizen mit sich selbst wird die Potenz-schreibweise analog angewendet.

$$A \cdot A = A^2 \qquad A^2 \cdot A = A^3 \qquad \text{usw.}$$

Nur quadratische Matrizen können mit sich selbst multipliziert werden. Ansons-ten wären sie nicht verkettet.

2.2 Eigenschaften von Matrizen

Definition

In einer Nullmatrix **0** sind alle Elemente null.

Insbesondere gelten
$$A + 0 = A - 0 = 0 + A = A \qquad \text{und} \quad 0 - A = -A \, .$$

Definition

In einer Diagonalmatrix **D** sind alle Elemente $a_{ik} = 0$ für $i \neq k$.

Definition

Eine Einheitsmatrix **E** ist eine Diagonalmatrix mit $a_{ii} = 1$ für alle i.

Beispiel 2. 13

$$\mathbf{0} = \begin{pmatrix} 0 & 0 \\ 0 & 0 \\ 0 & 0 \end{pmatrix}, \mathbf{D} = \begin{pmatrix} 1 & 0 & 0 \\ 0 & 2 & 0 \\ 0 & 0 & 3 \end{pmatrix}, \mathbf{E} = \begin{pmatrix} 1 & 0 \\ 0 & 1 \end{pmatrix}$$

Eine Matrix bleibt unverändert, wenn sie mit einer Einheitsmatrix **E** von links oder von rechts multipliziert wird.

$$\mathbf{A\,E} = \mathbf{E\,A} = \mathbf{A}$$

Definition

Der Betrag $|\mathbf{x}|$ eines Vektors **x** berechnet sich als $|\mathbf{x}| = \sqrt{\mathbf{x}^T \mathbf{x}}$ Wurzel aus dem Skalarprodukt von $\mathbf{x}^T \mathbf{x}$.

Der Betrag des Vektors **x** ist die Wurzel aus der Summe der Quadrate seiner Komponenten

$$|\mathbf{x}| = \sqrt{x_1^2 + x_2^2 + \ldots + x_n^2} \quad .$$

Vektoren mit dem Betrag eins werden Einheitsvektoren genannt und durch den oberen Index $^\circ$ gekennzeichnet. Der Einheitsvektor $\mathbf{x}^\circ$ ergibt sich durch Multiplikation von **x** mit dem Faktor $\dfrac{1}{|\mathbf{x}|}$.

$$\mathbf{x}^\circ = \frac{1}{|\mathbf{x}|} \mathbf{x}$$

Beispiel 2. 14

Ist der Vektor $\mathbf{y} = \begin{pmatrix} 1 \\ 2 \\ -2 \end{pmatrix}$ ein Einheitsvektor?

Der Betrag von **y** ist $|\mathbf{y}| = \sqrt{1^2 + 2^2 + (-2)^2} = \sqrt{9} = 3$.

Der Vektor **y** ist kein Einheitsvektor, da er den Betrag drei hat. Der zugehörige Einheitsvektor **y⁰** heißt

$$\mathbf{y^o} = \frac{1}{|\mathbf{y}|}\mathbf{y} = \frac{1}{3}\begin{pmatrix} 1 \\ 2 \\ -2 \end{pmatrix} = \begin{pmatrix} \tfrac{1}{3} \\ \tfrac{2}{3} \\ -\tfrac{2}{3} \end{pmatrix} \ .$$

Definition

Eine orthogonale Matrix **A** ergibt bei Multiplikation mit der Transponierten $\mathbf{A}^T$ die Einheitsmatrix **E** .

$$\mathbf{A}^T\mathbf{A} = \mathbf{A}\,\mathbf{A}^T = \mathbf{E}$$

Beispiel 2. 15

Die Matrix $\mathbf{A} = \begin{pmatrix} \cos\alpha & -\sin\alpha \\ \sin\alpha & \cos\alpha \end{pmatrix}$ ist eine orthogonale Matrix.

$\alpha = \dfrac{\pi}{4}$:

$$\mathbf{A}\,\mathbf{A}^T = \begin{pmatrix} \frac{1}{2}\sqrt{2} & -\frac{1}{2}\sqrt{2} \\ \frac{1}{2}\sqrt{2} & \frac{1}{2}\sqrt{2} \end{pmatrix} \begin{pmatrix} \frac{1}{2}\sqrt{2} & \frac{1}{2}\sqrt{2} \\ -\frac{1}{2}\sqrt{2} & \frac{1}{2}\sqrt{2} \end{pmatrix} = \begin{pmatrix} 1 & 0 \\ 0 & 1 \end{pmatrix}$$

Zu jeder quadratischen Matrix **A** existiert eindeutig eine Determinante det(**A**) .

Definition

Eine Matrix **A** ist regulär, wenn die Determinante det(**A**) $\neq 0$ ist. Für eine singuläre Matrix **A** erhält man die Determinante det(**A**) = 0 .

Beispiel 2. 16

$$\mathbf{A} = \begin{pmatrix} \frac{1}{2}\sqrt{2} & -\frac{1}{2}\sqrt{2} \\ \frac{1}{2}\sqrt{2} & \frac{1}{2}\sqrt{2} \end{pmatrix}$$

$$\det(\mathbf{A}) = \begin{vmatrix} \frac{1}{2}\sqrt{2} & -\frac{1}{2}\sqrt{2} \\ \frac{1}{2}\sqrt{2} & \frac{1}{2}\sqrt{2} \end{vmatrix} = \frac{1}{2}\sqrt{2}\cdot\frac{1}{2}\sqrt{2} - \frac{1}{2}\sqrt{2}\cdot(-\frac{1}{2}\sqrt{2}) = 1$$

Die Matrix **A** ist regulär.

Definition

Die Matrix A^{-1} ist inverse Matrix von A, wenn $A\,A^{-1} = A^{-1}A = E$ gilt.

Die inverse Matrix wird auch Kehrmatrix oder reziproke Matrix genannt.

Satz 2. 3

Jede reguläre Matrix A besitzt eine eindeutig bestimmte inverse Matrix A^{-1}.

Es sind verschiedene Methoden zur Berechnung einer inversen Matrix bekannt. Die inverse Matrix A^{-1} lässt sich mit Hilfe von Adjunkten berechnen. Für Matrizen, deren Ordnung nicht zu groß ist, hat diese Definition auch praktischen Nutzen. Zu einem späteren Zeitpunkt (siehe Abschnitt 4.1) wird ein Verfahren vorgestellt, das sich auch eignet, Matrizen beliebiger Ordnung zu invertieren.

Definition

Die inverse Matrix A^{-1} wird mit Hilfe der Adjunkten A_{ik} berechnet als

$$A^{-1} = \frac{1}{\det(A)} \begin{bmatrix} A_{11} & \cdots & A_{1n} \\ \vdots & \ddots & \vdots \\ A_{n1} & \cdots & A_{nn} \end{bmatrix}^{T}.$$

Die transponierte Matrix der Adjunkten $\begin{bmatrix} A_{11} & \cdots & A_{1n} \\ \vdots & \ddots & \vdots \\ A_{n1} & \cdots & A_{nn} \end{bmatrix}^{T}$ wird adjungierte Matrix $\begin{bmatrix} A_{11} & \cdots & A_{n1} \\ \vdots & \ddots & \vdots \\ A_{1n} & \cdots & A_{nn} \end{bmatrix}$ genannt.

Beispiel 2. 17

Man bestimme die inverse Matrix von $\mathbf{A} = \begin{pmatrix} 1 & 2 & 3 \\ 2 & 5 & 6 \\ 1 & 1 & 1 \end{pmatrix}$.

Die Determinante von $\mathbf{A}$ ist $\det(\mathbf{A}) = -2$ ist ungleich null. Die Matrix $\mathbf{A}$ ist regulär, und es existiert eine inverse Matrix $\mathbf{A}^{-1}$

$$\mathbf{A}^{-1} = \frac{1}{-2} \cdot \begin{pmatrix} -1 & 4 & -3 \\ 1 & -2 & 1 \\ -3 & 0 & 1 \end{pmatrix}^T = \begin{pmatrix} \frac{1}{2} & -\frac{1}{2} & \frac{3}{2} \\ -2 & 1 & 0 \\ \frac{3}{2} & -\frac{1}{2} & -\frac{1}{2} \end{pmatrix}.$$

Für eine orthogonale Matrix $\mathbf{A}$ ist $\mathbf{A}^T = \mathbf{A}^{-1}$.

Es gelten für orthogonale Matrizen $\mathbf{A}\mathbf{A}^T = \mathbf{E}$ und für inverse Matrizen $\mathbf{A}\mathbf{A}^{-1} = \mathbf{E}$. Daraus folgt $\mathbf{A}\mathbf{A}^T = \mathbf{E} = \mathbf{A}\mathbf{A}^{-1}$ und $\mathbf{A}^T = \mathbf{A}^{-1}$.

Satz 2. 4

Wird eine Matrix $\mathbf{A}$ mit einem Spaltenvektor $\mathbf{b}$, in dem alle Elemente gleich 1 sind, von rechts multipliziert, so ergeben sich die Elemente als Summe der Zeilen von $\mathbf{A}$.
Der Vektor $\mathbf{b}$ wird der summierende Vektor genannt.

Beispiel 2. 18

$$\begin{bmatrix} 2 & 1 & 3 \\ 1 & 0 & 1 \\ 2 & 1 & 2 \end{bmatrix} \begin{bmatrix} 1 \\ 1 \\ 1 \end{bmatrix} = \begin{bmatrix} 6 \\ 2 \\ 5 \end{bmatrix}$$

Satz 2. 5

Wird eine Matrix $\mathbf{A}$ mit einem Zeilenvektor $\mathbf{b}^T$, in dem alle Elemente gleich 1 sind, von links multipliziert, so ergeben sich die Elemente als Summe der Spalten von $\mathbf{A}$.

Beispiel 2. 19

$$\begin{bmatrix} 1 & 1 & 1 \end{bmatrix} \begin{bmatrix} 2 & 1 & 3 \\ 1 & 0 & 1 \\ 2 & 1 & 2 \end{bmatrix} = \begin{bmatrix} 5 & 2 & 6 \end{bmatrix}$$

2.3 Lineare Abhängigkeit und Rang

Die lineare Abhängigkeit, die hier für Spaltenvektoren gezeigt wird, gilt analog auch für Zeilenvektoren. Ausgangspunkt sind n Spaltenvektoren der Ordnung m.

$$\mathbf{a_i} = \begin{pmatrix} a_{1i} \\ a_{2i} \\ \vdots \\ a_{mi} \end{pmatrix} \quad \text{für} \quad i = 1, 2, \dots, n.$$

Definition

Der Vektor $\mathbf{a_n}$ ist Linearkombination der Vektoren $\mathbf{a_1}, \mathbf{a_2}, \dots, \mathbf{a_{n-1}}$, wenn

$$\mathbf{a_n} = l_1 \cdot \mathbf{a_1} + l_2 \cdot \mathbf{a_2} + \dots + l_{n-1} \cdot \mathbf{a_{n-1}}$$

für $l_i \in R$ gebildet werden kann.

Beispiel 2. 20

Eine Linearkombination der Vektoren $\mathbf{a_1} = \begin{pmatrix} 1 \\ 1 \\ 2 \end{pmatrix}$ und $\mathbf{a_2} = \begin{pmatrix} 3 \\ 1 \\ 2 \end{pmatrix}$

ist $\quad \mathbf{a_3} = 2\mathbf{a_1} - 3\mathbf{a_2} = 2 \cdot \begin{pmatrix} 1 \\ 1 \\ 2 \end{pmatrix} - 3 \cdot \begin{pmatrix} 3 \\ 1 \\ 2 \end{pmatrix} = \begin{pmatrix} -7 \\ -1 \\ -2 \end{pmatrix}.$

Definition

Der Vektor $\mathbf{a_n}$ ist eine positive Linearkombination der Vektoren $\mathbf{a_1}, \mathbf{a_2}, \dots, \mathbf{a_{n-1}}$, wenn

$$\mathbf{a_n} = l_1 \cdot \mathbf{a_1} + l_2 \cdot \mathbf{a_2} + \dots + l_{n-1} \cdot \mathbf{a_{n-1}}$$

für $l_i \in R$ mit $l_i \geq 0$ gebildet werden kann.

Definition

Der Vektor $\mathbf{a_n}$ ist konvexe Linearkombination der Vektoren $\mathbf{a_1}$, $\mathbf{a_2}$, ... , $\mathbf{a_{n-1}}$, wenn

$$\mathbf{a_n} = l_1 \cdot \mathbf{a_1} + l_2 \cdot \mathbf{a_2} + ... + l_{n-1} \cdot \mathbf{a_{n-1}}$$

für $l_i \in R$ mit $l_i \geq 0$ und $\sum_{i=1}^{n-1} l_i = 1$ gebildet werden kann.

Beispiel 2. 21

Eine konvexe Linearkombination der Vektoren

$$\mathbf{a_1} = \begin{pmatrix} 1 \\ 1 \\ 2 \end{pmatrix} \text{ und } \mathbf{a_2} = \begin{pmatrix} 3 \\ 1 \\ 2 \end{pmatrix} \quad \text{ist} \quad \mathbf{a_3} = \frac{1}{2}\mathbf{a_1} + \frac{1}{2}\mathbf{a_2} = \frac{1}{2} \cdot \begin{pmatrix} 1 \\ 1 \\ 2 \end{pmatrix} + \frac{1}{2} \cdot \begin{pmatrix} 3 \\ 1 \\ 2 \end{pmatrix} = \begin{pmatrix} 2 \\ 1 \\ 2 \end{pmatrix}.$$

Definition

Die Vektoren $\mathbf{a_i}$ mit $i = 1, 2, ... , n$ heißen linear abhängig, wenn sich einer der Vektoren als Linearkombination der übrigen Vektoren darstellen lässt.

Anstelle der Gleichung

$$\mathbf{a_n} = l_1 \cdot \mathbf{a_1} + l_2 \cdot \mathbf{a_2} + ... + l_{n-1} \cdot \mathbf{a_{n-1}}$$

kann auch die Gleichung

(2. 1) $\qquad l_1 \cdot \mathbf{a_1} + l_2 \cdot \mathbf{a_2} + ... + l_{n-1} \cdot \mathbf{a_{n-1}} + l_n \cdot \mathbf{a_n} = \mathbf{o}$

zur Beschreibung benutzt werden. So sind die Vektoren $\mathbf{a_i}$ mit $i = 1, 2, ... , n$ linear unabhängig, wenn sich der Nullvektor $\mathbf{o}$ nur als Linearkombination der Vektoren $\mathbf{a_i}$ bei Wahl aller $l_i = 0$ darstellen lässt.

Satz 2. 6

Es sind höchstens m Vektoren $\mathbf{a_i}$ der Ordnung m voneinander linear unabhängig.

Beispiel 2. 22

Gegeben sind die drei Vektoren

$$a_1 = \begin{pmatrix} 2 \\ 0 \\ 0 \end{pmatrix}, \quad a_2 = \begin{pmatrix} 0 \\ 2 \\ 0 \end{pmatrix}, \quad a_3 = \begin{pmatrix} 2 \\ 0 \\ 3 \end{pmatrix}$$

und die Linearkombination

$$l_1 \cdot a_1 + l_2 \cdot a_2 + l_3 \cdot a_3 = l_1 \cdot \begin{pmatrix} 2 \\ 0 \\ 0 \end{pmatrix} + l_2 \cdot \begin{pmatrix} 0 \\ 2 \\ 0 \end{pmatrix} + l_3 \cdot \begin{pmatrix} 2 \\ 0 \\ 3 \end{pmatrix} = \begin{pmatrix} 0 \\ 0 \\ 0 \end{pmatrix} = o.$$

Der Nullvektor o lässt sich aus a_1, a_2 und a_3 nur bilden, wenn l_1, l_2 und l_3 null sind. Die Vektoren a_1, a_2 und a_3 sind linear unabhängig.

Beispiel 2. 23

Man untersuche auf lineare Abhängigkeit $a_1 = \begin{pmatrix} 2 \\ 0 \\ 0 \end{pmatrix}, \quad a_2 = \begin{pmatrix} 0 \\ 2 \\ 0 \end{pmatrix}, \quad a_3 = \begin{pmatrix} 2 \\ 3 \\ 0 \end{pmatrix}$

$$l_1 \cdot a_1 + l_2 \cdot a_2 + l_3 \cdot a_3 = l_1 \cdot \begin{pmatrix} 2 \\ 0 \\ 0 \end{pmatrix} + l_2 \cdot \begin{pmatrix} 0 \\ 2 \\ 0 \end{pmatrix} + l_3 \cdot \begin{pmatrix} 2 \\ 3 \\ 0 \end{pmatrix} = \begin{pmatrix} 0 \\ 0 \\ 0 \end{pmatrix} = o$$

Der Nullvektor o lässt sich aus a_1, a_2 und a_3 bilden, wenn $l_1 = 1$, $l_2 = \dfrac{3}{2}$ und $l_3 = -1$ sind.
Auch gilt

$$l_1 \cdot \begin{pmatrix} 2 \\ 0 \\ 0 \end{pmatrix} + l_2 \cdot \begin{pmatrix} 0 \\ 2 \\ 0 \end{pmatrix} = \begin{pmatrix} 2 \\ 3 \\ 0 \end{pmatrix} = \begin{pmatrix} 2 \\ 0 \\ 0 \end{pmatrix} + \frac{3}{2} \cdot \begin{pmatrix} 0 \\ 2 \\ 0 \end{pmatrix} = \begin{pmatrix} 2 \\ 3 \\ 0 \end{pmatrix} = a_3.$$

Die Vektoren a_1, a_2 und a_3 sind linear abhängig.

Die Anzahl der linear unabhängigen Vektoren ist für die weitere Behandlung von Interesse. Es sollte aber nicht zu kompliziert sein, diese Anzahl zu bestimmen.

Definition

Sind n Vektoren gegeben, so beschreibt der Rang r die Anzahl linear unabhängiger Vektoren.

Eine Matrix **A** kann in n Spalten- oder m Zeilenvektoren zerlegt werden. Der Rang der Matrix **A** entspricht dann dem Rang dieser Vektoren der Matrix.

$$r = Rang(\mathbf{A}) = rg(\mathbf{A})$$

Satz 2. 7

Die Matrix **A** hat den Rang r , wenn es eine Unterdeterminante der Ordnung r gibt, die ungleich null ist, und alle Unterdeterminanten höherer Ordnung verschwinden.

Nur die Nullmatrix **0** hat den Rang 0. Der Rang einer Matrix ist mindestens 1, wenn es nicht die Nullmatrix ist.

Beispiel 2. 24

$$\text{Aus } \mathbf{A} = \begin{pmatrix} 1 & 2 & 1 \\ 2 & 1 & 0 \\ 1 & 0 & 1 \end{pmatrix} \text{ folgt } \det(\mathbf{A}) = \begin{vmatrix} 1 & 2 & 1 \\ 2 & 1 & 0 \\ 1 & 0 & 1 \end{vmatrix} = -4 \neq 0 .$$

Die Anzahl der linear unabhängigen Zeilen (und Spalten) ist 3 ist gleich dem Rang von **A**.

Beispiel 2. 25

$$\text{Aus } \mathbf{A} = \begin{pmatrix} 1 & 2 & 1 \\ 2 & 1 & 0 \\ 3 & 3 & 1 \end{pmatrix} \text{ folgt } \det(\mathbf{A}) = \begin{vmatrix} 1 & 2 & 1 \\ 2 & 1 & 0 \\ 3 & 3 & 1 \end{vmatrix} = 0 .$$

Die Unterdeterminante $\begin{vmatrix} 1 & 0 \\ 3 & 1 \end{vmatrix}$ ist jedoch gleich $1 \neq 0$ und damit der Rang von **A** gleich 2 .

Die Anzahl der linear unabhängigen Zeilen (und Spalten) ist gleich dem Rang von **A** ist 2 . So findet man die dritte Zeile als Summe der ersten und der zweiten Zeile.

Satz 2. 8

Der Rang r einer Matrix **A** vom Typ (m, n) ist höchstens gleich der kleineren der beiden Zahlen m oder n.

$$r \leq min(m, n)$$

Da Determinanten von quadratischen Schemata gebildet werden, kann die größte Ordnung einer Unterdeterminante höchstens gleich dem Minimum von m und n sein.

Beispiel 2. 26

Aus $\mathbf{A} = \begin{pmatrix} 1 & 2 \\ 3 & 4 \\ 5 & 6 \end{pmatrix}$ lässt sich die Unterdeterminante $\begin{vmatrix} 1 & 2 \\ 3 & 4 \end{vmatrix} = 4 - 6 = -2 \neq 0$ ableiten.

Der Rang von $\mathbf{A}$ beträgt 2.

Aus den Rechenregeln zu Determinanten lassen sich einige Schlussfolgerungen zum Rang einer Matrix $\mathbf{A}$ ableiten.

Satz 2. 9

Der Rang einer Matrix $\mathbf{A}$ ändert sich nicht, wenn
- zwei Zeilen (oder Spalten) miteinander vertauscht werden,
- die Matrix transponiert wird,
- eine Zeile (oder Spalte) mit einem Faktor $k \neq 0$ multipliziert wird oder
- das k-fache einer Zeile (Spalte) zu einer anderen Zeile (Spalte) addiert wird.

2.4 Anwendungen

2.4.1 Verflechtung 1. Art

Betrachtet wird die Herstellung von Enderzeugnissen in n Produktionsstufen. Es werden nur die Erzeugnisse der Endstufe n für den Verbrauch geliefert. In allen anderen Stufen wird nur für den Bedarf der nächst höheren Produktionsstufe produziert.

Im Folgenden bezeichnen
x_j – Menge der Erzeugnisse der Stufe j
y_j – Menge der Erzeugnisse der Stufe j für den Primärbedarf
$\mathbf{A}_{j,j+1}$ – Verflechtungsmatrix für den Übergang von der Stufe j zur Stufe $j + 1$

Das untenstehende Schema verdeutlicht es.

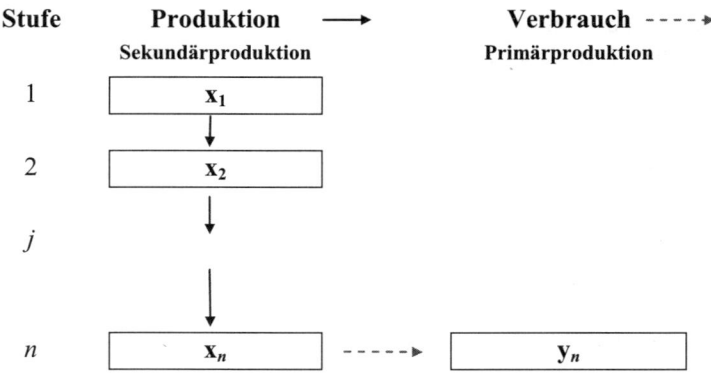

Stufe	Produktion $\longrightarrow$	Verbrauch $----\blacktriangleright$
	Sekundärproduktion	Primärproduktion

Die Elemente a_{ik} der Matrix $\mathbf{A}_{j,j+1} = [\, a_{ik}\,]_{j,j+1}$ geben an, wie viel Einheiten des Erzeugnisses i der Stufe j für eine Einheit des Erzeugnisses k der Stufe $j+1$ benötigt werden.

Für jeden Übergang von einer Produktionsstufe zur nächsten existiert eine Verflechtungsmatrix $\mathbf{A}_{j,j+1}$.

Da $\mathbf{x}_n$ die Lieferung für den Endbedarf darstellt, ergibt sich $\mathbf{x}_n = \mathbf{y}_n$.
Für die Produktion der einzelnen Stufen gilt $\mathbf{x}_j = \mathbf{A}_{j,j+1}\,\mathbf{x}_{j+1}$ mit $j = 1, 2, \dots, n-1$.

Beispiel 2. 27

In einem Unternehmen werden Zwischenprodukte (Z) eines Teilbetriebes zu Fertigprodukten (F) verarbeitet. Der (Roh-)Materialverbrauch (M) des Teilbetriebes und der Bedarf an Zwischenprodukten für die Endfertigung sind der folgenden Tabelle zu entnehmen:

alle Angaben in Mengeneinheiten ME !	Materialverbrauch des Teilbetriebes			Verbrauch an Zwischenprodukten bei der Endfertigung	
	M_1	M_2	M_3	F_1	F_2
Zwischenprodukt Z_1	5	4	1	5	9
Zwischenprodukt Z_2	7	2	0	1	0
Zwischenprodukt Z_3	0	5	2	2	1
Zwischenprodukt Z_4	4	2	0	4	3

Wie groß ist der Rohmaterialverbrauch (M) für eine Endfertigung (F) von F_1 mit 7 ME und F_2 mit 5 ME?

Die Fertigung wird in drei Stufen $n = 3$ durchgeführt.

Für die Stufen gilt $x_1 = m$, $x_2 = z$ und $x_3 = f$.

Die Übergänge von der ersten zur zweiten bzw. zweiten zur dritten Produktionsstufe werden durch

$$m = A_{1,2}\, z \quad \text{und} \quad z = A_{2,3}\, f$$

beschrieben.

Aus der Tabelle werden die Matrizen $A_{1,2} = \begin{bmatrix} 5 & 7 & 0 & 4 \\ 4 & 2 & 5 & 2 \\ 1 & 0 & 2 & 0 \end{bmatrix}$ und $A_{2,3} = \begin{bmatrix} 5 & 9 \\ 1 & 0 \\ 2 & 1 \\ 4 & 3 \end{bmatrix}$

abgelesen.

Anstelle von z in der ersten Gleichung kann die rechte Seite der zweiten Gleichung eingesetzt werden

$$m = A_{1,2}\, A_{2,3}\, f = \begin{bmatrix} 5 & 7 & 0 & 4 \\ 4 & 2 & 5 & 2 \\ 1 & 0 & 2 & 0 \end{bmatrix} \begin{bmatrix} 5 & 9 \\ 1 & 0 \\ 2 & 1 \\ 4 & 3 \end{bmatrix} f \quad .$$

Für die geforderte Endfertigung $f = \begin{pmatrix} 7 \\ 5 \end{pmatrix}$ kann der Rohmaterialbedarf m durch Matrizenmultiplikation ermittelt werden.

Multiplikationen mit dem Schema von Falk

				5	9	
				1	0	
				2	1	7
				4	3	5
5	7	0	4	48	57	621
4	2	5	2	40	47	515
1	0	2	0	9	11	118

$$m = \begin{bmatrix} 48 & 57 \\ 40 & 47 \\ 9 & 11 \end{bmatrix} \begin{pmatrix} 7 \\ 5 \end{pmatrix} = \begin{bmatrix} 621 \\ 515 \\ 118 \end{bmatrix}$$

Für die Endfertigung von 7 F_1 und 5 F_2 werden die Mengen M_1 mit 621 ME, M_2 mit 515 ME und M_3 mit 118 ME Rohmaterial verbraucht.

Beispiel 2. 28

In einem Unternehmen werden Zwischenprodukte (Z) zweier Teilbetriebe zu Fertigprodukten (F) verarbeitet. Der (Roh-) Materialverbrauch (M) der Teilbetriebe und der Bedarf an Zwischenprodukten für die Endfertigung sind der folgenden Tabelle zu entnehmen:

alle Angaben in Mengeneinheiten ME !	Materialverbrauch des Teilbetriebes I			Materialverbrauch des Teilbetriebes II	
	M_1	M_2	M_3	M_4	M_5
Zwischenprodukt Z_1	1	2	3	2	1
Zwischenprodukt Z_2	2	1	1	1	3
Zwischenprodukt Z_3	1	1	2	2	1

Alle Angaben in Mengeneinheiten ME	Verbrauch an Zwischenprodukten bei der Endfertigung		
	F_1	F_2	F_3
Zwischenprodukt Z_1	1	2	1
Zwischenprodukt Z_2	2	2	3
Zwischenprodukt Z_3	1	2	2

Stufe   **Produktion** ⟶

Sekundärproduktion

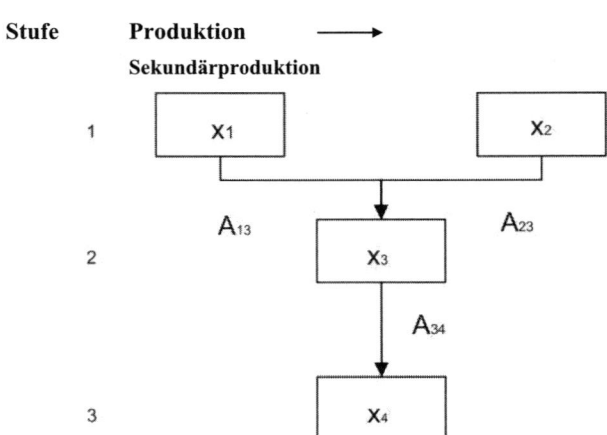

Wie groß ist der Rohmaterialverbrauch (M) für eine Endfertigung (F) von F_1 mit 2 ME, F_2 3 ME und F_3 mit 4 ME?

Die Fertigung wird in drei Stufen $n = 3$ durchgeführt.
Für die Stufen gilt $x_1 = m_1$, $x_2 = m_2$, $x_3 = z$ und $x_4 = f$.

Die Übergänge von der ersten zur zweiten bzw. zweiten zur dritten Produktionsstufe werden durch

$$\mathbf{m}_1 = \mathbf{A}_{1,3}\,\mathbf{z}\ ,\ \mathbf{m}_2 = \mathbf{A}_{2,3}\,\mathbf{z}\ \text{und}\qquad \mathbf{z} = \mathbf{A}_{3,4}\,\mathbf{f}$$

beschrieben.

Aus der Tabelle werden die Matrizen $\mathbf{A}_{1,3} = \begin{bmatrix} 1 & 2 & 1 \\ 2 & 1 & 1 \\ 3 & 1 & 2 \end{bmatrix}$, $\mathbf{A}_{2,3} = \begin{bmatrix} 2 & 1 & 2 \\ 1 & 3 & 1 \end{bmatrix}$ und

$\mathbf{A}_{3,4} = \begin{bmatrix} 1 & 2 & 1 \\ 2 & 2 & 3 \\ 1 & 2 & 2 \end{bmatrix}$ abgelesen.

Anstelle von $\mathbf{z}$ in der ersten Gleichung kann die rechte Seite der dritten Gleichung eingesetzt werden

$$\mathbf{m}_1 = \mathbf{A}_{1,3}\,\mathbf{A}_{3,4}\,\mathbf{f} = \begin{bmatrix} 1 & 2 & 1 \\ 2 & 1 & 1 \\ 3 & 1 & 2 \end{bmatrix}\begin{bmatrix} 1 & 2 & 1 \\ 2 & 2 & 3 \\ 1 & 2 & 2 \end{bmatrix}\mathbf{f}\ .$$

Für die geforderte Endfertigung $\mathbf{f} = \begin{pmatrix} 2 \\ 3 \\ 4 \end{pmatrix}$ kann der Rohmaterialbedarf $\mathbf{m}_1$ durch

Matrizenmultiplikation ermittelt werden.

Multiplikationen mit dem Schema von Falk

			1	2	1	2
$\mathbf{m}_1$			2	2	3	3
			1	2	2	4
1	2	1	6	8	9	72
2	1	1	5	8	7	62
3	1	2	7	12	10	90

Anstelle von $\mathbf{z}$ in der zweiten Gleichung kann die rechte Seite der dritten Gleichung eingesetzt werden

$$\mathbf{m}_2 = \mathbf{A}_{2,3}\,\mathbf{A}_{3,4}\,\mathbf{f} = \begin{bmatrix} 2 & 1 & 2 \\ 1 & 3 & 1 \end{bmatrix}\begin{bmatrix} 1 & 2 & 1 \\ 2 & 2 & 3 \\ 1 & 2 & 2 \end{bmatrix}\mathbf{f}\ .$$

Für die geforderte Endfertigung $\mathbf{f} = \begin{pmatrix} 2 \\ 3 \\ 4 \end{pmatrix}$ kann der Rohmaterialbedarf $\mathbf{m_2}$ durch

Matrizenmultiplikation ermittelt werden.
Multiplikationen mit dem Schema von Falk

			1	2	1	2
$\mathbf{m_2}$			2	2	3	3
			1	2	2	4
2	1	2	6	10	9	78
1	3	1	8	10	12	94

Für die Endfertigung von 2 F_1, 3 F_2 und 4 F_3 werden in Teilbetrieb I die Mengen M_1 mit 72 ME, M_2 mit 62 ME, M_3 mit 90 ME sowie in Teilbetrieb II die Mengen M_4 mit 78 ME und M_5 mit 94 ME Rohmaterial verbraucht.

Betrachtet wird die Herstellung von Produkten in n Produktionsstufen. Es werden Erzeugnisse aller n Stufen für den Verbrauch geliefert.

Stufe	Produktion ⟶	Verbrauch ----▶
	Sekundärproduktion	Primärproduktion
1	$\mathbf{x_1}$	$\mathbf{y_1}$
2	$\mathbf{x_2}$	$\mathbf{y_2}$
j		
n	$\mathbf{x_n}$	$\mathbf{y_n}$

Wie viel Einheiten des Erzeugnisses i der Stufe j für den Verbrauch zu liefern sind, wird durch den Vektor $\mathbf{y_j}$ angegeben. Für die Stufe n gilt $\mathbf{x_n} = \mathbf{y_n}$.
Für die Produktion der einzelnen Stufen j gilt $\mathbf{x_j} = \mathbf{A_{j,j+1}} \, \mathbf{x_{j+1}} + \mathbf{y_j}$ mit $j = 1, 2, \dots, n-1$.

Mit diesem Modell kann der Bedarf $\mathbf{x_j}$ für jede Produktionsstufe berechnet werden, wenn der Verbrauch $\mathbf{y_j}$ jeder Stufe bekannt ist.

Beispiel 2. 28

In einem Unternehmen werden Zwischenprodukte (Z) eines Teilbetriebes zu Endprodukten (E) verarbeitet. Die Rohstoffe (R) des Teilbetriebes und der Bedarf an
Zwischenprodukten für die Endfertigung sind der folgenden Tabelle zu entnehmen:

alle Angaben in Men-geneinheiten ME !	Materialverbrauch des Teilbetriebes			Verbrauch an Zwischen-produkten bei der Endferti-gung	
	R_1	R_2	R_3	E_1	E_2
Zwischenprodukt Z_1	5	4	1	5	9
Zwischenprodukt Z_2	7	2	0	1	0
Zwischenprodukt Z_3	0	5	2	2	1
Zwischenprodukt Z_4	4	2	0	4	3

Wie groß ist der Rohstoffverbrauch (R) für eine Endfertigung (E) von 7 ME von E
und 5 ME von E_2, wenn sowohl Rohmaterial 1 ME von R_1, 2 ME von R_2 und 2
ME von R_3 als auch Zwischenprodukte 1 ME von Z_1, 2 ME von Z_2, 1 ME von Z_3
und 2 ME von Z_4 zum Verbrauch bereitgestellt werden?

Die Fertigung wird in drei Stufen $n = 3$ durchgeführt.
Für die Stufen gilt $x_1 = r$, $x_2 = z$ und $x_3 = e$.
Die Übergänge von der ersten zur zweiten bzw. zweiten zur dritten Produktionsstu-
fe werden durch

$$r = A_{1,2}\, z + y_1 \quad \text{und} \quad z = A_{2,3}\, e + y_2$$

beschrieben.
Die Verflechtungsmatrizen werden aus der Tabelle abgelesen

$$y_1 = \begin{pmatrix} 1 \\ 2 \\ 2 \end{pmatrix}, \; y_2 = \begin{pmatrix} 1 \\ 2 \\ 1 \\ 2 \end{pmatrix}, \; A_{1,2} = \begin{bmatrix} 5 & 7 & 0 & 4 \\ 4 & 2 & 5 & 2 \\ 1 & 0 & 2 & 0 \end{bmatrix} \text{ und } A_{2,3} = \begin{bmatrix} 5 & 9 \\ 1 & 0 \\ 2 & 1 \\ 4 & 3 \end{bmatrix}.$$

Anstelle von z in der ersten Gleichung kann die rechte Seite der zweiten Gleichung eingesetzt werden

$$r = A_{1,2}\,(A_{2,3}\, e + y_2) + y_1 = \begin{bmatrix} 5 & 7 & 0 & 4 \\ 4 & 2 & 5 & 2 \\ 1 & 0 & 2 & 0 \end{bmatrix} \left(\begin{bmatrix} 5 & 9 \\ 1 & 0 \\ 2 & 1 \\ 4 & 3 \end{bmatrix} \begin{bmatrix} 7 \\ 5 \end{bmatrix} + \begin{pmatrix} 1 \\ 2 \\ 1 \\ 2 \end{pmatrix} \right) + \begin{pmatrix} 1 \\ 2 \\ 2 \end{pmatrix}.$$

$$= \begin{bmatrix} 5 & 7 & 0 & 4 \\ 4 & 2 & 5 & 2 \\ 1 & 0 & 2 & 0 \end{bmatrix} \left(\begin{bmatrix} 80 \\ 7 \\ 19 \\ 43 \end{bmatrix} + \begin{pmatrix} 1 \\ 2 \\ 1 \\ 2 \end{pmatrix} \right) + \begin{pmatrix} 1 \\ 2 \\ 2 \end{pmatrix} = \begin{bmatrix} 5 & 7 & 0 & 4 \\ 4 & 2 & 5 & 2 \\ 1 & 0 & 2 & 0 \end{bmatrix} \begin{pmatrix} 81 \\ 9 \\ 20 \\ 45 \end{pmatrix} + \begin{pmatrix} 1 \\ 2 \\ 2 \end{pmatrix}$$

$$= \begin{pmatrix} 648 \\ 532 \\ 121 \end{pmatrix} + \begin{pmatrix} 1 \\ 2 \\ 2 \end{pmatrix} = \begin{pmatrix} 649 \\ 534 \\ 123 \end{pmatrix}$$

Die Matrizenmultiplikationen werden vorteilhaft mit dem Schema von Falk ausgeführt.

Für die Endfertigung von 7 ME von E_1 und 6 E_2 und Abgabe von Rohmaterial 1 ME von R_1, 2 ME von R_2 und 2 ME von R_3 sowie Zwischenprodukten 1 ME von Z_1, 2 ME von Z_2, 1 ME von Z_3 und 2 ME von Z_4 werden die Mengen R_1 mit 649, R_2 mit 534 und R_3 mit 123 ME Rohmaterial verbraucht.

Beispiel 2. 29
Ein Unternehmen benutzt für die Herstellung bestimmter Produkte fünf verschiedene Standorte. Die Zwischenprodukte werden von einem Standort zum nächsten transportiert. Außerdem werden nicht nur die Endprodukte sondern auch Zwischenprodukte für den Primärbedarf abgegeben.
Die Produktionskette kann schematisch wie folgt dargestellt werden.

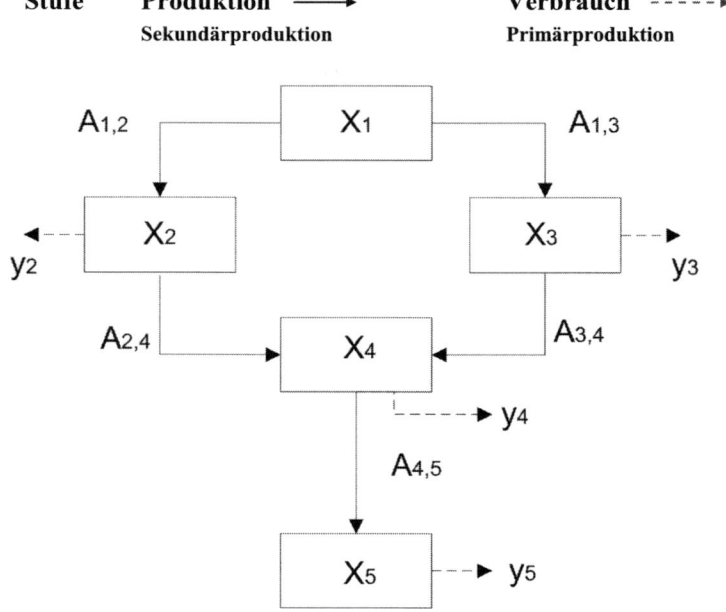

Die Verflechtungsmatrizen sind bekannt

$$A_{1,2} = \begin{bmatrix} 1 & 2 & 0 \\ 0 & 1 & 2 \\ 1 & 1 & 1 \\ 2 & 1 & 1 \\ 3 & 2 & 0 \end{bmatrix}, \; A_{1,3} = \begin{bmatrix} 2 & 3 \\ 1 & 2 \\ 2 & 0 \\ 3 & 3 \\ 2 & 1 \end{bmatrix}, \; A_{2,4} = \begin{pmatrix} 1 & 0 & 1 \\ 1 & 2 & 0 \\ 1 & 1 & 1 \end{pmatrix}, \; A_{3,4} = \begin{pmatrix} 1 & 4 & 2 \\ 2 & 3 & 3 \end{pmatrix} \; \text{und}$$

$$A_{4,5} = \begin{bmatrix} 1 & 2 & 3 & 2 \\ 1 & 1 & 1 & 2 \\ 1 & 0 & 1 & 3 \end{bmatrix}.$$

Wie groß ist der Rohstoffverbrauch (R) für eine Endfertigung (E) von 3 ME von E_1, von 2 ME von E_2, von 3 ME von E_3 und 4 ME von E_4, wenn auch an den Standorten 2, 3 und 4 Zwischenprodukte zum Verbrauch bereitgestellt werden?
Am Standort 2 werden von den drei Zwischenprodukten je 1 ME, 3 ME und 0 ME abgegeben. Am Standort 3 werden von den zwei Zwischenprodukten 2 bzw. 4 ME abgegeben. Am Standort 4 werden von den drei Zwischenprodukten jeweils 2 ME, 3 ME bzw. 2 ME abgegeben.

Die Fertigung wird in vier Stufen $n = 4$ durchgeführt. Für die Stufen gelten x_1, $x_2, x_3,\; x_4$ und x_5, sowie y_2, y_3, y_4 und y_5.

Für die Produktion der einzelnen Stufen j gilt $x_j = A_{j,j+1}\, x_{j+1} + y_j$ mit $j = 1, 2, \dots ,$ $n-1$.

Die Verflechtungen zwischen den einzelnen Produktionsstandorten (Produktionsstufen) werden durch
$$x_1 = A_{1,2}\, x_2 + A_{1,3}\, x_3\,, \quad x_2 = A_{2,4}\, x_4 + y_2\,, \quad x_3 = A_{3,4}\, x_4 + y_3$$
$$\text{und} \quad x_4 = A_{4,5}\, x_5 + y_4 \quad \text{beschrieben.}$$

Die Vektoren für die Primärproduktion lauten

$$y_1 = \begin{bmatrix} 0 \\ 0 \\ 0 \\ 0 \\ 0 \end{bmatrix}, \; y_2 = \begin{pmatrix} 1 \\ 3 \\ 0 \end{pmatrix}, \; y_3 = \begin{bmatrix} 2 \\ 4 \end{bmatrix}, \; y_4 = \begin{pmatrix} 2 \\ 3 \\ 2 \end{pmatrix} \; \text{und} \; x_5 = y_5 = \begin{bmatrix} 3 \\ 2 \\ 3 \\ 4 \end{bmatrix}.$$

Die Lösung kann nach zwei verschiedenen Lösungswegen ermittelt werden.

Beim Lösungsweg 1 werden alle Gleichungen schrittweise rückwärts gelöst.

$$(1) \quad x_4 = A_{4,5}\, x_5 + y_4 \quad \text{mit } x_4 = \begin{bmatrix} 1 & 2 & 3 & 2 \\ 1 & 1 & 1 & 2 \\ 1 & 0 & 1 & 3 \end{bmatrix} \cdot \begin{bmatrix} 3 \\ 2 \\ 3 \\ 4 \end{bmatrix} + \begin{pmatrix} 2 \\ 3 \\ 2 \end{pmatrix} = \begin{pmatrix} 26 \\ 19 \\ 20 \end{pmatrix}$$

$$(2) \quad x_3 = A_{3,4}\, x_4 + y_3 \quad \text{mit } x_3 = \begin{pmatrix} 1 & 4 & 2 \\ 2 & 3 & 3 \end{pmatrix} \cdot \begin{pmatrix} 26 \\ 19 \\ 20 \end{pmatrix} + \begin{bmatrix} 2 \\ 4 \end{bmatrix} = \begin{bmatrix} 144 \\ 173 \end{bmatrix}$$

$$(3) \quad x_2 = A_{2,4}\, x_4 + y_2 \quad \text{mit } x_2 = \begin{pmatrix} 1 & 0 & 1 \\ 1 & 2 & 0 \\ 1 & 1 & 1 \end{pmatrix} \cdot \begin{pmatrix} 26 \\ 19 \\ 20 \end{pmatrix} + \begin{pmatrix} 1 \\ 3 \\ 0 \end{pmatrix} = \begin{pmatrix} 47 \\ 67 \\ 65 \end{pmatrix}$$

$$(4) \quad x_1 = A_{1,2}\, x_2 + A_{1,3}\, x_3 \quad \text{mit } x_1 =$$

$$\begin{bmatrix} 1 & 2 & 0 \\ 0 & 1 & 2 \\ 1 & 1 & 1 \\ 2 & 1 & 1 \\ 3 & 2 & 0 \end{bmatrix} \cdot \begin{pmatrix} 47 \\ 67 \\ 65 \end{pmatrix} + \begin{bmatrix} 2 & 3 \\ 1 & 2 \\ 2 & 0 \\ 3 & 3 \\ 2 & 1 \end{bmatrix} \cdot \begin{bmatrix} 144 \\ 173 \end{bmatrix} = \begin{bmatrix} 988 \\ 687 \\ 467 \\ 1177 \\ 736 \end{bmatrix}$$

Die Matrizenmultiplikationen werden vorteilhaft mit dem Schema von Falk ausgeführt.

Beim Lösungsweg 2 werden die Variablen jeweils durch die beschreibende Gleichung ersetzt. Es entsteht eine Gleichung, die direkt zur Lösung führt

$$(5) \quad x_1 = A_{1,2}\,[A_{2,4}\,(A_{4,5}\,x_5 + y_4) + y_2] + A_{1,3}\,[A_{3,4}\,(A_{4,5}\,x_5 + y_4) + y_3] = \begin{bmatrix} 988 \\ 687 \\ 467 \\ 1177 \\ 736 \end{bmatrix}.$$

Der Rohstoffverbrauch (R) für eine Endfertigung (E) von 3 ME von E_1, von 2 ME von E_2, von 3 ME von E_3 und 4 ME von E_4, wenn auch an den Standorten 2, 3 und 4 Zwischenprodukte y_2, y_3 und y_4 zum Verbrauch bereitgestellt werden, beträgt von R_1 988 ME, von R_2 687 ME, von R_3 467 ME, von R_4 1177 ME und von R_5 736 ME.

Beispiel 2. 30

In einem Unternehmen werden Halbprodukte (H) eines Teilbetriebes zu Fertigprodukten (F) verarbeitet. Der (Roh-)Materialverbrauch (M) des Teilbetriebes und der Bedarf an Zwischenprodukten für die Endfertigung sind der folgenden Tabelle zu entnehmen:

alle Angaben in Mengeneinheiten ME !	Materialverbrauch des Teilbetriebes			Verbrauch an Halbprodukten bei der Endfertigung		
	M_1	M_2	M_3	F_1	F_2	F_3
Halbprodukt H_1	1		1	2	3	
Halbprodukt H_2	2	2		1	3	3
Halbprodukt H_3	1	1	2		1	2

An Rohmaterial sind die Mengen 900 von M_1, 900 von M_2 und 900 von M_3 vorhanden.

Welche Mengen an Rohmaterial können bei einer Endfertigung (F) von 30 ME von F_1 und 20 ME von F_2 und 70 ME von F_3 abgegeben werden, wenn von den Halbprodukten H_1 5, H_2 25 und H_3 50 ME zusätzlich abgegeben werden sollen?

Die Fertigung wird in drei Stufen $n = 3$ durchgeführt.
Für die Stufen gilt $x_1 = m$, $x_2 = h$ und $x_3 = f$.
Die Übergänge von der ersten zur zweiten bzw. zweiten zur dritten Produktionsstufe werden durch

$$m = A_{1,2} h + y_1$$
$$h = A_{2,3} f + y_2$$

und
beschrieben.

Die Verflechtungsmatrizen werden aus der Tabelle abgelesen

$$y_2 = \begin{pmatrix} 5 \\ 25 \\ 50 \end{pmatrix} \quad A_{1,2} = \begin{bmatrix} 1 & 2 & 1 \\ 0 & 2 & 1 \\ 1 & 0 & 2 \end{bmatrix} \quad \text{und} \quad A_{2,3} = \begin{bmatrix} 2 & 3 & 0 \\ 1 & 3 & 3 \\ 0 & 1 & 2 \end{bmatrix} .$$

Anstelle von **z** in der ersten Gleichung kann die rechte Seite der zweiten Gleichung eingesetzt werden

$$m = A_{1,2} (A_{2,3} f + y_2) + y_1 .$$

Die oben stehende Gleichung ist nach y_1 umzustellen.

$$y_1 = m - A_{1,2} (A_{2,3} f + y_2)$$

In diese Gleichung sind die Matrizen und Vektoren einzusetzen.

$$y_1 = \begin{pmatrix} 900 \\ 900 \\ 900 \end{pmatrix} - \begin{bmatrix} 1 & 2 & 1 \\ 0 & 2 & 1 \\ 1 & 0 & 2 \end{bmatrix} \bullet \left\{ \begin{bmatrix} 2 & 3 & 0 \\ 1 & 3 & 3 \\ 0 & 1 & 2 \end{bmatrix} \cdot \begin{pmatrix} 30 \\ 20 \\ 70 \end{pmatrix} + \begin{pmatrix} 5 \\ 25 \\ 50 \end{pmatrix} \right\},$$

Die Verknüpfungen werden schrittweise von innen nach außen berechnet.

$$y_1 = \begin{pmatrix} 900 \\ 900 \\ 900 \end{pmatrix} - \begin{bmatrix} 1 & 2 & 1 \\ 0 & 2 & 1 \\ 1 & 0 & 2 \end{bmatrix} \bullet \left\{ \begin{pmatrix} 120 \\ 300 \\ 160 \end{pmatrix} + \begin{pmatrix} 5 \\ 25 \\ 50 \end{pmatrix} \right\},$$

$$y_1 = \begin{pmatrix} 900 \\ 900 \\ 900 \end{pmatrix} - \begin{bmatrix} 1 & 2 & 1 \\ 0 & 2 & 1 \\ 1 & 0 & 2 \end{bmatrix} \cdot \begin{pmatrix} 125 \\ 325 \\ 210 \end{pmatrix} = \begin{pmatrix} 900 \\ 900 \\ 900 \end{pmatrix} - \begin{pmatrix} 985 \\ 860 \\ 545 \end{pmatrix}$$

$$y_1 = m - A_{1,2} \, (A_{2,3} \, f + y_2) = \begin{pmatrix} -85 \\ 40 \\ 355 \end{pmatrix}$$

Von dem Rohmaterial M_2 können 40 ME und von dem Rohmaterial M_3 können 355 ME abgegeben werden. Für die erste Stufe steht nicht genügend Rohmaterial M_1 zur Verfügung, so dass weitere 85 ME für die Endfertigung beschafft werden müssen.

2.4.2 Markov-Kette

In der Wirtschaft treten häufig Prozesse auf, die auf einen Input, einen Output und eine Beschreibung des Übergangs reduziert werden können.

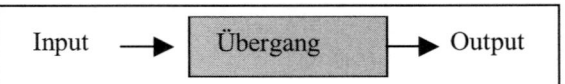

Definition

Wenn jede Variable x_i für $i > 1$ von den vorangehenden Variablen $x_1, x_2, \dots, x_{i-1}$ nur über x_{i-1} abhängt, besitzen die Variablen $x_1, x_2, \dots, x_i$ die Markov-Eigenschaft.

Beschreiben Variablen x_i mit der Markov-Eigenschaft einen Prozess, so wird dieser als Markov-Prozess oder Markov-Kette bezeichnet. Der Übergang in einer Markov-Kette wird durch eine Übergangsmatrix M_i beschrieben. Von besonderem Interesse sind Übergangsmatrizen M, die unabhängig von i sind. Unter der

Annahme, dass die Übergangsmatrix $\mathbf{M}$ für einen gewissen Zeitraum als fest angenommen werden kann, entsteht eine homogene Markov-Kette

$$\mathbf{x}_{i+1}^T = \mathbf{x}_i^T \mathbf{M} \; .$$

Jeder Vektor $\mathbf{x}_{i+1}$ einer homogenen Markov-Kette kann mit dem Startvektor $\mathbf{x}_1$ und der Übergangsmatrix $\mathbf{M}$ errechnet werden

$$\mathbf{x}_2^T = \mathbf{x}_1^T \mathbf{M} \; , \qquad \mathbf{x}_3^T = \mathbf{x}_1^T \mathbf{M}^2 \; , \; ...$$

$$\mathbf{x}_{i+1}^T = \mathbf{x}_1^T \mathbf{M}^i \; .$$

$$\mathbf{M}^2 = \mathbf{M} \cdot \mathbf{M}$$

		Output			
		A	B	C	D
Input	A	m_{11}	m_{12}	m_{13}	m_{14}
	B	m_{21}	m_{22}	m_{23}	m_{24}
	C	m_{31}	m_{32}	m_{33}	m_{34}
	D	m_{41}	m_{42}	m_{43}	m_{44}

In einer Zeile sind die wahrscheinlichen Ausgänge bei einem bestimmten Eingang aufgelistet. So ist zu erwarten, dass zum Beispiel bei einem Eingang C der Ausgang A mit der Wahrscheinlichkeit m_{31}, der Ausgang B mit m_{32}, der Ausgang C mit m_{33} und der Ausgang D mit m_{34} sein wird.

$$\sum_{k=1}^n m_{jk} = m_{j1} + m_{j2} + ... + m_{jn} = 1$$

Die einzelnen Werte m_{jk} in jeder Zeile können nicht kleiner als null sein, und die Summe einer Zeile ergibt 1.[1]

Markov-Ketten werden in der Marktforschung zur Untersuchung des Käuferverhaltens bei Markenprodukten bzw. Kundenverhalten bei Inanspruchnahme von Dienstleistungen benutzt. So beschreiben die m_{jj} die Wahrscheinlichkeit der Markentreue oder $m_{jj} \cdot 100\%$ die prozentuale Markentreue. Von den Käufern des Produktes P_j kaufen $m_{jj} \cdot 100\%$ wieder das Produkt P_j, während $m_{jk} \cdot 100\%$ der Kunden, die das Produkt P_j gekauft haben, zum Produkt P_k wechseln.

Beispiel 2. 31
Auf einem Markt stehen drei Produkte A, B und C im Wettbewerb.
Das Verhalten der Käufer wird durch einen Zeilenvektor beschrieben, der wiedergibt, für welches Produkt der Käufer sich mit welcher Wahrscheinlichkeit beim nächsten Kauf entscheiden wird.

---

[1] Die Wahrscheinlichkeit ist eine Zahl zwischen 0 und 1 $0 \le p \le 1$. In einem vollständigen Ereignisraum ist die Summe aller p_i gleich 1.

Verhalten_Käufer_j = (kauft A, kauft B, kauft C, kauft keines)

Verhalten_Käufer_A = (90%; 1%; 1%; 8%)
Verhalten_Käufer_B = (1%; 80%; 6%; 13%)
Verhalten_Käufer_C = (10%; 10%; 70%; 10%)
Verhalten_Käufer_K = (10%; 20%; 10%; 60%)

Eine Marktanalyse findet für die Produkte A, B und C die Marktanteile 10%, 40% und 40% . 10% der Käufer entscheiden sich für keines dieser Produkte. Man bestimme die Marktanteile für die folgenden Perioden, wenn angenommen wird, dass sich das Käuferverhalten nicht ändert.

$$\mathbf{M} = \begin{bmatrix} 0{,}9 & 0{,}01 & 0{,}01 & 0{,}08 \\ 0{,}01 & 0{,}8 & 0{,}06 & 0{,}13 \\ 0{,}1 & 0{,}1 & 0{,}7 & 0{,}1 \\ 0{,}1 & 0{,}2 & 0{,}1 & 0{,}6 \end{bmatrix}, \quad \mathbf{x_1} = \begin{bmatrix} 0{,}1 \\ 0{,}4 \\ 0{,}4 \\ 0{,}1 \end{bmatrix}$$

Die Multiplikation wird fortlaufend mit dem Falk'schen Schema ausgeführt. Der Vektor $\mathbf{x_1}^T$ ist der Zeilenvektor zu $\mathbf{x_1}$.

$\mathbf{x_1}^T\mathbf{M}$ ...	0,9	0,01	0,01	0,08	0,9	0,01	0,01	0,08	
	0,01	0,8	0,06	0,13	0,01	0,8	0,06	0,13	...
	0,1	0,1	0,7	0,1	0,1	0,1	0,7	0,1	
	0,1	0,2	0,1	0,6	0,1	0,2	0,1	0,6	
0,1 0,4 0,4 0,1	0,144	0,381	0,315	0,16	0,181	0,37	0,261	0,189	...

Durch das nacheinander Ausführen der Multiplikation entstehen die Vektoren $\mathbf{x_i}^T$ in der unteren Zeile des Schemas. Jede Multiplikation $\mathbf{x_{i+1}}^T = \mathbf{x_i}^T\mathbf{M}$ ergibt das Käuferverhalten nach einem weiteren Zeitschritt.

Die Matrix $\mathbf{M_A}$ beinhaltet spaltenweise die Vektoren $\mathbf{x_i}$. 14,4% der Käufer entscheiden sich nach einer Periode für Produkt A , 38,1% für Produkt B, 31,5% für Produkt C. Der Anteil der Nichtkäufer vergrößert sich auf 16%. Unter der Annahme, dass sich die Übergangsmatrix $\mathbf{M}$ nicht verändert, werden die Marktanteile für Produkt A 30%, für B 33%, für C 16% nach 8 Schritten vermutet. Etwa 21% beträgt der erwartete Anteil der Nichtkäufer.

$$\mathbf{M_A} = \begin{bmatrix} 0.1 & 0.144 & 0.181 & 0.211 & 0.237 & 0.257 & 0.275 & 0.289 & 0.301 \\ 0.4 & 0.381 & 0.37 & 0.361 & 0.354 & 0.347 & 0.341 & 0.335 & 0.329 \\ 0.4 & 0.315 & 0.261 & 0.225 & 0.202 & 0.186 & 0.174 & 0.166 & 0.16 \\ 0.1 & 0.16 & 0.189 & 0.202 & 0.207 & 0.21 & 0.21 & 0.21 & 0.209 \end{bmatrix}$$

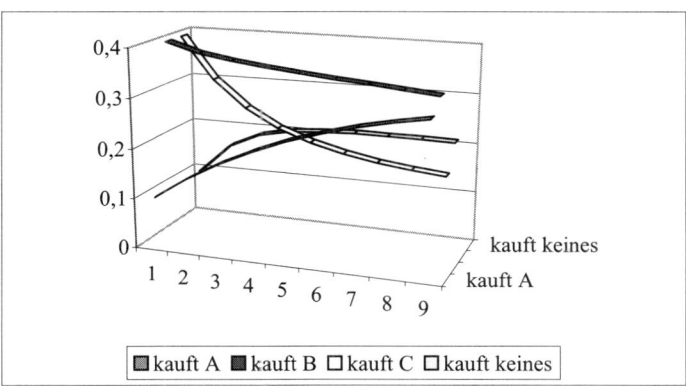

Bild 2.1 Entwicklung der Marktanteile

Beispiel 2. 32

In einer Region bieten drei Reisebüros ihre Dienstleistungen an. Das Verhalten der Kunden wird durch den Vektor

Wahl_Kunde_j = (bucht A, bucht B, bucht C, bucht nicht)
beschrieben.
Die Wahl des entsprechenden Reiseunternehmens für die nächste Buchung geben die folgenden Vektoren an:

Wahl_Kunde_A = (96%; 1%; 1%; 2%) ,
Wahl_Kunde_B = (10%; 50%; 10%; 30%) ,
Wahl_Kunde_C = (10%; 10%; 70%; 10%) ,
Wahl_Kunde_N = (7%; 2%; 1%; 90%) .

Zu einem bestimmten Zeitpunkt liegen in der Region die Marktanteile der drei Unternehmen bei 10%, 50% und 40%. Welche Entwicklung der Marktanteile ist zu erwarten?
Das Kundenverhalten kann mit Hilfe der homogenen Markov-Kette für die nächsten Perioden geschätzt werden. Die Übergangsmatrix **M** lautet

$$M = \begin{bmatrix} 0{,}96 & 0{,}01 & 0{,}01 & 0{,}02 \\ 0{,}1 & 0{,}5 & 0{,}1 & 0{,}3 \\ 0{,}1 & 0{,}1 & 0{,}7 & 0{,}1 \\ 0{,}07 & 0{,}02 & 0{,}01 & 0{,}9 \end{bmatrix} \quad \text{und hat } x_1 = \begin{bmatrix} 0{,}1 \\ 0{,}5 \\ 0{,}4 \\ 0{,}0 \end{bmatrix} \quad \text{als Anfangsvektor.}$$

Die Marktanteile entwickeln sich für eine konstante Übergangsmatrix M nach

$$x_{i+1}^{T} = x_i^{T}\, M\,.$$

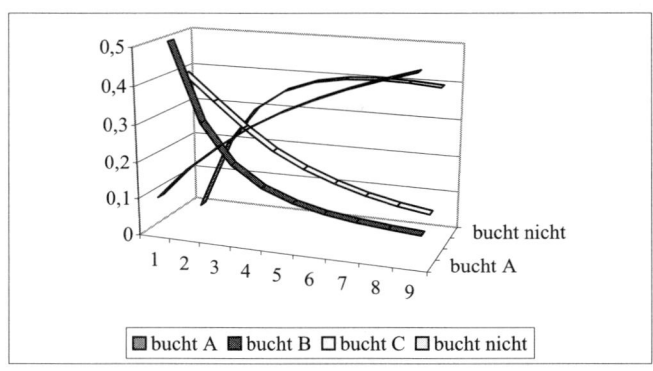

Bild 2.2 Entwicklung der Marktanteile

Die große Akzeptanz und Treue der Kunden des Unternehmens A zieht im Laufe der Zeit einen hohen Prozentsatz der Kunden auf sich.

i	1	2	3	4	5
Anteil A	10%	18,6%	25,4%	31%	35,6%
Anteil B	50%	29,1%	18,4%	12,7%	9,5%
Anteil C	40%	33,1%	26,5%	20,9%	16,6%
frei	0%	19,2%	29,7%	35,4%	38,4%

Die Vektoren x_i zeigen die erwarteten Marktanteile der einzelnen Unternehmen nach $i-1$ Zeitperioden.

Wird dieser Prozess nicht beeinflusst, ergeben sich auf lange Sicht die Anteile von A 65%, B 3%, C 4% und der Nichtbucher 27%.

3   Lineare Gleichungssysteme

Die Anzahl der Unbekannten und Gleichungen hat bei der Beschreibung der Lösungsverfahren zur Lösung linearer Gleichungssysteme nur eine untergeordnete Bedeutung. Allgemein wird ein lineares Gleichungssystem von m Gleichungen mit n Unbekannten angenommen. Vorausgesetzt wird die Einhaltung des Ordnungsprinzips, d.h. in allen Gleichungen stehen die Unbekannten in der gleichen Reihenfolge.

(3. 1)
$$
\begin{aligned}
a_{11}x_1 + a_{12}x_2 \quad \cdots \quad + a_{1n}x_n &= a_1 \\
a_{21}x_1 + a_{22}x_2 \qquad\qquad\quad &= a_2 \\
\vdots \qquad\qquad \ddots \qquad\quad \vdots \quad &\quad \vdots \\
a_{m1}x_1 \qquad \cdots \qquad + a_{mn}x_n &= a_m
\end{aligned}
$$

Durch Anwenden der Matrizenoperationen kann jedes lineare Gleichungssystem auf die Form $\mathbf{A}\,\mathbf{x} = \mathbf{a}$ gebracht werden.
Hierbei bezeichnen

$\quad\quad$ $\mathbf{A}$ $\quad\quad$ Koeffizientenmatrix
$\quad\quad$ $\mathbf{x}$ $\quad\quad$ Vektor der Unbekannten
$\quad\quad$ $\mathbf{a}$ $\quad\quad$ Vektor der rechten Seiten.

Neben der Koeffizientenmatrix $\mathbf{A} = \begin{bmatrix} a_{11} & a_{12} & \cdots & a_{1n} \\ a_{21} & a_{22} & & \\ \vdots & & \ddots & \\ a_{m1} & \cdots & & a_{mn} \end{bmatrix}$ ist auch die erweiterte

Koeffizientenmatrix $\mathbf{A}, \mathbf{a} = \begin{bmatrix} a_{11} & a_{12} & \cdots & a_{1n} & a_1 \\ a_{21} & a_{22} & & & a_2 \\ \vdots & & \ddots & & \\ a_{m1} & \cdots & & a_{mn} & a_m \end{bmatrix}$ von Interesse.

Diese erweiterte Koeffizientenmatrix entsteht durch Anfügen des Vektors der rechten Seiten als weitere Spalte an die Koeffizientenmatrix.

Mit dem Schema von Falk kann das Produkt $\mathbf{A}\,\mathbf{x}$ leicht nachgerechnet werden.

$$
\begin{array}{c|c}
 & \begin{bmatrix} x_1 \\ x_2 \\ \vdots \\ x_n \end{bmatrix} \\[2em]
\mathbf{A}\,\mathbf{x} & \\
\hline
\begin{bmatrix} a_{11} & a_{12} & \cdots & a_{1n} \\ a_{21} & a_{22} & & \\ \vdots & & \ddots & \\ a_{m1} & \cdots & & a_{mn} \end{bmatrix} &
\begin{array}{l} a_{11}x_1 \quad +a_{12}x_2 \quad \cdots \quad +a_{1n}x_n \\ a_{21}x_1 \quad +a_{22}x_2 \\ \vdots \qquad\qquad\qquad \ddots \\ a_{m1}x_1 \qquad \cdots \qquad\qquad + a_{mn}x_n \end{array}
\end{array}
$$

3.1 Lösbarkeitsbedingung

Das Gleichungssystem (3. 1) wird als homogen bezeichnet, wenn $\mathbf{a} = \mathbf{o}$ der Vektor der rechten Seiten der Nullvektor ist. Ist jedoch mindestens ein Koeffizient der rechten Seite ungleich null, so ist es ein inhomogenes lineares Gleichungssystem. Ein Gleichungssystem mit der gleichen Anzahl von Unbekannten n und Gleichungen m ($m = n$) wird als Sonderfall behandelt. Die Koeffizientenmatrix $\mathbf{A}$ ist dann quadratisch.

Definition

Die Lösung $\mathbf{x}$ eines linearen Gleichungssystems $\mathbf{A}\,\mathbf{x} = \mathbf{a}$ erfüllt alle Gleichungen des gegebenen Systems identisch.

Satz 3. 1

Ein lineares Gleichungssystem $\mathbf{A}\,\mathbf{x} = \mathbf{a}$ ist nur lösbar, wenn
$$rg(\mathbf{A}) = rg(\mathbf{A}, \mathbf{a})$$
der Rang der Koeffizientenmatrix gleich dem Rang der erweiterten Koeffizientenmatrix ist.

Ein lineares Gleichungssystem
- kann unlösbar sein. Es hat keine Lösung.
- kann genau eine Lösung haben. Es hat eine eindeutige Lösung.
- kann unendlich viele Lösungen haben. Es hat eine allgemeine Lösung mit freien Parametern.

Aus Satz 3. 1 kann gefolgert werden, dass ein lineares Gleichungssystem $A x = a$ keine Lösung besitzt, wenn der Rang der Koeffizientenmatrix nicht mit dem Rang der erweiterten Koeffizientenmatrix übereinstimmt. Es kann gezeigt werden, dass das nur eintritt, wenn der Rang der erweiterten Koeffizientenmatrix größer ist als der Rang der Koeffizientenmatrix. Der Rang der erweiterten Koeffizientenmatrix kann niemals kleiner sein als der Rang der Koeffizientenmatrix, da die Koeffizientenmatrix vollständig in der erweiterten Matrix enthalten ist.

Satz 3. 2

Ein lineares Gleichungssystem hat dann und nur dann eine eindeutige Lösung, wenn

$$rg(A) = rg(A, a) = n$$

der Rang der Koeffizientenmatrix gleich dem Rang der erweiterten Koeffizientenmatrix und gleich der Anzahl n der Unbekannten x_i ist.

Definition

Für ein lineares Gleichungssystem $A x = a$ mit n Unbekannten gelte

$$rg(A) = rg(A, a) = r .$$

Dann bezeichnet

$$f = n - r$$

den Freiheitsgrad (oder die Anzahl der frei wählbaren Unbekannten) des linearen Gleichungssystems.

Ein lineares Gleichungssystem $A x = a$ ist also genau dann eindeutig lösbar, wenn der Freiheitsgrad $f = 0$ ist.

Definition

Die linearen Gleichungssysteme $E x_B = a$ und $E x_B + R x_N = a$ heißen Gleichungssysteme in kanonischer Form.

Definition

Die Variablen x_B in der kanonischen Form heißen Basisvariablen (BV). Die Variablen x_N heißen Nichtbasisvariablen (NBV).

In der kanonischen Form bezeichnet E die Einheitsmatrix. Eine Multiplikation mit der Einheitsmatrix verändert die zweite Matrix (hier x_B) jedoch nicht.

Somit lassen sich die linearen Gleichungssysteme in kanonischer Form umstellen zu:

$$\mathbf{x_B} = \mathbf{a}$$
$$\mathbf{x_B} = \mathbf{a} - \mathbf{R}\,\mathbf{x_N}\ .$$

Aus der Gleichung $\mathbf{x_B} = \mathbf{a}$ können die Lösungen x_i sofort abgelesen werden, da der Vektor $\mathbf{a}$ bekannt ist.

Aus der Gleichung $\mathbf{x_B} = \mathbf{a} - \mathbf{R}\,\mathbf{x_N}$ können die Lösungen x_i berechnet werden, wenn der Vektor $\mathbf{x_N}$, der Vektor $\mathbf{a}$ und die Matrix $\mathbf{R}$ bekannt sind. In dieser Basisdarstellung werden die Basisvariablen $\mathbf{x_B}$ durch die Wahl der Nichtbasisvariablen $\mathbf{x_N}$ bestimmt.

Definition

In einer Basislösung eines linearen Gleichungssystems sind alle Nichtbasisvariablen $\mathbf{x_N}$ gleich null.

Eine Basislösung ist eine spezielle inhomogene Lösung eines linearen Gleichungssystems, in der die Nichtbasisvariablen null gewählt werden.

3.2   Die Basistransformation

Am Beispiel des Gleichungssystems (3. 2) sollen einige wesentliche Gedanken zu dem Lösungsverfahren transparent gemacht werden. Zur besseren Beschreibung werden die Gleichungen nummeriert (*I, II, III*).

Beispiel 3.1

$$(3.\,2) \qquad \begin{array}{llrrrcr} I & x_1 & +x_2 & -x_3 & = & 0 \\ II & 3x_1 & +2x_2 & +x_3 & = & 10 \\ III & 2x_1 & +x_2 & & = & 4 \end{array}$$

Wird die erste Gleichung mit -3 multipliziert und zur zweiten Gleichung addiert und anschließend die erste Gleichung mit -2 multipliziert und zur dritten Gleichung addiert, entsteht das Gleichungssystem

$$(3.\,3) \qquad \begin{array}{llrrrcr} I & x_1 & +x_2 & -x_3 & = & 0 \\ II & & -x_2 & +4x_3 & = & 10 \\ III & & -x_2 & +2x_3 & = & 4 \end{array}\ .$$

Im Gleichungssystem (3. 3) kommt die Unbekannte x_1 nur in der ersten Gleichung vor und besitzt den Koeffizienten 1.
Nun wird die zweite Gleichung zur ersten Gleichung addiert. Im nächsten Schritt wird die zweite Gleichung zunächst mit -1 multipliziert und notiert, danach wird diese Gleichung zur dritten Gleichung addiert.

$$
\begin{array}{llrcl}
 & I & x_1 \quad\quad +3x_3 & = & 10 \\
(3.\,4) & II & \quad\quad x_2 \; -4x_3 & = & -10 \\
 & III & \quad\quad\quad\quad -2x_3 & = & -6
\end{array}
$$

In dem Gleichungssystem (3. 4) kommt jetzt auch die Unbekannte x_2 nur noch in der zweiten Gleichung vor und besitzt den Koeffizienten 1.
Abschließend wird die dritte Gleichung durch -2 dividiert und notiert. Die neue dritte Gleichung wird dann mit 4 multipliziert und zur zweiten Gleichung addiert. Nun bleibt noch die dritte Gleichung mit -3 zu multiplizieren und zur ersten Gleichung zu addieren.

$$
\begin{array}{llrcl}
 & I & x_1 \quad\quad\quad & = & 1 \\
(3.\,5) & II & \quad x_2 \quad\quad & = & 2 \\
 & III & \quad\quad x_3 & = & 3
\end{array}
$$

Aus dem Gleichungssystem (3. 5) können die Lösungen für die Unbekannten x_i unmittelbar abgelesen werden. Es können $x_1 = 1$, $x_2 = 2$ und $x_3 = 3$ durch Einsetzen in das Gleichungssystem (3. 2) als Lösung bestätigt werden.
Als Besonderheit dieses Beispiels sei erwähnt, dass es ein System von drei Gleichungen mit drei Unbekannten ist und eine eindeutige Lösung besitzt.

Das Gleichungssystem (3. 5) hat die kanonische Form.
Welches sind die wesentlichen Schritte, um aus einem beliebigen linearen Gleichungssystem ein System in kanonischer Form zu machen?
Sowohl für die Handrechnung als auch für die Berechnung per Computer hat sich die Nutzung eines Rechenschemas als sehr hilfreich erwiesen. Es sei nur am Rande darauf hingewiesen, dass verschiedene Autoren unterschiedliche Schemata sowie Namen, wie Austauschverfahren oder Pivotverfahren, für dieses Verfahren verwenden. Der Grundgedanke der Basistransformation ist aber in allen Versionen realisiert. Mit einer Transformation wird erreicht, dass die gewählte Variable nur in einer Gleichung und mit dem Koeffizienten 1 vorkommt. Die Basistransformation wird für ein bestimmtes Hauptelement oder Pivotelement durchgeführt. Das Hauptelement steht in der Hauptzeile und Hauptspalte, bzw. das Pivotelement steht in der Pivotzeile und Pivotspalte. Die Basistransformation wird auch Austauschverfahren oder Pivotverfahren genannt.

Hier soll das vollständige Schema zur Basistransformation benutzt werden.

Das vollständige Schema:

BV	u_1	u_2	u_j	u_s	u_n	u_0	
	x_1	x_2	x_j	x_s	x_n	$\mathbf{a}$	$\mathbf{s}$
	a_{11}	a_{12}	a_{1j}	a_{1s}	a_{1n}	a_1	s_1
	a_{21}	a_{22}					
			a_{ij}	a_{is}		a_i	s_i
	a_{r1}		a_{rj}	a_{rs}	a_{rn}	a_r	s_r
	a_{m1}		a_{mj}	a_{ms}	a_{mn}	a_m	s_m

Die notwendigen Schritte zum Erarbeiten der kanonischen Form werden in dem folgenden Algorithmus zusammengestellt.

1.	Das Schema vollständig ausfüllen.
2.	Bestimmen eines Hauptelementes $a_{rs} \neq 0$. In jeder Zeile nur einmal ein Hauptelement wählen!
3.	Alle Elemente der Hauptzeile r werden durch das Hauptelement a_{rs} dividiert. $$a_{rj}{}' = \frac{a_{rj}}{a_{rs}}$$
4.	Umrechnen der restlichen Elemente. $$a_{ij}{}' = a_{ij} - \frac{a_{is} \cdot a_{rj}}{a_{rs}} = \frac{a_{ij} \cdot a_{rs} - a_{is} \cdot a_{rj}}{a_{rs}}$$
5.	Die Formel unter 4. gilt sinngemäß auch für die Spalten $\mathbf{a}$ und $\mathbf{s}$. $$a_i{}' = a_i - \frac{a_{is} \cdot a_r}{a_{rs}} = \frac{a_i \cdot a_{rs} - a_{is} \cdot a_r}{a_{rs}} \quad \text{und}$$ $$s_i{}' = s_i - \frac{a_{is} \cdot s_r}{a_{rs}} = \frac{s_i \cdot a_{rs} - a_{is} \cdot s_r}{a_{rs}}$$
6.	Die Schritte 2. bis 5. werden wiederholt bis jede Zeile einmal Hauptzeile war.
7.	Lösung aus dem letzten Schema ablesen und kontrollieren. Es muss gelten $x_1 u_1 + x_2 u_2 + \cdots + x_n u_n = u_0$.

Am Beispiel des linearen Gleichungssystems (3. 2) wird gezeigt, wie dieses Rechenschema und wie der Algorithmus zu verwenden sind.

Ausgangspunkt ist das Gleichungssystem

$$
\begin{array}{llllll}
I & x_1 & +x_2 & -x_3 & = & 0 \\
II & 3x_1 & +2x_2 & +x_3 & = & 10 \,. \\
III & 2x_1 & +x_2 & & = & 4
\end{array}
$$

Im ersten Schritt muss dieses Gleichungssystem in das Schema eingetragen werden.

	6	4	0	14	
BV	x_1	x_2	x_3	a	s
	1	1	−1	0	1
	3	2	1	10	16
	2	1	0	4	7

In der zweiten Zeile stehen die Bezeichnungen der Spalten. Dann sind die Koeffizientenmatrix und der Vektor der rechten Seiten nebeneinander angeordnet.
Die Werte in der Spalte **s** entstehen als Summe aller Werte der entsprechenden Zeile. Die Werte in der ersten Zeile sind die Spaltensummen der Koeffizientenmatrix und der rechten Seiten.
Die Plätze oben links und oben rechts werden nicht weiter benötigt.

Im zweiten Schritt wird ein Hauptelement bestimmt. Das Hauptelement darf nicht 0 sein und muss ein Element der Koeffizientenmatrix sein.

	6	4	0	14	
BV	x_1	x_2	x_3	a	s
	1	1	−1	0	1
	3	2	1	10	16
	2	1	0	4	7

Es wird das Element $a_{11} = 1$ als Hauptelement gewählt.

Somit ist die erste Zeile der Koeffizientenmatrix die Hauptzeile und die erste Spalte der Koeffizientenmatrix die Hauptspalte.

Da jede Zeile nur einmal als Hauptzeile benutzt werden soll, notiert man in der Spalte **BV** die Variable x_1.

Im dritten Schritt wird das Schema umgerechnet (transformiert).

Alle Rechnungen werden im vorhergehenden Schema ausgeführt und die Ergebnisse in das nächste Schema eingetragen.
Zunächst wird jedes Element der Hauptzeile durch das Hauptelement dividiert. Hierbei zeigt sich die Wahl des Hauptelementes ($a_{11} = 1$) als besonders vorteilhaft. Bei der Division durch 1 bleibt die Hauptzeile erhalten.

Im vierten Schritt werden alle übrigen Elemente transformiert.

BV	x_1	x_2	x_3	a	s
x_1	1	1	−1	0	1
	0	−1	4	10	13
	0	−1	2	4	5

Man stellt fest, dass für die Spalten a und s eine sinngemäße Übertragung der Formeln leicht fällt. Der vierte und der fünfte Schritt können also verknüpft werden. So sollte die Transformation zeilenweise vorgenommen werden, da am Ende der Zeile jeweils die Richtigkeit der Zeilentransformation bestätigt wird oder nicht. Leider bietet diese Zeilensummenprobe keine absolute Sicherheit, aber die Wahrscheinlichkeit, zwei Fehler zu machen, die sich gegenseitig aufheben, ist doch relativ klein.

Nach der Transformation steht in der Hauptspalte eine 1 auf dem Platz des letzten Hauptelementes und alle übrigen Elemente der Hauptspalte sind 0.
Zur Kontrolle werden die Lösungen der letzten Spalte s aus der Transformation mit der Summe aller Elemente der zugehörigen Zeile verglichen. Diese müssen übereinstimmen.

Dieses Schema entspricht dem Gleichungssystem (3. 3).

Nun werden die Schritte zwei bis fünf für jede Zeile wiederholt.

BV	x_1	x_2	x_3	a	s
x_1	1	1	−1	0	1
	0	−1	4	10	13
	0	−1	2	4	5
x_1	1	0	3	10	14
x_2	0	1	−4	−10	−13
	0	0	−2	−6	−8

Das Element a_{22} wird Hauptelement und x_2 in der entsprechenden Zeile der Spalte **BV** notiert.

Die Division der Hauptzeile durch das Hauptelement -1 führt zur Vorzeichenumkehr der Hauptzeile.

Nach der Berechnung der restlichen Elemente sollte die Zeilensummenprobe nicht vergessen werden, denn mit einem einmal fehlerhaften Schema kann die richtige Lösung nicht mehr erreicht werden.

Dieses Schema stellt das Gleichungssystem (3. 4) dar.

BV	x_1	x_2	x_3	**a**	**s**
x_1	1	0	3	10	14
x_2	0	1	−4	−10	−13
	0	0	−2	−6	−8
x_1	1	0	0	1	2
x_2	0	1	0	2	3
x_3	0	0	1	3	4

Nach einer weiteren (dritten) Basistransformation erhält man das letzte Schema.

Dieses Schema hat in jeder Zeile eine Basisvariable und entspricht dem linearen Gleichungssystem (3. 5), aus dem die Lösungen in der Spalte **a** abgelesen werden können. Es sind $x_1 = 1$, $x_2 = 2$ und $x_3 = 3$.

Die Spaltensummenprobe wird mit der ersten Zeile des Ausgangsschemas durchgeführt.

Es gilt $1 \cdot 6 + 2 \cdot 4 + 3 \cdot 0 = 14$.

Beispiel 3.2
Man löse das lineare Gleichungssystem

$$\begin{aligned}
2x_1 &+ x_2 &- x_3 &= 7 \\
3x_1 &+ 2x_2 &+ x_3 &= 14 \,. \\
x_1 &+ x_2 &- x_3 &= 4
\end{aligned}$$

	6	4	−1	25	
BV	x_1	x_2	x_3	**a**	**s**
	2	1	−1	7	9
	3	2	1	14	20
	1	1	−1	4	5
	0	−1	1	−1	−1
	0	−1	4	2	5
x_1	1	1	−1	4	5
x_3	0	−1	1	−1	−1
	0	3	0	6	9
x_1	1	0	0	3	4
x_3	0	0	1	1	2
x_2	0	1	0	2	3
x_1	1	0	0	3	4
x_1	1	0	0	3	
x_2	0	1	0	2	
x_3	0	0	1	1	
	3	2	1		

Im Ausgangsschema wird eine 1 als Hauptelement genutzt.

Im nächsten Schema gibt es wiederum eine 1, die als Hauptelement genommen werden kann.

Im dritten Schema ist nur noch die 3 als Hauptelement möglich.
Aus dem letzten Schema können die Lösungen entnommen werden. Die Spalte **BV** zeigt an, dass die Lösungen in umgekehrter Reihenfolge in der Spalte **a** stehen.
Das letzte Schema wird noch so sortiert (umgestellt), dass auf dem Platz der Koeffizientenmatrix die Einheitsmatrix entsteht.

Die abschließende Spaltensummenprobe zeigt die Richtigkeit der Lösungen $x_1 = 3$, $x_2 = 2$ und $x_3 = 1$.
Als Probe gilt $3 \cdot 6 + 2 \cdot 4 + 1 \cdot (-1) = 25$.

Beispiel 3.3
Man löse das lineare Gleichungssystem

$$
\begin{aligned}
4x_1 &+ x_2 && - 3x_3 &&= 0 \\
2x_1 &+ 2x_2 && + x_3 &&= 0 \\
3x_1 &+ x_2 && - 2x_3 &&= 0
\end{aligned}
$$

Dieses homogene lineare Gleichungssystem hat nur die Lösung $x_1 = x_2 = x_3 = 0$. Diese Lösung wird auch triviale oder primitive Lösung des homogenen Gleichungssystems genannt, da sie immer existiert.

	9	4	−4	0	
BV	x_1	x_2	x_3	**a**	**s**
	4	1	−3	0	2
	2	2	1	0	5
	3	1	−2	0	2
x_2	4	1	−3	0	2
	−6	0	7	0	1
	−1	0	1	0	0
x_2	1	1	0	0	2
	1	0	0	0	1
x_3	−1	0	1	0	0
x_2	0	1	0	0	1
x_1	1	0	0	0	1
x_3	0	0	1	0	1
	0	0	0		

3.3 Lösungsverhalten linearer Gleichungssysteme

In diesem Abschnitt wird gezeigt, dass der vorgestellte Algorithmus sich für die Lösung aller linearen Gleichungssysteme eignet. Um das Wesentliche der Vorgehensweise mitzuteilen, wird im Abschnitt 3.2 ein recht einfaches lineares Gleichungssystem verwendet. Es hat eine eindeutige Lösung. Es ist aber bekannt, dass es unlösbare Systeme oder Gleichungssysteme mit unendlich vielen Lösungen gibt, die jetzt betrachtet werden.

Durch eine Basistransformation wird das lineare Gleichungssystem umgeformt, die Lösung des Gleichungssystems selbst wird jedoch nicht verändert. Daraus folgt, dass alle Formen äquivalent sind und die gleiche Lösungsmenge repräsentieren.

Somit hat das Ausgangssystem den gleichen Rang wie jedes System nach den einzelnen Transformationen. Werden nun die einzelnen Schemata betrachtet, repräsentiert jedes Schema das lineare Gleichungssystem in einer anderen Form. Das letzte Schema zeigt das lineare Gleichungssystem in der kanonischen Form. Mit der in der Koeffizientenmatrix enthaltenen Einheitsmatrix lässt sich leicht zeigen, dass der Rang des letzten Gleichungssystems mit der Anzahl der Basisvariablen im letzten Schema übereinstimmt.

Merke
Der Rang der Koeffizientenmatrix eines linearen Gleichungssystems ist gleich
der Anzahl der Basisvariablen im letzten Schema der Basistransformation.

Diese Merkregel ist einfacher zu handhaben als der Satz 2.6 und wird deshalb
bevorzugt.

3.3.1 Lineare homogene Gleichungssysteme

In einem linearen homogenen Gleichungssystem sind alle Koeffizienten der rechten Seite null $\mathbf{A}\,\mathbf{x} = \mathbf{o}$.

$$
\begin{aligned}
a_{11}x_1 &+ a_{12}x_2 & \cdots & + a_{1n}x_n & = 0 \\
a_{21}x_1 &+ a_{22}x_2 & & & = 0 \\
\vdots & & \ddots & \vdots & \vdots \\
a_{m1}x_1 & & \cdots & + a_{mn}x_n & = 0
\end{aligned}
$$

Es existiert immer die Lösung $\mathbf{x} = \mathbf{o}$ ($x_1 = x_2 = ... = x_n = 0$), die als triviale oder
primitive Lösung bezeichnet wird. Von Interesse ist, ob es noch weitere außer
dieser trivialen Lösung gibt.

Satz 3. 3

Ein homogenes lineares Gleichungssystem besitzt auch andere Lösungen als die
triviale Lösung, wenn der Rang r des Gleichungssystems kleiner als die Anzahl
der Unbekannten ist ($f = n - r > 0$ oder der Freiheitsgrad $f > 0$).

Der Freiheitsgrad f gibt die Anzahl der frei wählbaren Unbekannten an. Daraus
folgt, dass f auch gleichzeitig die Anzahl der linear unabhängigen Lösungen des
homogenen Gleichungssystems ist. Jede Linearkombination dieser unabhängigen
Lösungen ist wieder eine Lösung.

Bezeichnet man mit $\mathbf{x_j}$ die linear unabhängigen Lösungsvektoren
und mit t_j frei wählbare Parameter,

so ergibt sich die allgemeine homogene Lösung als

$$\mathbf{x_h} = t_1 \cdot \mathbf{x_1} + t_2 \cdot \mathbf{x_2} + ... + t_f \cdot \mathbf{x_f} \; .$$

Das Auffinden aller linear unabhängigen Lösungen ist relativ einfach, wenn man systematisch bei der Wahl der frei wählbaren Unbekannten vorgeht.

- Es werden die Nichtbasisvariablen frei gewählt.
- Es werden jeweils eine Nichtbasisvariable 1 und die restlichen 0 gewählt.

Beispiel 3.4

Man löse das lineare Gleichungssystem

$$\begin{array}{rrrrrl}
x_1 & +2x_2 & +2x_3 & -x_4 & = & 0 \\
2x_1 & +5x_2 & -x_3 & +x_4 & = & 0 \\
3x_1 & +8x_2 & -4x_3 & +3x_4 & = & 0 \\
5x_1 & +12x_2 & & +x_4 & = & 0
\end{array}.$$

		11	27	−3	4	0	
BV		x_1	x_2	x_3	x_4	**a**	**s**
		1	2	2	−1	0	4
		2	5	−1	1	0	7
		3	8	−4	3	0	10
		5	12	0	1	0	18
x_1		1	2	2	−1	0	4
		0	1	−5	3	0	−1
		0	2	−10	6	0	−2
		0	2	−10	6	0	−2
x_1		1	0	12	−7	0	6
x_2		0	1	−5	3	0	−1
		0	0	0	0	0	0
		0	0	0	0	0	0
		−12	5	1	0		
		7	−3	0	1		

Das dritte Schema ist das letzte Schema, da es keine weiteren Hauptelemente mehr gibt. Die dritte und vierte Zeile können gestrichen werden.

Der Freiheitsgrad f ergibt sich zu $f = n - r = 4 - 2 = 2$.

Aus dem letzten Schema ergibt sich das lineare Gleichungssystem in kanonischer Form zu

$$\begin{pmatrix} 1 & 0 \\ 0 & 1 \end{pmatrix}\begin{pmatrix} x_1 \\ x_2 \end{pmatrix} + \begin{pmatrix} 12 & -7 \\ -5 & 3 \end{pmatrix}\begin{pmatrix} x_3 \\ x_4 \end{pmatrix} = \begin{pmatrix} 0 \\ 0 \end{pmatrix} \quad \text{oder} \quad \begin{array}{rrrl} x_1 & +12x_3 & -7x_4 & = & 0 \\ x_2 & -5x_3 & +3x_4 & = & 0 \end{array}.$$

Mit Hilfe dieser kanonischen Form lassen sich die Basisvariablen x_1 und x_2 durch die Nichtbasisvariablen x_3 und x_4 ausdrücken

$$\begin{pmatrix} x_1 \\ x_2 \end{pmatrix} = -\begin{pmatrix} 12 & -7 \\ -5 & 3 \end{pmatrix}\begin{pmatrix} x_3 \\ x_4 \end{pmatrix} \quad \text{oder} \quad \begin{array}{rrr} x_1 & = & -12x_3 & +7x_4 \\ x_2 & = & 5x_3 & -3x_4 \end{array}.$$

Wie findet man zwei linear unabhängige Lösungen?
Bei einem Freiheitsgrad $f = 2$ sind die beiden Nichtbasisvariablen frei wählbar.

Der Empfehlung folgend, wählt man zunächst $x_3 = 1$ und $x_4 = 0$, um die erste Lösung $x_1 = -12$ und $x_2 = 5$ zu erhalten, sowie $x_4 = 1$ und $x_3 = 0$, um die zweite Lösung $x_1 = 7$ und $x_2 = -3$ zu erhalten.

Damit sind zwei linear unabhängige Lösungsvektoren

$$\mathbf{x_1} = \begin{pmatrix} -12 \\ 5 \\ 1 \\ 0 \end{pmatrix} \quad \text{und} \quad \mathbf{x_2} = \begin{pmatrix} 7 \\ -3 \\ 0 \\ 1 \end{pmatrix}$$ sowie die allgemeine Lösung des homogenen Glei-

chungssystem als deren Linearkombination

$$\mathbf{x_h} = t_1 \cdot \mathbf{x_1} + t_2 \cdot \mathbf{x_2} = t_1 \begin{pmatrix} -12 \\ 5 \\ 1 \\ 0 \end{pmatrix} + t_2 \begin{pmatrix} 7 \\ -3 \\ 0 \\ 1 \end{pmatrix} \quad , \; t_1, t_2 \in R \; \text{ bekannt.}$$

Jede beliebige Wahl von t_1 und t_2 stellt eine Lösung des linearen homogenen Gleichungssystems dar.

Das benutzte vollständige Schema ist auch hierbei hilfreich, da man die unabhängigen Lösungen aus der Restmatrix einfach durch Vorzeichenumkehr entnehmen kann.

x_1	x_2	x_3	x_4	a
1	0	12	–7	0
0	1	–5	3	0
–12	5	1	0	1. Lösungsvektor
7	–3	0	1	2. Lösungsvektor

3.3.2 Lineare inhomogene Gleichungssysteme

Satz 3. 4

Als allgemeine Lösung eines linearen inhomogenen Gleichungssystems $\underline{\mathbf{A\,x} = \mathbf{a}}$ wird die Summe aus einer speziellen Lösung des inhomogenen Gleichungssystems und der allgemeinen Lösung des zugehörigen homogenen Gleichungssystems $\mathbf{A\,x} = \mathbf{o}$ bezeichnet.

$$\mathbf{x} = \mathbf{x_{inh}} + \mathbf{x_{hom}}$$
$$= \mathbf{x_{inh}} + t_1 \cdot \mathbf{x_1} + t_2 \cdot \mathbf{x_2} + \dots + t_f \cdot \mathbf{x_f}$$

$$\mathbf{A}\,\mathbf{x} = \mathbf{A}(\mathbf{x_{inh}} + \mathbf{x_{hom}}) = \mathbf{A}\,\mathbf{x_{inh}} + \mathbf{A}\,\mathbf{x_{hom}} = \mathbf{a} + \mathbf{o} = \mathbf{a}$$

Eine allgemeine homogene Lösung des zugehörigen homogenen Gleichungssystems existiert nicht, wenn der Freiheitsgrad $f = 0$ ist.

Ein lineares inhomogenes Gleichungssystem mit dem Freiheitsgrad $f = 0$ besitzt nur eine eindeutige spezielle inhomogene Lösung.

Beispiel 3.5

Man löse das Gleichungssystem

$$
\begin{array}{rrrrrcr}
x_1 & +x_2 & +x_3 & +x_4 & +x_5 & = & 1 \\
2x_1 & +3x_2 & -2x_3 & +4x_4 & & = & 6 \\
4x_1 & +5x_2 & & +6x_4 & +2x_5 & = & 8 \\
3x_1 & +4x_2 & -x_3 & +5x_4 & +x_5 & = & 7
\end{array}
$$

	10	13	−2	16	4	22	
BV	x_1	x_2	x_3	x_4	x_5	**a**	**s**
	1	1	1	1	1	1	6
	2	3	−2	4	0	6	13
	4	5	0	6	2	8	25
	3	4	−1	5	1	7	19
x_1	1	1	1	1	1	1	6
	0	1	−4	2	−2	4	1
	0	1	−4	2	−2	4	1
	0	1	−4	2	−2	4	1
x_1	1	0	5	−1	3	−3	5
x_2	0	1	−4	2	−2	4	1
	0	0	0	0	0	0	0
	0	0	0	0	0	0	0
	−3	4	0	0	0	Spez. inh. Lösung	
	−5	4	1	0	0	⎫	allgemeine
	1	−2	0	1	0	⎬	homogene
	−3	2	0	0	1	⎭	Lösung

Es entstehen drei identische Zeilen. $f = n - r = 5 - 2 = 3$

Wie findet man eine spezielle inhomogene Lösung?

Der Freiheitsgrad f des linearen Gleichungssystems ist 3, d.h. drei der fünf Unbekannten sind frei wählbar. Wählt man die drei Nichtbasisvariablen $x_3 = x_4 = x_5 = 0$, so können x_1 und x_2 der Spalte der rechten Seiten entnommen werden. Das letzte Schema stellt ein lineares Gleichungssystem in der kanonischen Form dar

$$\begin{pmatrix} 1 & 0 \\ 0 & 1 \end{pmatrix} \begin{pmatrix} x_1 \\ x_2 \end{pmatrix} + \begin{pmatrix} 5 & -1 & 3 \\ -4 & 2 & -2 \end{pmatrix} \begin{pmatrix} x_3 \\ x_4 \\ x_5 \end{pmatrix} = \begin{pmatrix} -3 \\ 4 \end{pmatrix}$$

oder
$$\begin{array}{rrrrr} x_1 & +5x_3 & -x_4 & +3x_5 & = -3 \\ x_2 & -4x_3 & +2x_4 & -2x_5 & = 4 \end{array},$$

an dem man die Herleitung einer speziellen inhomogenen Lösung sehr gut nachvollziehen kann. Die Unbekannten x_3, x_4 und x_5 verschwinden in diesem Falle und die Basisvariablen ergeben sich zu $x_1 = -3$ und $x_2 = 4$.

Eine spezielle inhomogene Lösung lautet $\mathbf{x} = \begin{pmatrix} -3 \\ 4 \\ 0 \\ 0 \\ 0 \end{pmatrix}$.

Neben einer speziellen inhomogenen Lösung enthält die allgemeine Lösung des inhomogenen Gleichungssystems auch die allgemeine Lösung des zugehörigen homogenen Gleichungssystems.

In dem zugehörigen homogenen Gleichungssystem ist der Vektor der rechten Seiten der Nullvektor. Wählt man zunächst $x_3 = 1$ und $x_4 = x_5 = 0$, erhält man die erste Lösung. Danach werden $x_4 = 1$ und $x_3 = x_5 = 0$ gewählt, um eine zweite unabhängige Lösung zu erhalten. Eine dritte unabhängige Lösung ergibt sich, wenn $x_5 = 1$ und $x_3 = x_4 = 0$ gesetzt werden.

$$\mathbf{x_1} = \begin{pmatrix} -5 \\ 4 \\ 1 \\ 0 \\ 0 \end{pmatrix}, \quad \mathbf{x_2} = \begin{pmatrix} 1 \\ -2 \\ 0 \\ 1 \\ 0 \end{pmatrix} \quad \text{und} \quad \mathbf{x_3} = \begin{pmatrix} -3 \\ 2 \\ 0 \\ 0 \\ 1 \end{pmatrix} \quad \text{sind drei linear unabhängige Lösungen}$$

des homogenen Gleichungssystems.

Die Linearkombination dieser drei unabhängigen Lösungsvektoren ergibt die allgemeine homogenen Lösung des linearen Gleichungssystems

$$\mathbf{x_{hom}} = t_1 \cdot \mathbf{x_1} + t_2 \cdot \mathbf{x_2} + t_3 \cdot \mathbf{x_3} = t_1 \begin{pmatrix} -5 \\ 4 \\ 1 \\ 0 \\ 0 \end{pmatrix} + t_2 \begin{pmatrix} 1 \\ -2 \\ 0 \\ 1 \\ 0 \end{pmatrix} + t_3 \begin{pmatrix} -3 \\ 2 \\ 0 \\ 0 \\ 1 \end{pmatrix}.$$

Die allgemeine Lösung des inhomogenen Gleichungssystems ergibt sich zu

$$\mathbf{x} = \mathbf{x_{inh}} + \mathbf{x_{hom}}$$

$$= \mathbf{x_{inh}} + t_1 \cdot \mathbf{x_1} + t_2 \cdot \mathbf{x_2} + t_3 \cdot \mathbf{x_3}$$

$$\mathbf{x} = \begin{pmatrix} -3 \\ 4 \\ 0 \\ 0 \\ 0 \end{pmatrix} + t_1 \begin{pmatrix} -5 \\ 4 \\ 1 \\ 0 \\ 0 \end{pmatrix} + t_2 \begin{pmatrix} 1 \\ -2 \\ 0 \\ 1 \\ 0 \end{pmatrix} + t_3 \begin{pmatrix} -3 \\ 2 \\ 0 \\ 0 \\ 1 \end{pmatrix}.$$

Beispiel 3.6

Man löse das lineare Gleichungssystem

$$
\begin{aligned}
2x_1 &+ 3x_2 &- x_3 &= 4 \\
x_1 &- 2x_2 &+ 3x_3 &= 6 \\
3x_1 &+ x_2 &+ 2x_3 &= 11
\end{aligned}
$$

BV	x_1	x_2	x_3	a	s
	2	3	−1	4	8
	1	−2	3	6	8
	3	1	2	11	17
	0	7	−7	−8	−8
x_1	1	−2	3	6	8
	0	7	−7	−7	−7
	0	0	0	−1	−1
x_1	1	0	1	4	6
x_2	0	1	−1	−1	−1

Es gibt kein weiteres Hauptelement.

Der Rang der Koeffizientenmatrix $\mathbf{A}$ ist $rg(\mathbf{A}) = rg \begin{pmatrix} 0 & 0 & 0 \\ 1 & 0 & 1 \\ 0 & 1 & -1 \end{pmatrix} = 2$.

Der Rang der erweiterten Koeffizientenmatrix **A, a** ist

$$rg(\mathbf{A}, \mathbf{a}) = rg \begin{pmatrix} 0 & 0 & 0 & -1 \\ 1 & 0 & 1 & 4 \\ 0 & 1 & -1 & -1 \end{pmatrix} = 3.$$

Dieses Gleichungssystem ist unlösbar, da der Rang der Koeffizientenmatrix nicht mit dem Rang der erweiterten Koeffizientenmatrix übereinstimmt.

$$rg(\mathbf{A}) = 2 \neq rg(\mathbf{A}, \mathbf{a}) = 3$$

Beispiel 3.7

Man löse das lineare Gleichungssystem

$$
\begin{array}{rrrrrrrr}
x_1 & +2x_2 & -x_3 & +2x_4 & +5x_5 & -2x_6 & = & -8 \\
3x_1 & +2x_2 & +x_3 & -4x_4 & +x_5 & +2x_6 & = & 18 \\
4x_1 & +4x_2 & & -2x_4 & +6x_5 & & = & 10
\end{array}
$$

BV	8	8	0	−4	12	0	20	
	x_1	x_2	x_3	x_4	x_5	x_6	a	s
	1	2	−1	2	5	−2	−8	−1
	3	2	1	−4	1	2	18	23
	4	4	0	−2	6	0	10	22
x_1	1	2	−1	2	5	−2	−8	−1
	0	−4	4	−10	−14	8	42	26
	0	−4	4	−10	−14	8	42	26
x_1	1	0	1	−3	−2	2	13	12
x_2	0	1	−1	$5/2$	$7/2$	−2	$-21/2$	$-13/2$
	0	0	0	0	0	0	0	0
	13	$-21/2$	0	0	0	0	Spez. inh. Lösung	
	−1	1	1	0	0	0	allgemeine	
	3	$-5/2$	0	1	0	0	homogene	
	2	$-7/2$	0	0	1	0	Lösung	
	−2	2	0	0	0	1		

$$f = n - r = 6 - 2 = 4$$

Die allgemeine inhomogene Lösung lautet

$$\mathbf{x} = \begin{pmatrix} x_1 \\ x_2 \\ x_3 \\ x_4 \\ x_5 \\ x_6 \end{pmatrix} = \begin{pmatrix} 13 \\ -2\frac{1}{2} \\ 0 \\ 0 \\ 0 \\ 0 \end{pmatrix} + t_1 \begin{pmatrix} -1 \\ 1 \\ 1 \\ 0 \\ 0 \\ 0 \end{pmatrix} + t_2 \begin{pmatrix} 3 \\ -\frac{5}{2} \\ 0 \\ 1 \\ 0 \\ 0 \end{pmatrix} + t_3 \begin{pmatrix} 2 \\ -\frac{7}{2} \\ 0 \\ 0 \\ 1 \\ 0 \end{pmatrix} + t_4 \begin{pmatrix} -2 \\ 2 \\ 0 \\ 0 \\ 0 \\ 1 \end{pmatrix}.$$

Beispiel 3.8

Die Gleichung $(\mathbf{E} - \mathbf{M})\,\mathbf{x} = \mathbf{a}$ beschreibt einen Prozess. Hierin sind

$$\mathbf{M} = \begin{bmatrix} \frac{9}{10} & 0 & 0 & \frac{1}{5} \\ \frac{1}{10} & \frac{9}{10} & \frac{1}{10} & -\frac{2}{5} \\ 0 & 0 & \frac{4}{5} & \frac{3}{10} \\ \frac{1}{10} & 0 & \frac{1}{5} & \frac{1}{2} \end{bmatrix} \quad \text{und} \quad \mathbf{a} = \begin{bmatrix} \frac{1}{10} \\ \frac{1}{10} \\ -\frac{1}{10} \\ 0 \end{bmatrix}.$$

Man bestimme die Matrix $\mathbf{A} = \mathbf{E} - \mathbf{M}$ und das Gleichungssystem $\mathbf{A}\,\mathbf{x} = \mathbf{a}$.
Welche allgemeine Lösung hat das Gleichungssystem?
Welche ganzzahligen und nicht negativen Lösungen für die x_i gibt es?

$$\mathbf{E} - \mathbf{M} = \mathbf{A} = \begin{bmatrix} \frac{1}{10} & 0 & 0 & -\frac{1}{5} \\ -\frac{1}{10} & \frac{1}{10} & -\frac{1}{10} & \frac{2}{5} \\ 0 & 0 & \frac{1}{5} & -\frac{3}{10} \\ -\frac{1}{10} & 0 & -\frac{1}{5} & \frac{1}{2} \end{bmatrix}$$

Das lineare Gleichungssystem $\mathbf{A}\,\mathbf{x} = \mathbf{a}$ lautet

$$\begin{aligned} \tfrac{1}{10}x_1 & & & -\tfrac{2}{10}x_4 & = \tfrac{1}{10} \\ -\tfrac{1}{10}x_1 & +\tfrac{1}{10}x_2 & -\tfrac{1}{10}x_3 & +\tfrac{4}{10}x_4 & = \tfrac{1}{10} \\ & & \tfrac{2}{10}x_3 & -\tfrac{3}{10}x_4 & = -\tfrac{1}{10} \\ -\tfrac{1}{10}x_1 & & -\tfrac{2}{10}x_3 & +\tfrac{5}{10}x_4 & = 0 \end{aligned}.$$

BV	x_1	x_2	x_3	x_4	$\mathbf{a}$
	1	0	0	−2	1
x_2	−1	1	−1	4	1
	0	0	2	−3	−1
	−1	0	−2	5	0
x_1	1	0	0	−2	1
x_2	0	1	−1	2	2
	0	0	2	−3	−1
	0	0	−2	3	1

Durch Multiplikation der Gleichungen mit 10 werden alle Koeffizienten ganze Zahlen.

Die dritte und vierte Zeile sind mit dem Faktor -1 proportional. Deshalb kann die vierte Zeile ersatzlos gestrichen werden. $f = n - r = 4 - 3 = 1$

BV	x_1	x_2	x_3	x_4	**a**
x_1	1	0	0	-2	1
x_2	0	1	0	$\frac{1}{2}$	$\frac{3}{2}$
x_3	0	0	1	$-\frac{3}{2}$	$-\frac{1}{2}$
	1	$\frac{3}{2}$	$-\frac{1}{2}$	0	
	2	$-\frac{1}{2}$	$\frac{3}{2}$	1	

Die allgemeine Lösung des Gleichungssystems lautet $\mathbf{x} = \begin{bmatrix} 1 \\ \frac{3}{2} \\ -\frac{1}{2} \\ 0 \end{bmatrix} + t \begin{bmatrix} 2 \\ -\frac{1}{2} \\ \frac{3}{2} \\ 1 \end{bmatrix}$.

Für $t = 1$ ergibt sich die Lösung $\mathbf{x_1}^T = (3\ 1\ 1\ 1)$ und für $t = 3$ die Lösung $\mathbf{x_2}^T = (7\ 0\ 4\ 3)$.

3.4 Bedarfsermittlung bei der Materialdisposition

In der Materialwirtschaft gibt es verschiedene Methoden, den Materialbedarf für die Produktion zu ermitteln. Mit Hilfe eines Gozinto-Grafen werden alle in ein Erzeugnis eingehenden Einzelteile und Baugruppen mit Hilfe einer grafentheoretischen Methode verknüpft und visualisiert. In diesem Grafen erscheinen alle Komponenten nur einmal.

Die Pfeile symbolisieren alle Teile P_i, die in ein Produkt P_k mit der Direktbedarfsmenge m_{ik}, die an der Pfeilspitze eingetragen ist, eingehen.

Die produzierten Teile oder Baugruppen werden mit P_i, P_j und P_k bezeichnet. Zur Produktion einer Einheit des Teiles P_k werden m_{ik} Einheiten des Teiles P_i benötigt. Die Bedarfsermittlung erfolgt entgegen der Pfeilrichtung. Aus dem Bedarf für die übergeordneten Teile oder Baugruppen lassen sich die folgenden Gleichungen aufstellen

$$\begin{aligned} p_i &= m_{ij} p_j &&+ m_{ik} p_k \\ p_j &= m_{ji} p_i &&+ m_{jk} p_k \\ p_k &= m_{ki} p_i &&+ m_{kj} p_j \end{aligned}$$

(3. 6)

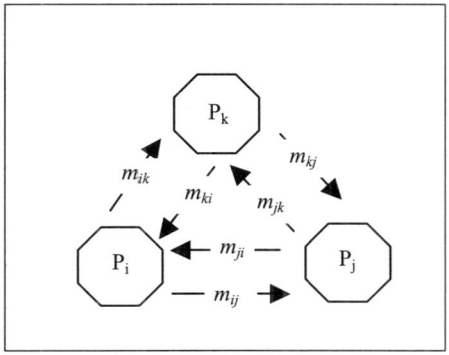

Bild 3. 1 Bedarfsermittlung am Gozinto-Grafen

Durch Umstellen erhält man das homogene lineare Gleichungssystem

$$
\begin{aligned}
p_i &\quad -m_{ij}p_j &\quad -m_{ik}p_k &= 0 \\
(3.7) \quad -m_{ji}p_i &\quad +p_j &\quad -m_{jk}p_k &= 0 \quad \text{oder} \\
-m_{ki}p_i &\quad -m_{kj}p_j &\quad +p_k &= 0
\end{aligned}
$$

$$
(3.8) \quad
\begin{bmatrix}
1 & -m_{ij} & -m_{ik} \\
-m_{ji} & 1 & -m_{jk} \\
-m_{ki} & -m_{kj} & 1
\end{bmatrix}
\begin{bmatrix}
p_i \\ p_j \\ p_k
\end{bmatrix}
=
\begin{bmatrix}
0 \\ 0 \\ 0
\end{bmatrix}.
$$

Das Gleichungssystem (3. 7) hat eine nicht triviale Lösung, wenn der Freiheits-grad größer als null ist. Wird z.B. ein Teil P_k nicht für die Herstellung der übrigen Teile oder Baugruppen benötigt, dann entfällt die Gleichung $p_k = m_{ki}p_i + m_{kj}p_j$ und der Freiheitsgrad wird größer als null. Das wird immer durch Formulieren einer Endnachfrage P_e erreicht, die auch zusätzlich eingeführt werden kann.

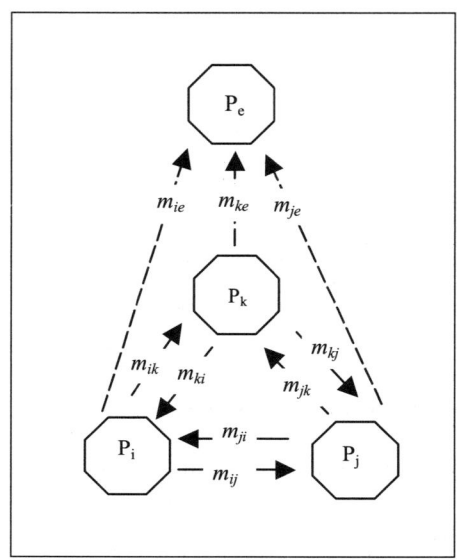

Bild 3. 2 Endnachfrage P_e nimmt Abgabemengen von P_i, P_j und P_k auf

Aus dem Bedarf für P_e ergeben sich die Gleichungen

$$
\begin{aligned}
p_i &= m_{ij}p_j &+m_{ik}p_k &+m_{ie}p_e \\
(3.\,9)\quad p_j &= m_{ji}p_i &+m_{jk}p_k &+m_{je}p_e \;. \\
p_k &= m_{ki}p_i &+m_{kj}p_j &+m_{ke}p_e
\end{aligned}
$$

Durch Umstellen erhält man das lineare homogene Gleichungssystem

$$
\begin{aligned}
p_i &-m_{ij}p_j &-m_{ik}p_k &-m_{ie}p_e &= 0 \\
(3.\,10)\quad -m_{ji}p_i &+p_j &-m_{jk}p_k &-m_{je}p_e &= 0 \\
-m_{ki}p_i &-m_{kj}p_j &+p_k &-m_{ke}p_e &= 0
\end{aligned}
$$

mit dem Freiheitsgrad größer null oder bei bekanntem p_e das lineare inhomogene Gleichungssystem

$$
\begin{aligned}
p_i &-m_{ij}p_j &-m_{ik}p_k &= m_{ie}p_e \\
(3.\,11)\quad -m_{ji}p_i &+p_j &-m_{jk}p_k &= m_{je}p_e \;. \\
-m_{ki}p_i &-m_{kj}p_j &+p_k &= m_{ke}p_e
\end{aligned}
$$

Beispiel 3.9

Durch den abgebildeten Gozinto-Grafen wird die Fertigungsstruktur in einer Unternehmung dargestellt. Die Direktbedarfsmengen für jedes Teil sind an den Pfeilspitzen angegeben.

Welche Teilmengen (P_1 bis P_5) müssen für die Herstellung einer Endnachfrage P_6 insgesamt bereitgestellt werden? Welche Teilmengen sind für fünf Endprodukte P_6 erforderlich?

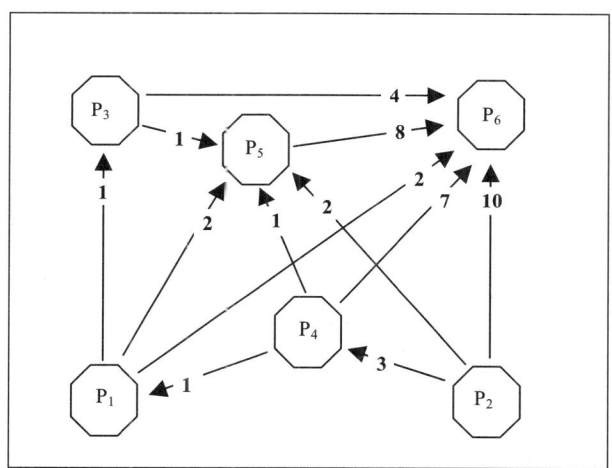

Aus dem Gozinto-Grafen leitet sich das folgende Gleichungssystem her.

$$
\begin{array}{rrrrrrl}
p_1 & & -p_3 & & -2p_5 & -2p_6 & = 0 \\
& p_2 & & -3p_4 & -2p_5 & -10p_6 & = 0 \\
& & p_3 & & -p_5 & -4p_6 & = 0 \\
-p_1 & & & +p_4 & -p_5 & -7p_6 & = 0 \\
& & & & p_5 & -8p_6 & = 0
\end{array}
$$

Ist die geforderte Menge des Endproduktes p_6 bekannt, entsteht aus dem homogenen Gleichungssystem von fünf Gleichungen mit sechs Unbekannten ein inhomogenes Gleichungssystem mit fünf Gleichungen und fünf Unbekannten.

$$
\begin{array}{rrrrrrl}
p_1 & & -p_3 & & -2p_5 & = & 2p_6 \\
& p_2 & & -3p_4 & -2p_5 & = & 10p_6 \\
& & p_3 & & -p_5 & = & 4p_6 \\
-p_1 & & & +p_4 & -p_5 & = & 7p_6 \\
& & & & p_5 & = & 8p_6
\end{array}
$$

Die Lösung des homogenen Gleichungssystems wird gezeigt. Die allgemeine Lösung des Systems erlaubt eine nachträgliche Festlegung der Größe p_6 und daraus die Berechnung der Größen p_1 bis p_5.

BV	p_1	p_2	p_3	p_4	p_5	p_6	a
	1	0	−1	0	−2	−2	0
p_2	0	1	0	−3	−2	−10	0
	0	0	1	0	−1	−4	0
	−1	0	0	1	−1	−7	0
	0	0	0	0	1	−8	0
p_1	1	0	−1	0	−2	−2	0
p_2	0	1	0	−3	−2	−10	0
	0	0	1	0	−1	−4	0
	0	0	−1	1	−3	−9	0
	0	0	0	0	1	−8	0
p_1	1	0	0	0	−3	−6	0
p_2	0	1	0	−3	−2	−10	0
p_3	0	0	1	0	−1	−4	0
	0	0	0	1	−4	−13	0
	0	0	0	0	1	−8	0
p_1	1	0	0	0	−3	−6	0
p_2	0	1	0	0	−14	−49	0
p_3	0	0	1	0	−1	−4	0
p_4	0	0	0	1	−4	−13	0
	0	0	0	0	1	−8	0
p_1	1	0	0	0	0	−30	0
p_2	0	1	0	0	0	−161	0
p_3	0	0	1	0	0	−12	0
p_4	0	0	0	1	0	−45	0
p_5	0	0	0	0	1	−8	0

Aus dem letzten Schema kann die allgemeine Lösung abgelesen werden. Sie lautet $p^T = \begin{bmatrix} 30 & 161 & 12 & 45 & 8 & 1 \end{bmatrix} \cdot t$. Mit der Wahl von $p_6 = 5$ oder $t = 5$ ergeben sich für $p_1 = 150$, $p_2 = 805$, $p_3 = 60$, $p_4 = 225$ und $p_5 = 40$ Mengeneinheiten.

3.5 Der verkettete Gaußalgorithmus

Am Beispiel des Gleichungssystems (3. 2) sollen die wesentlichen Gedanken des Gaußalgorithmus vorgetragen werden.

$$\begin{array}{llll}
I & x_1 & +x_2 & -x_3 & = & 0 \\
II & 3x_1 & +2x_2 & +x_3 & = & 10 \\
III & 2x_1 & +x_2 & & = & 4
\end{array}$$

Die erste Gleichung bleibt unangetastet stehen. Die alte (neue) erste Gleichung wird mit −3 multipliziert und zur zweiten Gleichung addiert, und anschließend wird die erste Gleichung mit −2 multipliziert und zur dritten Gleichung addiert.

$$\begin{array}{llll}
I & x_1 & +x_2 & -x_3 & = & 0 \\
II & & -x_2 & +4x_3 & = & 10 \\
III & & -x_2 & +2x_3 & = & 4
\end{array}$$

(3. 12)

Man stellt im neuen Gleichungssystem (3. 12) fest, dass die Variable x_1 in der zweiten und dritten Gleichung nicht mehr vorkommt.
Jetzt wird die zweite Gleichung mit −1 multipliziert und zur dritten Gleichung addiert.

$$\begin{array}{llll}
I & x_1 & +x_2 & -x_3 & = & 0 \\
II & & -x_2 & +4x_3 & = & 10 \\
III & & & -2x_3 & = & -6
\end{array}$$

(3. 13)

Im Gleichungssystem (3. 13) kommt auch die Variable x_2 nicht mehr in der dritten Gleichung vor. Die Unbekannten x_i können jetzt schrittweise mit der dritten Gleichung beginnend berechnet werden

$$x_3 = \frac{-6}{-2} = 3 \quad , \quad x_2 = \frac{10 - 4x_3}{-1} = \frac{10 - 4 \cdot 3}{-1} = 2 \quad , \quad x_1 = \frac{0 + x_3 - x_2}{1} = 3 - 2 = 1 \quad .$$

Das allgemeine lineare Gleichungssystem $\mathbf{A}\,\mathbf{x} = \mathbf{b}$ wird in ein System $\mathbf{U}\,\mathbf{x} = \mathbf{b}'$ mit einer Koeffizientenmatrix $\mathbf{U}$ in Dreiecksgestalt umgeformt.

Angenommen für die Matrix $\mathbf{A}$ ist die Zerlegung in zwei Dreiecksmatrizen $\mathbf{L} \cdot \mathbf{U}$ bekannt.
Aus $\mathbf{L} \cdot \mathbf{U} = \mathbf{A}$ und $\mathbf{L} \cdot \mathbf{b}' = \mathbf{b}$ folgt dann $\mathbf{L} \cdot \mathbf{U} \cdot \mathbf{x} = \mathbf{L} \cdot \mathbf{b}'$ und weiter $\mathbf{U} \cdot \mathbf{x} = \mathbf{b}'$.

Es ist bekannt, dass die Lösung eines linearen Gleichungssystems sich nicht ändert, wenn

- die Reihenfolge der Gleichungen verändert wird,
- eine der Gleichungen mit einem Faktor ungleich null multipliziert wird oder
- das Vielfache einer Gleichung zu einer anderen addiert wird.

Wie findet man die obere Dreiecksmatrix **U** und die untere Dreiecksmatrix **L** für eine gegebene Matrix **A** ?

$$\mathbf{A} = \begin{bmatrix} a_{11} & a_{12} & \cdots & a_{1k} & a_{1n} \\ a_{21} & a_{22} & & & \\ \vdots & & \ddots & & \\ a_{i1} & & & a_{ik} & a_{in} \\ & & & \ddots & \\ a_{n1} & & & a_{nk} & a_{nn} \end{bmatrix}, \mathbf{b} = \begin{bmatrix} b_1 \\ b_2 \\ \vdots \\ b_i \\ \\ b_n \end{bmatrix}, \mathbf{L} = \begin{bmatrix} 1 & 0 & \cdots & & 0 \\ c_{21} & 1 & & & \vdots \\ \vdots & & \ddots & & \\ c_{i1} & & & 1 & \\ & & & & \ddots \\ c_{n1} & & & c_{nk} & 1 \end{bmatrix},$$

$$\mathbf{U} = \begin{bmatrix} \alpha_{11} & \alpha_{12} & \cdots & \alpha_{1k} & \alpha_{1n} \\ 0 & \alpha_{22} & & & \\ \vdots & & \ddots & & \\ & & & \alpha_{ik} & \alpha_{in} \\ & & & \ddots & \\ 0 & & 0 & & \alpha_{nn} \end{bmatrix}, \mathbf{b}' = \begin{bmatrix} \beta_1 \\ \beta_2 \\ \vdots \\ \beta_i \\ \\ \beta_n \end{bmatrix}.$$

Für das Berechnen der unteren Dreiecksmatrix **L** mit den Elementen c_{ik} werden zwei Formeln benutzt.

Für die erste Spalte gilt $c_{i1} = \dfrac{a_{i1}}{\alpha_{11}}$.

Alle anderen Elemente werden nach $c_{ik} = \dfrac{a_{ik} - \sum\limits_{j=1}^{k-1} c_{ij}\alpha_{jk}}{\alpha_{kk}}$ berechnet.

Die Elemente α_{ik} der oberen Dreiecksmatrix **U** werden nach einer dritten Formel berechnet $\alpha_{ik} = a_{ik} - \sum\limits_{j=1}^{i-1} c_{ij}\alpha_{jk}$.

Die Formel für die α_{ik} wird sinngemäß auf die Berechnung der Koeffizienten β_i der rechten Seite $\mathbf{b}'$ übertragen $\beta_i = b_i - \sum\limits_{j=1}^{i-1} c_{ij}\beta_j$.

Bei genauerem Betrachten erkennt man, dass diese Formeln sich gegenseitig benutzen. Die gesuchten Matrizen $\mathbf{L}$ und $\mathbf{U}$ bzw. der Vektor $\mathbf{b}'$ müssen zeilenweise und nacheinander abwechselnd berechnet werden.

Für die Berechnung der x_k steht auch eine rekursive Formel zur Verfügung

$$x_k = \frac{\beta_k - \sum\limits_{j=k+1}^{n} \alpha_{kj} x_j}{\alpha_{kk}} .$$

Die Rechnungen im verketteten Gaußalgorithmus werden in dem folgenden Schema ausgeführt. Eine Möglichkeit der Zeilensummenprobe existiert durch analoge Übertragung der Formel für die $\mathbf{b}$-Spalte auf die Zeilensummenspalte $\mathbf{s}$.

u_1	u_2	$\cdots$	u_k	$\cdots$	u_n	u_0	
x_1	x_2	$\cdots$	x_k	$\cdots$	x_n	$\mathbf{b}$	$\mathbf{s}$
a_{11}	a_{12}	$\cdots$	a_{1k}	$\cdots$	a_{1n}	b_1	s_1
a_{21}	a_{22}				$\vdots$	$\vdots$	$\vdots$
$\vdots$		$\ddots$					
a_{i1}	$\cdots$		a_{ik}		a_{in}		
$\vdots$				$\ddots$			
a_{n1}	$\cdots$				a_{nn}	b_n	s_n
α_{11}	α_{12}	$\cdots$	α_{1k}	$\cdots$	α_{1n}	β_1	σ_1
c_{21}	α_{22}		α_{2k}		α_{2n}	$\vdots$	$\vdots$
c_{31}	c_{32}	$\ddots$	$\vdots$		$\vdots$		
$\vdots$							
c_{k1}	$\cdots$		α_{kk}		α_{kn}		
$\vdots$				$\ddots$			
c_{n1}	$\cdots$				α_{nn}	β_n	σ_n
x_1	x_2	$\cdots$	x_k	$\cdots$	x_n		

Die Matrizen $\mathbf{L}$ und $\mathbf{U}$ können in einem gemeinsamen Feld notiert werden. Wobei die Nullen aus $\mathbf{U}$ und die Nullen und Einsen aus $\mathbf{L}$ weggelassen werden, da deren Plätze bekannt sind.

Die Formel für die Zeilensummenprobe ist $\sigma_i = s_i - \sum\limits_{j=1}^{i-1} c_{ij}\sigma_j$.

Für die Lösungen x_k muss $x_1 u_1 + x_2 u_2 + \ldots + x_n u_n = u_0$ gelten.

Beispiel 3.10

Man löse das lineare Gleichungssystem

$$
\begin{aligned}
x_1 & + x_2 & + 6x_3 & = 7 \\
-x_1 & + 2x_2 & + 9x_3 & = 2 \\
x_1 & - 2x_2 & + 3x_3 & = 10
\end{aligned}.
$$

1	1	18	19	
x_1	x_2	x_3	**b**	**s**
1	1	6	7	15
−1	2	9	2	12
1	−2	3	10	12
1	1	6	7	15
−1	3	15	9	27
1	−1	12	12	24
3	−2	1		

Aus der letzten Zeile werden die Lösungen $x_1 = 3$, $x_2 = -2$ und $x_3 = 1$ entnommen.
Die abschließende Spaltensummenprobe $3 \cdot 1 - 2 \cdot 1 + 1 \cdot 18 = 19$ zeigt die Richtigkeit der Lösung.

Die Elemente α_{ii} werden häufig als Treppenelemente bezeichnet.

Die Treppenelemente α_{ii} dürfen nicht null sein, da im Gauß'schen Algorithmus durch die Treppenelemente α_{ii} dividiert wird.
Was kann man tun, wenn doch einmal ein Treppenelement null wird?

Es ist bekannt, dass die Reihenfolge der Gleichungen im System keinen Einfluss auf die Lösung hat. Weiter ist bekannt, dass die Reihenfolge der Unbekannten in der Gleichung keinen Einfluss auf die Lösung hat. In der linearen Algebra wird das Ordnungsprinzip vorausgesetzt, das nur besagt, dass die Unbekannten in jeder Gleichung in der gleichen Reihenfolge stehen müssen. Hierbei wird weder ein steigender noch ein fallender Index verlangt. Üblicherweise benutzt man eine aufsteigende Folge der Indizes. Es ist also ein Zeilen- oder Spaltentausch erlaubt.

Ist ein Treppenelement α_{ii} gleich null und alle nachfolgenden Elemente derselben Zeile sind auch null, kann diese Zeile ersatzlos gestrichen werden.
Diese Gleichung war eine Linearkombination (linear abhängig) der vorhergehenden Gleichungen.

Ist ein Treppenelement α_{ii} gleich null, aber mindestens ein Element α_{ik} derselben Zeile ist nicht null, kann durch Tausch der Spalten i und k ein Treppenelement ungleich null erzwungen werden.

Der Rang r der Koeffizientenmatrix $\mathbf{A}$ des linearen Gleichungssystems ist gleich der Anzahl der Treppenelemente ($\neq 0$) im zweiten Schema.

Der Rang r der Koeffizientenmatrix $\mathbf{A}$ stimmt nicht mit dem Rang der erweiterten Koeffizientenmatrix $\mathbf{A, b}$ überein, wenn es im zweiten Schema eine Zeile α_{ik} gibt, die nur mit Nullen besetzt ist, jedoch β_i nicht null ist.

Ist der Freiheitsgrad $f = n - r > 0$, werden die frei wählbaren Unbekannten wie im Abschnitt 3.3 beschrieben gewählt.

Für eine spezielle inhomogene Lösung werden die Unbekannten x_{n+1-f} bis x_n null gewählt.

Für die allgemeine homogene Lösung werden jeweils eine der Unbekannten x_{n+1-f} bis x_n eins und die restlichen Unbekannten null gewählt. Die Linearkombination der so gefundenen unabhängigen homogenen Lösungen ergibt die allgemeine homogene Lösung.

Beispiel 3.11

Man löse das lineare Gleichungssystem

$$
\begin{array}{rrrrrr}
2x_1 & +3x_2 & +4x_3 & +5x_4 & +2x_5 & = -4 \\
-2x_1 & & -2x_3 & & & = -4 \\
-2x_1 & & +2x_3 & +4x_4 & -8x_5 & = -8 \\
-2x_1 & +3x_2 & +4x_3 & +9x_4 & -6x_5 & = -16
\end{array}
$$

−4	6	8	18	−12	−32	
x_1	x_2	x_3	x_4	x_5	b	s
2	3	4	5	2	−4	12
−2	0	−2	0	0	−4	−8
−2	0	2	4	−8	−8	−12
−2	3	4	9	−6	−16	−8
2	3	4	5	2	−4	12
−1	3	2	5	2	−8	4
−1	1	4	4	−8	−4	−4
−1	2	1	0	0	0	0
3	−2	−1	0	0		
1	−1	−1	1	0		
−2	−2	2	0	1		

rg(A) = rg(A, b) = 3
$f = n - r = 5 - 3 = 2$

Die vierte Gleichung ist Linearkombination der ersten drei Gleichungen. Im Gaußalgorithmus wird die vierte Zeile des zweiten Schemas null und kann deshalb gestrichen werden.

Die Spaltensummenprobe ergibt

$$3\cdot(-4) - 2\cdot 6 - 1\cdot 8 + 0\cdot 18 + 0\cdot(-12) = -32$$

$$1\cdot(-4) - 1\cdot 6 - 1\cdot 8 + 1\cdot 18 + 0\cdot(-12) = 0$$

$$-2\cdot(-4) - 2\cdot 6 + 2\cdot 8 + 0\cdot 18 + 1\cdot(-12) = 0 \ .$$

Die allgemeine Lösung der linearen Gleichungssystems lautet

$$\mathbf{x} = \mathbf{x_{inh}} + \mathbf{x_{hom}} = \begin{pmatrix} 3 \\ -2 \\ -1 \\ 0 \\ 0 \end{pmatrix} + t_1 \begin{pmatrix} 1 \\ -1 \\ -1 \\ 1 \\ 0 \end{pmatrix} + t_2 \begin{pmatrix} -2 \\ -2 \\ 2 \\ 0 \\ 1 \end{pmatrix} \ .$$

Beispiel 3.12

Man löse das lineare Gleichungssystem

$$\begin{aligned} 2x_1 &+3x_2 &-x_3 &= 4 \\ x_1 &- 2x_2 &+3x_3 &= 6 \\ 3x_1 &+ x_2 &+2x_3 &= 11 \end{aligned} \ .$$

Es ist für das Rechenschema günstig, die erste und die zweite Gleichung zu vertauschen.

x_1	x_2	x_3	b	s
1	-2	3	6	8
2	3	-1	4	8
3	1	2	11	17
1	-2	3	6	8
2	7	-7	-8	-8
3	1	0	1	1

!!!

Dieses lineare Gleichungssystem ist unlösbar.

In der letzten Zeile der Tabelle ist die linke Seite der Gleichung null und die rechte Seite derselben Gleichung eins. Das ist ein Widerspruch in dem gegebenen Gleichungssystem. Das Element α_{33} ist null, jedoch das Element β_3 ist gleich eins (ungleich null).

4 Matrizengleichungen

Praktische Sachverhalte lassen sich mit Hilfe von Matrizengleichungen mathema-tisch modellieren. Die Lösungen dieser Matrizengleichungen unterstützen dann wiederum die Entscheidungsfindung bezüglich der praktischen Ausgangs-situation, die durch diese Gleichung beschrieben und bearbeitet wird. Für einige typische Matrizengleichungen werden Lösungsvorschläge unterbreitet und diskutiert. Es wird für die folgenden Beispiele angenommen, dass alle Matri-zenoperationen möglich sind.

4.1 Berechnen der inversen Matrix

Die Berechnung der inversen Matrix lässt sich auf einen einfachen Sonderfall einer Matrizengleichung $A X = E$ zurückführen.

Die Grundidee des Verfahrens kann man am Schema von Falk erklären.

						x_{11}	x_{12}	$\cdots$	x_{1k}	$\cdots$	x_{1n}
						x_{21}	x_{22}		$\vdots$		$\vdots$
		$A X$				$\vdots$		$\ddots$			
						x_{i1}	$\cdots$		x_{ik}		x_{in}
						$\vdots$				$\ddots$	
						x_{n1}	$\cdots$		x_{nk}		x_{nn}
a_{11}	a_{12}	$\cdots$	a_{1i}	$\cdots$	a_{1n}	1	0	$\cdots$	0	$\cdots$	0
a_{21}	a_{22}		$\vdots$		$\vdots$	0	1		$\vdots$		$\vdots$
$\vdots$		$\ddots$				$\vdots$		$\ddots$			
a_{k1}	$\cdots$		a_{ki}		a_{kn}				1		0
$\vdots$			$\vdots$	$\ddots$	$\vdots$					$\ddots$	
a_{n1}	$\cdots$		a_{ni}		a_{nn}	0		$\cdots$	0		1

Für jede Spalte der unbekannten Matrix X lässt sich ein inhomogenes lineares Gleichungssystem $A x_k = e_k$ mit der Koeffizientenmatrix A und jeweils einer Spalte e_k der Einheitsmatrix E als rechte Seite aufschreiben.

Das erste Gleichungssystem $A x_1 = e_1$ mit der ersten Spalte x_1 der Matrix X und der ersten Spalte e_1 der Einheitsmatrix E lautet dann:

$$
\begin{aligned}
a_{11}x_{11} &+ a_{12}x_{21} \quad \cdots \quad + a_{1n}x_{n1} &= 1 \\
a_{21}x_{11} &+ a_{22}x_{21} && = 0 \\
\vdots && \quad\quad \vdots \;\; \vdots \\
a_{n1}x_{11} & \quad\quad \cdots \quad\quad\quad + a_{nn}x_{n1} &= 0
\end{aligned}
$$

Das zweite Gleichungssystem $\mathbf{A}\,\mathbf{x_2} = \mathbf{e_2}$ wird mit der zweiten Spalte $\mathbf{x_2}$ der Matrix $\mathbf{X}$ und der zweiten Spalte $\mathbf{e_2}$ der Einheitsmatrix $\mathbf{E}$ gebildet:

$$
\begin{aligned}
a_{11}x_{12} &+ a_{12}x_{22} \quad \cdots \quad + a_{1n}x_{n2} &= 0 \\
a_{21}x_{12} &+ a_{22}x_{22} && = 1 \\
\vdots && \quad\quad \vdots \;\; \vdots \\
a_{n1}x_{12} & \quad\quad \cdots \quad\quad\quad + a_{nn}x_{n2} &= 0
\end{aligned}
$$

Alle diese Gleichungssysteme für $k = 1, 2, \ldots n$ haben eine gemeinsame Koeffizientenmatrix $\mathbf{A}$ bei verschiedenen rechten Seiten $\mathbf{e_k}$.

Diese Eigenschaft kann im Schema der Basistransformation ausgenutzt werden, um recht effektiv die inverse Matrix zu berechnen. Anstelle der einen rechten Seiten werden alle rechten Seiten, die zusammen die Einheitsmatrix $\mathbf{E}$ ergeben, eingetragen. Mit diesem modifizierten Schema lassen sich alle Gleichungssysteme gleichzeitig simultan berechnen. Nach n Basistransformationen entsteht auf der rechten Seite des Gleichungssystems die inverse Matrix $\mathbf{A^{-1}}$. Nur für reguläre Matrizen existiert eine inverse Matrix, somit ergibt sich, dass der Rang r der Matrix gleich der Anzahl der Zeilen n ist.

$\mathbf{A}$	$\mathbf{E}$	$\mathbf{s}$
$\vdots$	$\vdots$	$\vdots$
$\mathbf{E}$	$\mathbf{A^{-1}}$	$\mathbf{s}$

Die Matrix ist singulär, wenn der Rang der Matrix kleiner ist als die Anzahl der Zeilen (oder Spalten).

Beispiel 4. 1

Man bestimme die inverse Matrix von $\mathbf{A} = \begin{pmatrix} 2 & 3 \\ 4 & 5 \end{pmatrix}$.

2	**3**	**1**	**0**	**6**
4	5	0	1	10
* 1	$3/2$	$1/2$	0	3
0	**−1**	**−2**	**1**	**−2**
* 1	0	$-5/2$	$3/2$	0
* 0	1	2	−1	2

Die linke Spalte des Schemas kann für die Kennzeichnung der bereits benutzten Hauptzeilen verwendet werden.

Die inverse Matrix A^{-1} lautet $A^{-1} = \begin{pmatrix} -5/2 & 3/2 \\ 2 & -1 \end{pmatrix}$.

Die Probe mit dem Schema von Falk bestätigt die gefundene Lösung.

		$-5/2$	$3/2$
	$A\,A^{-1}$	2	−1
2	3	1	0
4	5	0	1

Es ist zweckmäßig, diese Probe an das Schema der Basistransformation anzufügen.

4.2 Verschiedene Formen von Matrizengleichungen

Einige Matrizengleichungen können zu Gruppen zusammengefasst werden, da der Lösungsweg sich in diesen Gruppen allgemein formulieren lässt.

a) Unbekannte Matrix **X** nur mit Skalaren verknüpft
b) Unbekannte Matrix **X** mit bekannten Matrizen nur von rechts verknüpft
c) Unbekannte Matrix **X** mit bekannten Matrizen nur von links verknüpft
d) Nach Multiplikation entsteht ein lineares Gleichungssystem

4.2.1 Unbekannte Matrix **X** nur mit Skalaren verknüpft

zu a) Im einfachsten Fall ist die gesuchte Matrix **X** nur mit Skalaren verknüpft. Matrizengleichungen dieser Art lassen sich mit Hilfe von Matrizenaddition und -subtraktion lösen. Weitere Operationen werden nicht benötigt.

Beispiel 4. 2 $A + s\,X = B - X$

$$s\,X + X = B - A \qquad (s+1)\,X = B - A$$

$$X = \frac{1}{s+1}\,(B - A)$$

4.2.2 Unbekannte Matrix X mit bekannten Matrizen nur von einer Seite verknüpft

zu b) Alle Matrizengleichungen, in denen die unbekannte Matrix **X** nur als Linksfaktor vorkommt, werden nach einheitlichen Strategien gelöst. Durch Anwenden des Distributivgesetzes lässt sich die Matrix **X** ausklammern, um anschließend mit Hilfe der inversen Matrix eine explizite Darstellung von **X** aufzustellen.

Beispiel 4. 3
Man löse die Matrizengleichung $X\,A = B + X\,C$
mit

$$A = \begin{pmatrix} 4 & 1 & 5 \\ -4 & -5 & -8 \\ 2 & 5 & 7 \end{pmatrix},\ B = \begin{pmatrix} 3 & 1 & 3 \\ 4 & 1 & 1 \end{pmatrix}\ \text{und}\ C = \begin{pmatrix} 3 & -2 & 3 \\ -1 & 3 & -4 \\ 0 & 0 & 4 \end{pmatrix}.$$

$$X\,A - X\,C = B \qquad X\,(A - C) = B \qquad X = B\,(A - C)^{-1}$$

Die explizite Darstellung nach **X** gibt die einzelnen Schritte zur Lösungsfindung an.
Die Matrix **B** ist mit der inversen Matrix von $A - C$ von rechts zu multiplizieren.
Hierbei müssen natürlich alle Verknüpfungen möglich sein.

$$A - C = \begin{pmatrix} 4 & 1 & 5 \\ -4 & -5 & -8 \\ 2 & 5 & 7 \end{pmatrix} - \begin{pmatrix} 3 & -2 & 3 \\ -1 & 3 & -4 \\ 0 & 0 & 4 \end{pmatrix} = \begin{pmatrix} 1 & 3 & 2 \\ -3 & -8 & -4 \\ 2 & 5 & 3 \end{pmatrix}$$

Zur Berechnung der inversen Matrix wird das Schema aus 4.1 verwendet.

	1	3	2	1	0	0	7
	−3	−8	−4	0	1	0	−14
	2	5	3	0	0	1	11
*	1	3	2	1	0	0	7
	0	1	2	3	1	0	7
	0	−1	−1	−2	0	1	−3
*	1	0	−4	−8	−3	0	−14
*	0	1	2	3	1	0	7
	0	0	1	1	1	1	4
*	1	0	0	−4	1	4	2
*	0	1	0	1	−1	−2	−1
*	0	0	1	1	1	1	4

Die inverse Matrix $(A - C)^{-1} = \begin{pmatrix} -4 & 1 & 4 \\ 1 & -1 & -2 \\ 1 & 1 & 1 \end{pmatrix}$ ist mit der Matrix **B** zu multiplizieren.

				−4	1	4	1
	$B(A{-}C)^{-1}$			1	−1	−2	−2
				1	1	1	3
3	1	3		−8	5	13	10
4	1	1		−14	4	15	5

Die Matrizenmultiplikation wird mit dem Schema von Falk ausgeführt.

Nach der Multiplikation ergibt sich für $X = B\,(A - C)^{-1} = \begin{pmatrix} -8 & 5 & 13 \\ -14 & 4 & 15 \end{pmatrix}$.

zu c) Alle Matrizengleichungen, in denen die unbekannte Matrix **X** nur als Rechtsfaktor vorkommt, werden nach den gleichen Überlegungen, die unter b) erläutert werden, gelöst. Da die Matrizenmultiplikation nicht kommutativ ist, muss man die Reihenfolge bei der Multiplikation genau beachten. Nur in Ausnahmefällen kann mit vertauschten Faktoren noch das richtige Ergebnis erzielt werden.

Beispiel 4. 4

Man löse die Matrizengleichung $A\,X + B = 2X$ mit

$$A = \begin{pmatrix} 3 & 3 & 2 \\ 2 & 7 & 3 \\ -3 & -8 & -2 \end{pmatrix} \text{ und } B = \begin{pmatrix} 1 & 2 \\ 0 & -2 \\ -1 & 0 \end{pmatrix}.$$

Durch explizites Auflösen entsteht

$$A\,X - 2X = -\,B \qquad A\,X - 2E\,X = -B \qquad (A - 2E)\,X = -B$$

$$X = -(A - 2E)^{-1}B$$

Besonders hinzuweisen ist auf das Einfügen der Einheitsmatrix **E** während der Umformung. Die Einheitsmatrix kann hier eingefügt werden, da eine Multiplikation mit der Einheitsmatrix die Ausgangsgleichung nicht verändert, und muss hier eingefügt werden, damit die Subtraktion $A - 2E$ ausführbar wird.

$$A - 2E = \begin{pmatrix} 3 & 3 & 2 \\ 2 & 7 & 3 \\ -3 & -8 & -2 \end{pmatrix} - \begin{pmatrix} 2 & 0 & 0 \\ 0 & 2 & 0 \\ 0 & 0 & 2 \end{pmatrix} = \begin{pmatrix} 1 & 3 & 2 \\ 2 & 5 & 3 \\ -3 & -8 & -4 \end{pmatrix}$$

	1	3	2	1	0	0	7
	2	5	3	0	1	0	11
	-3	-8	-4	0	0	1	-14
*	1	3	2	1	0	0	7
	0	-1	-1	-2	1	0	-3
	0	1	2	3	0	1	7
*	1	0	-1	-5	3	0	-2
*	0	1	1	2	-1	0	3
	0	0	1	1	1	1	4
*	1	0	0	-4	4	1	2
*	0	1	0	1	-2	-1	-1
*	0	0	1	1	1	1	4

Die Multiplikation der inversen Matrix $(A - 2E)^{-1}$ mit **B** von rechts ergibt

		$(A - 2E)^{-1}B$		1	2	3
				0	-2	-2
				-1	0	-1
-4	4	1		-5	-16	-21
1	-2	-1		2	6	8
1	1	1		0	0	0

Die gesuchte Matrix $\mathbf{X} = -(\mathbf{A} - 2\mathbf{E})^{-1}\mathbf{B} \doteq \begin{pmatrix} 5 & 16 \\ -2 & -6 \\ 0 & 0 \end{pmatrix}$ erhält man nach Multipli-

kation mit -1.

Die Vorgehensweisen in b) und c) sind gleich. Erinnert werden muss noch einmal, dass die Reihenfolge bei der Multiplikation von Bedeutung ist und nicht willkürlich verändert werden darf.

4.2.3 Nach Multiplikation entsteht ein lineares Gleichungssystem

zu d) Matrizengleichungen, in denen die unbekannte Matrix $\mathbf{X}$ sowohl von rechts als auch von links mit bekannten Matrizen multipliziert wird, müssen nach einer anderen Strategie behandelt werden.

Die Gleichung wird konsequent ausmultipliziert und neu sortiert, um dann das entstehende lineare Gleichungssystem mit der Basistransformation zu lösen.

Beispiel 4. 5

Man löse das Gleichungssystem $\mathbf{A}\,\mathbf{X}\,\mathbf{B} + \mathbf{A}\,\mathbf{X} = \mathbf{C}$ mit

$$\mathbf{A} = \begin{pmatrix} 1 & 2 \\ 1 & 1 \end{pmatrix}, \mathbf{B} = \begin{pmatrix} 2 & 2 \\ 1 & 2 \end{pmatrix} \quad \text{und} \quad \mathbf{C} = \begin{pmatrix} 6 & 11 \\ 5 & 8 \end{pmatrix}.$$

$$\begin{pmatrix} 1 & 2 \\ 1 & 1 \end{pmatrix} \mathbf{X} \begin{pmatrix} 2 & 2 \\ 1 & 2 \end{pmatrix} + \begin{pmatrix} 1 & 2 \\ 1 & 1 \end{pmatrix} \mathbf{X} = \begin{pmatrix} 6 & 11 \\ 5 & 8 \end{pmatrix}$$

$$\begin{pmatrix} 1 & 2 \\ 1 & 1 \end{pmatrix} \begin{pmatrix} x_{11} & x_{12} \\ x_{21} & x_{22} \end{pmatrix} \begin{pmatrix} 2 & 2 \\ 1 & 2 \end{pmatrix} + \begin{pmatrix} 1 & 2 \\ 1 & 1 \end{pmatrix} \begin{pmatrix} x_{11} & x_{12} \\ x_{21} & x_{22} \end{pmatrix} = \begin{pmatrix} 6 & 11 \\ 5 & 8 \end{pmatrix}$$

$$\begin{pmatrix} x_{11} + 2x_{21} & x_{12} + 2x_{22} \\ x_{11} + x_{21} & x_{12} + x_{22} \end{pmatrix} \begin{pmatrix} 2 & 2 \\ 1 & 2 \end{pmatrix} + \begin{pmatrix} x_{11} + 2x_{21} & x_{12} + 2x_{22} \\ x_{11} + x_{21} & x_{12} + x_{22} \end{pmatrix} = \begin{pmatrix} 6 & 11 \\ 5 & 8 \end{pmatrix}$$

$$\begin{pmatrix} 2x_{11} + 4x_{21} + x_{12} + 2x_{22} & 2x_{11} + 4x_{21} + 2x_{12} + 4x_{22} \\ 2x_{11} + 2x_{21} + x_{12} + x_{22} & 2x_{11} + 2x_{21} + 2x_{12} + 2x_{22} \end{pmatrix} + \begin{pmatrix} x_{11} + 2x_{21} & x_{12} + 2x_{22} \\ x_{11} + x_{21} & x_{12} + x_{22} \end{pmatrix} =$$
$$\begin{pmatrix} 6 & 11 \\ 5 & 8 \end{pmatrix}$$

$$\begin{pmatrix} 3x_{11} + 6x_{21} + x_{12} + 2x_{22} & 2x_{11} + 4x_{21} + 3x_{12} + 6x_{22} \\ 3x_{11} + 3x_{21} + x_{12} + x_{22} & 2x_{11} + 2x_{21} + 3x_{12} + 3x_{22} \end{pmatrix} = \begin{pmatrix} 6 & 11 \\ 5 & 8 \end{pmatrix}$$

Aus der Gleichheit der Matrizen auf der linken und rechten Seite der Matrizengleichung ergeben sich die folgenden vier linearen Gleichungen

$$
\begin{aligned}
3x_{11} + 6x_{21} + x_{12} + 2x_{22} &= 6 \\
3x_{11} + 3x_{21} + x_{12} + x_{22} &= 5 \\
2x_{11} + 4x_{21} + 3x_{12} + 6x_{22} &= 11 \\
2x_{11} + 2x_{21} + 3x_{12} + 3x_{22} &= 8
\end{aligned}
$$

Als eindeutige Lösung dieses linearen Gleichungssystems ergeben sich $x_{11} = 1$,
$x_{12} = 1$, $x_{21} = 0$ und $x_{22} = 1$ oder $\mathbf{X} = \begin{pmatrix} 1 & 1 \\ 0 & 1 \end{pmatrix}$.

Kann bei expliziter Auflösung einer Matrizengleichung z.b. eine inverse Matrix
nicht gebildet werden, muss diese Gleichung konsequent ausmultipliziert werden.
Das Bilden einer inversen Matrix setzt voraus, dass die ursprüngliche Matrix
regulär ist. Es können jedoch nur quadratische Matrizen regulär sein. Enthält eine
Gleichung rechteckige Matrizen, so kann nach Umstellen der Gleichung genau
der Fall eintreten, dass die inverse Matrix einer rechteckigen Matrix verlangt
wird. Was auf einen ungültigen Lösungsweg hinweist. Als Alternative bleibt dann
das Ausmultiplizieren der Matrizen.
Ein dann entstehendes lineares Gleichungssystem kann, wie in Kapitel 3 beschrieben, mit der Basistransformation gelöst werden.

Beispiel 4. 6
Welche Lösung hat die Gleichung $\mathbf{A}\,\mathbf{X} = \mathbf{B}\,\mathbf{X} + \mathbf{C}$ mit den Matrizen

$$
\mathbf{A} = \begin{bmatrix} 2 & 3 & 4 \\ 3 & 1 & 2 \\ 3 & 4 & 2 \end{bmatrix}, \ \mathbf{B} = \begin{bmatrix} -2 & 2 & 7 \\ 1 & -1 & 1 \\ -3 & 1 & 4 \end{bmatrix} \ \text{und} \ \mathbf{C} = \begin{bmatrix} 3 \\ 8 \\ 11 \end{bmatrix}?
$$

Welche ganzzahligen Lösungen mit nicht negativen Elementen gibt es?

Nach Umstellen der Gleichung entsteht $(\mathbf{A} - \mathbf{B})\,\mathbf{X} = \mathbf{C}$.
Die inverse Matrix zu $(\mathbf{A} - \mathbf{B})$ existiert nicht, da $(\mathbf{A} - \mathbf{B})$ eine singuläre Matrix ist.

$$
\det(\mathbf{A} - \mathbf{B}) = \det\left\{ \begin{bmatrix} 2 & 3 & 4 \\ 3 & 1 & 2 \\ 3 & 4 & 2 \end{bmatrix} - \begin{bmatrix} -2 & 2 & 7 \\ 1 & -1 & 1 \\ -3 & 1 & 4 \end{bmatrix} \right\} = \begin{vmatrix} 4 & 1 & -3 \\ 2 & 2 & 1 \\ 6 & 3 & -2 \end{vmatrix} = 0
$$

Die Gleichung kann also nur durch Ausmultiplizieren gelöst werden.
Welches Format hat $\mathbf{X}$?

Die Matrix $\mathbf{C}$ hat das Format $(3, 1)$. Somit muss das Produkt $(\mathbf{A} - \mathbf{B})\,\mathbf{X}$ auch vom Format $(3, 1)$ sein. Das ist aber nur der Fall, wenn $\mathbf{X}$ auch das Format $(3, 1)$ hat. Die unbekannte Matrix $\mathbf{X}$ ist also ein Spaltenvektor mit drei Elementen. Es entsteht

$$\begin{bmatrix} 4 & 1 & -3 \\ 2 & 2 & 1 \\ 6 & 3 & -2 \end{bmatrix} \begin{bmatrix} x_1 \\ x_2 \\ x_3 \end{bmatrix} = \begin{bmatrix} 3 \\ 8 \\ 11 \end{bmatrix} \text{ oder } \begin{array}{rrrr} 4x_1 & +x_2 & -3x_3 & = 3 \\ 2x_1 & +2x_2 & +x_3 & = 8 \\ 6x_1 & +3x_2 & -2x_3 & = 11 \end{array}.$$

Das lineare Gleichungssystem kann mit der Basistransformation gelöst werden.

x_1	x_2	x_3	$\mathbf{C}$
4	1	−3	3
2	2	1	8
6	3	−2	11
4	1	−3	3
−6	0	7	2
−6	0	7	2
0	1	$5/3$	$13/3$
1	0	$-7/6$	$-1/3$
1	0	$-7/6$	$-1/3$
0	1	$5/3$	$13/3$
$-1/3$	$13/3$	0	
$7/6$	$-5/3$	1	

Die zweite und dritte Zeile sind identisch. Die dritte Zeile kann gestrichen werden.

Die allgemeine Lösung lautet

$$\mathbf{X} = \begin{bmatrix} -1/3 \\ 13/3 \\ 0 \end{bmatrix} + t \begin{bmatrix} 7/6 \\ -5/3 \\ 1 \end{bmatrix}.$$

Damit alle Lösungen nicht negativ sind muss gelten $-1/3 + 7/6\,t \ge 0$, $13/3 - 5/3\,t \ge 0$ und $t \ge 0$ oder $2/7 \le t \le 13/5$. Für $t = 1$ entsteht keine ganzzahlige Lösung. Für $t = 2$ entsteht die Lösung $x_1 = 2$, $x_2 = 1$ und $x_3 = 2$.

4.2.4   Verflechtung 1. Art

Im Abschnitt 2.4.1 wird das Verflechtungsmodell 1. Art beschrieben und an einfachen Beispielen die vorteilhafte Nutzung von Matrizenoperationen gezeigt. Es werden jedoch nur Lösungen für die Berechnung der Mengen der benötigten Ausgangsmaterialien oder die freien Mengen der Ausgangsmaterialien für den Primärbedarf vorgestellt.

Aus den Verflechtungsgleichungen lassen sich auch die Mengen der Endprodukte, die Mengen der Zwischenprodukte oder die Mengen der Zwischenprodukte für den Primärbedarf bestimmen.

Im Idealfall lassen sich die inversen Matrizen zu den bekannten Verflechtungsmatrizen bestimmen. Wenn jedoch die Grundbedingung der Regularität für eine Matrix nicht erfüllt ist, muss solch eine Gleichung ausmultipliziert werden

Beispiel 4. 7

In einem Unternehmen werden Zwischenprodukte (Z) eines Teilbetriebes zu Finalprodukten (F) verarbeitet. Der Ausgangsmaterialverbrauch (A) des Teilbetriebes und der Bedarf an Zwischenprodukten für die Endfertigung sind der folgenden Tabelle zu entnehmen:

alle Angaben in Mengeneinheiten ME !	Materialverbrauch des Teilbetriebes			Verbrauch an Zwischenprodukten bei der Endfertigung		
	A_1	A_2	A_3	F_1	F_2	F_3
Zwischenprodukt Z_1	1		1	2	3	
Zwischenprodukt Z_2	2	2		1	3	3
Zwischenprodukt Z_3	1	1	2		1	2

Welche Zwischenprodukte können trotz der Endfertigung (F) von 20 ME von F_1, 50 ME von F_2 und 60 ME von F_3 abgegeben werden, wenn das vorhandene Rohmaterial mit 5000 ME von A_1, 5000 ME von A_2 und 5000 ME von A_3 sowohl für die Endfertigung als auch zusätzlich Rohmaterial $y_{11} = 10$, $y_{12} = 20$ und $y_{13} = 30$ zur Abgabe bereitgestellt werden?

Die Fertigung wird in drei Stufen $n = 3$ durchgeführt.

Für die Stufen gilt $x_1 = a$, $x_2 = z$ und $x_3 = f$.

Die Übergänge von der ersten zur zweiten bzw. zweiten zur dritten Produktionsstufe werden durch

$$a = A_{1,2}\, z + y_1$$

und

$$z = A_{2,3}\, f + y_2$$

beschrieben.

Die Vektoren werden aus dem Text und die Verflechtungsmatrizen werden aus der Tabelle abgelesen

$$a = \begin{pmatrix} 5000 \\ 5000 \\ 5000 \end{pmatrix}, \quad y_1 = \begin{pmatrix} 10 \\ 20 \\ 30 \end{pmatrix}, \quad f = \begin{pmatrix} 20 \\ 50 \\ 60 \end{pmatrix}, \quad A_{1,2} = \begin{bmatrix} 1 & 2 & 1 \\ 0 & 2 & 1 \\ 1 & 0 & 2 \end{bmatrix} \quad \text{und} \quad A_{2,3} = \begin{bmatrix} 2 & 3 & 0 \\ 1 & 3 & 3 \\ 0 & 1 & 2 \end{bmatrix}.$$

Anstelle von z in der ersten Gleichung kann die rechte Seite der zweiten Gleichung eingesetzt werden

$$a = A_{1,2} (A_{2,3} f + y_2) + y_1.$$

Die oben stehende Gleichung ist nach y_2 umzustellen

$$y_2 = A_{1,2}^{-1} (a - y_1) - A_{2,3} f.$$

In diese Gleichung sind die Matrizen und Vektoren einzusetzen.

$$y_2 = \begin{bmatrix} 1 & 2 & 1 \\ 0 & 2 & 1 \\ 1 & 0 & 2 \end{bmatrix}^{-1} \bullet \left\{ \begin{pmatrix} 5000 \\ 5000 \\ 5000 \end{pmatrix} - \begin{pmatrix} 10 \\ 20 \\ 30 \end{pmatrix} \right\} - \begin{bmatrix} 2 & 3 & 0 \\ 1 & 3 & 3 \\ 0 & 1 & 2 \end{bmatrix} \bullet \begin{pmatrix} 20 \\ 50 \\ 60 \end{pmatrix}$$

Die inverse Matrix $A_{1,2}^{-1}$ kann mit der Basistransformation und die Matrizenmultiplikationen können mit dem Schema von Falk ermittelt werden.

$$y_2 = \begin{bmatrix} 1 & -1 & 0 \\ \tfrac{1}{4} & \tfrac{1}{4} & -\tfrac{1}{4} \\ -\tfrac{1}{2} & \tfrac{1}{2} & \tfrac{1}{2} \end{bmatrix} \cdot \begin{pmatrix} 4990 \\ 4980 \\ 4970 \end{pmatrix} - \begin{pmatrix} 190 \\ 350 \\ 170 \end{pmatrix}$$

$$y_2 = \begin{pmatrix} 10 \\ 1250 \\ 2480 \end{pmatrix} - \begin{pmatrix} 190 \\ 350 \\ 170 \end{pmatrix} = \begin{pmatrix} -180 \\ 900 \\ 2310 \end{pmatrix}$$

Von den Zwischenprodukten Z_2 können 900 ME und von Z_3 2310 ME abgegeben werden. Der Teilbetrieb stellt nicht genügend Zwischenprodukte Z_1 zur Verfügung, so dass weitere 180 ME beschafft werden müssen.

Beispiel 4. 8

In einem Unternehmen werden Halbprodukte (H) eines Teilbetriebes zu Endprodukten (E) verarbeitet. Der (Roh-)Materialverbrauch (R) des Teilbetriebes und der Bedarf an Halbprodukten für die Endfertigung sind der folgenden Tabelle zu entnehmen:

alle Angaben in Mengeneinheiten ME !	Materialverbrauch des Teilbetriebes			Verbrauch an Halbprodukten bei der Endfertigung		
	R_1	R_2	R_3	E_1	E_2	E_3
Halbprodukt H_1	1		1	1		
Halbprodukt H_2	1	1		1	1	
Halbprodukt H_3		1	1		1	1

An Rohmaterial sind die Mengen 800 ME von R_1, 600 ME von R_2 und 520 ME von R_3 vorhanden.

Welche Mengen des Endproduktes (E) können produziert werden, wenn von den Halbprodukten H_1 1, H_2 2 und H_3 5 ME und vom Rohmaterial R_1 10, R_2 20 und R_3 30 ME zusätzlich abgegeben werden sollen?

Die Fertigung wird in drei Stufen $n = 3$ durchgeführt.

Für die Stufen gilt $x_1 = r$, $x_2 = h$ und $x_3 = e$.

Die Übergänge von der ersten zur zweiten bzw. zweiten zur dritten Produktionsstufe werden durch $r = A_{1,2}\, h + y_1$
         und $h = A_{2,3}\, e + y_2$
beschrieben.

Die Vektoren werden aus dem Text und die Verflechtungsmatrizen werden aus der Tabelle abgelesen

$$r = \begin{pmatrix} 800 \\ 600 \\ 520 \end{pmatrix}, \; y_1 = \begin{pmatrix} 10 \\ 20 \\ 30 \end{pmatrix}, \; y_2 = \begin{pmatrix} 1 \\ 2 \\ 5 \end{pmatrix}, \; A_{1,2} = \begin{bmatrix} 1 & 1 & 0 \\ 0 & 1 & 1 \\ 1 & 0 & 1 \end{bmatrix} \text{ und } A_{2,3} = \begin{bmatrix} 1 & 0 & 0 \\ 1 & 1 & 0 \\ 0 & 1 & 1 \end{bmatrix} .$$

Anstelle von **h** in der ersten Gleichung kann die rechte Seite der zweiten Gleichung eingesetzt werden
$$r = A_{1,2}\,(A_{2,3}\, e + y_2) + y_1 .$$

Die oben stehende Gleichung ist nach **e** umzustellen
$$e = (A_{12}\, A_{23})^{-1}\,(r - A_{12}\, y_2 - y_1) .$$

In diese Gleichung sind die Matrizen und Vektoren einzusetzen.

$$\mathbf{e} = \left\{ \begin{bmatrix} 1 & 1 & 0 \\ 0 & 1 & 1 \\ 1 & 0 & 1 \end{bmatrix} \bullet \begin{bmatrix} 1 & 0 & 0 \\ 1 & 1 & 0 \\ 0 & 1 & 1 \end{bmatrix} \right\}^{-1} \left\{ \begin{pmatrix} 800 \\ 600 \\ 520 \end{pmatrix} - \begin{bmatrix} 1 & 1 & 0 \\ 0 & 1 & 1 \\ 1 & 0 & 1 \end{bmatrix} \bullet \begin{pmatrix} 1 \\ 2 \\ 5 \end{pmatrix} - \begin{pmatrix} 10 \\ 20 \\ 30 \end{pmatrix} \right\}$$

Die inverse Matrix $(\mathbf{A}_{1,2}\,\mathbf{A}_{2,3})^{-1}$ kann mit der Basistransformation und die Matrizenmultiplikationen können mit dem Schema von Falk ermittelt werden.

$$\mathbf{e} = \begin{bmatrix} 2 & 1 & 0 \\ 1 & 2 & 1 \\ 1 & 1 & 1 \end{bmatrix}^{-1} \left\{ \begin{pmatrix} 800 \\ 600 \\ 520 \end{pmatrix} - \begin{pmatrix} 3 \\ 7 \\ 6 \end{pmatrix} - \begin{pmatrix} 10 \\ 20 \\ 30 \end{pmatrix} \right\},$$

$$\mathbf{e} = \begin{bmatrix} \tfrac{1}{2} & -\tfrac{1}{2} & \tfrac{1}{2} \\ 0 & 1 & -1 \\ -\tfrac{1}{2} & -\tfrac{1}{2} & \tfrac{3}{2} \end{bmatrix} \bullet \begin{pmatrix} 787 \\ 573 \\ 484 \end{pmatrix} = \begin{pmatrix} 349 \\ 89 \\ 46 \end{pmatrix}$$

Mit dem vorhandenen Rohmaterial können die Endprodukte E_1 mit 349 ME, E_2 mit 89 ME und E_3 mit 46 ME hergestellt werden.

Die Verflechtungsgleichungen werden mit den bekannten Matrizenoperationen bearbeitet und gelöst.
Es können jeweils die unbekannten Vektoren x_1, x_2, x_3 sowie y_1, y_2 und y_3 bestimmt werden, wenn genügend Größen in den Gleichungen bekannt sind.

Die Verflechtungsmatrizen beschreiben indirekt den Prozess der Weiterverarbeitung (Veredlung) der Erzeugnisse der jeweiligen Stufen. Die Art der Verarbeitung, oder besser die Verflechtungsmatrizen, werden als bekannt voraus gesetzt.

4.2.5 Leontief-Modell

Die Verflechtungsmodelle 1. Art aus Abschnitt 2.4 können weiter qualifiziert werden, da bisher nicht berücksichtigt wird, dass das Erzeugnis der Stufe j auch gleichzeitig Ausgangsstoff (Input) derselben Stufe sein kann.

Unter der Annahme $x_j = x_{j+1} = x$ von Eigenverbrauch hergestellter Erzeugnisse verändert sich die Verflechtungsgleichung zu
$$x = B\,x + y \quad \text{oder} \quad y = x - B\,x\,.^1$$

Die Matrix B ist quadratisch, da jedes Erzeugnis der Stufe j auch Ausgangsstoff derselben Stufe sein kann.

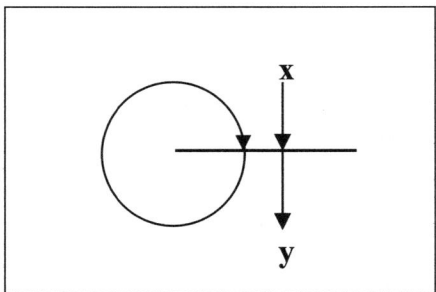

Bild 4.1 Leontief-Modell

Für eine gegebene Erzeugnislieferung y kann der Bedarf x durch Umstellen der Gleichung bestimmt werden, wenn $(E - B)$ nicht singulär ist

$$(4.1) \qquad x = (E - B)^{-1}\,y\,.$$

---

[1] Hierin wird eine nicht negative Lösung x gesucht, wenn alle Elemente von y nicht negativ sind. Die Matrix B besitzt nur nicht negative Elemente, die Summe jeder Spalte ist kleiner oder gleich eins und alle Elemente auf der Hauptdiagonalen sind null. (Solche Gleichungssysteme wurden von Minkowski und Leontief untersucht und auf volkswirtschaftliche Probleme angewendet)

Beispiel 4. 9

Für die Herstellung von vier Produkten A, B, C und D werden diese auch teilweise selbst benötigt. Welche Produkte in welcher Menge für die Herstellung benötigt werden, ist der Tabelle zu entnehmen. Angaben in Mengeneinheiten ME.

		Verbrauch je Erzeugnis			
		A	B	C	D
Input	A	0,2			
	B				
	C	0,2		0,1	
	D	0,2	0,1	0,2	

Welche Mengen der Produkte A, B, C und D müssen verarbeitet werden, um 100 ME von A, 10 ME von B, 20 ME von C und 10 ME des Produktes D ausliefern zu können?

Es entsteht die Matrix $\mathbf{B} = \begin{bmatrix} 0,2 & 0 & 0 & 0 \\ 0 & 0 & 0 & 0 \\ 0,2 & 0 & 0,1 & 0 \\ 0,2 & 0,1 & 0,2 & 0 \end{bmatrix}$ mit

$$(\mathbf{E} - \mathbf{B})^{-1} = \begin{bmatrix} \tfrac{5}{4} & 0 & 0 & 0 \\ 0 & 1 & 0 & 0 \\ \tfrac{5}{18} & 0 & \tfrac{10}{9} & 0 \\ \tfrac{11}{36} & \tfrac{1}{10} & \tfrac{2}{9} & 1 \end{bmatrix}.$$

Das Produkt $(\mathbf{E} - \mathbf{B})^{-1}\,\mathbf{y} = \begin{bmatrix} \tfrac{5}{4} & 0 & 0 & 0 \\ 0 & 1 & 0 & 0 \\ \tfrac{5}{18} & 0 & \tfrac{10}{9} & 0 \\ \tfrac{11}{36} & \tfrac{1}{10} & \tfrac{2}{9} & 1 \end{bmatrix} \begin{bmatrix} 100 \\ 10 \\ 20 \\ 10 \end{bmatrix}$ ergibt $\begin{bmatrix} 125 \\ 10 \\ 50 \\ 46 \end{bmatrix}$.

Um einen Bedarf von 100 ME von A, 10 ME von B, 20 ME von C und 10 ME des Produktes D ausliefern zu können, müssen 125 ME von A, 10 ME von B, 50 ME von C und 46 ME des Produktes D bereitgestellt werden.

Wird in einem Produktionsprozess ein Teil der hergestellten Erzeugnisse selbst verbraucht, kann dieser innerbetriebliche Verbrauch berücksichtigt werden.

In einem mehrstufigen Verflechtungsmodell 1. Art gilt für jeden Übergang von einer Stufe zur nächsten die Gleichung

(4. 2) $\mathbf{x}_j = \mathbf{A}_{j,j+1}\,\mathbf{x}_{j+1} + \mathbf{y}_j$.

Um den Eigenbedarf einer Stufe zu berücksichtigen, muss eine zweite Gleichung $\mathbf{x} = \mathbf{B}\,\mathbf{x} + \mathbf{y}$ in der jeweiligen Stufe berücksichtigt werden.

Hierin sind $\mathbf{x}$ der Input und $\mathbf{y}$ der Output nach dem Leontief-Modell
$\mathbf{x} = (\mathbf{E} - \mathbf{B})^{-1}\,\mathbf{y}$.

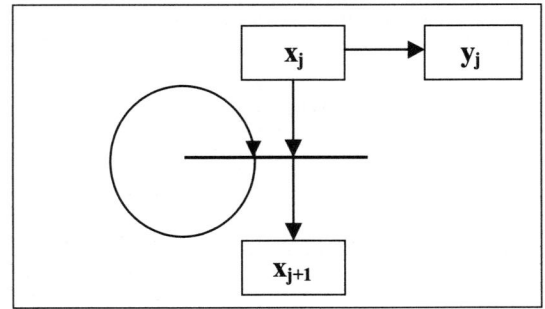

Bild 4.2 Berücksichtigung des Eigenverbrauchs

Es ist in Gleichung (4.2) $\mathbf{x}_{j+1}$ zu ersetzen durch $(\mathbf{E} - \mathbf{B}_{j+1})^{-1}\mathbf{x}_{j+1}$. Bei dieser Korrektur ist der Input $\mathbf{x}$ als $\mathbf{x}_{j+1}$ vor der Korrektur und der Output $\mathbf{y}$ als $\mathbf{x}_{j+1}$ nach der Berücksichtigung des Eigenverbrauchs anzusehen.

Die Verflechtungsgleichung zwischen zwei Stufen j und $j+1$ unter Berücksichtigung von teilweisem Eigenverbrauch der Erzeugnisse $\mathbf{x}_{j+1}$ und Auslieferung von Erzeugnissen $\mathbf{y}_j$ lautet

$$(4.3) \quad \mathbf{x}_j = \mathbf{A}_{j,j+1}\,(\mathbf{E} - \mathbf{B}_{j+1})^{-1}\,\mathbf{x}_{j+1} + \mathbf{y}_j \quad.$$

Der Übergang von Stufe 1 zu Stufe 2 wird durch die Gleichung

$$(4.4) \quad \mathbf{x}_1 = \mathbf{A}_{1,2}\,(\mathbf{E} - \mathbf{B}_2)^{-1}\,\mathbf{x}_2 + \mathbf{y}_1$$

beschrieben. In der Gleichung (4.4) sind $\mathbf{A}_{1,2}$ die Verflechtungsmatrix zwischen der ersten und zweiten Stufe, $\mathbf{B}_2$ die Eigenverbrauchsmatrix für die Erzeugnisse $\mathbf{x}_2$ und $\mathbf{y}_1$ die Auslieferung der unbearbeiteten Erzeugnisse $\mathbf{x}_1$.

Für den Übergang von Stufe 2 zu Stufe 3 ergibt sich $\mathbf{x}_2 = \mathbf{A}_{2,3}\,(\mathbf{E} - \mathbf{B}_3)^{-1}\,\mathbf{x}_3 + \mathbf{y}_2$.

Werden z.B. die Erzeugnisse $\mathbf{x}_3$ nicht für die Herstellung der Erzeugnisse $\mathbf{x}_3$ selbst benötigt, ergibt sich die Eigenverbrauchsmatrix $\mathbf{B}_3$ als Nullmatrix $\mathbf{0}$. Die Inverse der Einheitsmatrix ergibt wieder die Einheitsmatrix und kann weggelassen werden, was zur Verflechtungsgleichung ohne Eigenverbrauch $\mathbf{x}_2 = \mathbf{A}_{2,3}\,\mathbf{x}_3 + \mathbf{y}_2$ führt.

Beispiel 4. 10
In einem Unternehmen werden Zwischenprodukte (Z) eines Teilbetriebes zu Finalprodukten (F) verarbeitet. Der Ausgangsmaterialverbrauch (A) des Teilbetriebes
und der Bedarf an Zwischenprodukten für die Endfertigung sind der folgenden Tabelle zu entnehmen:

alle Angaben in Men-geneinheiten ME !	Materialverbrauch des Teilbetriebes			Verbrauch an Zwischenprodukten bei der Endfertigung			
	A_1	A_2	A_3	F_1	F_2	F_3	F_4
Zwischenprodukt Z_1	1		2	2			
Zwischenprodukt Z_2	2	3		1	2		
Zwischenprodukt Z_3			4		1	3	1
Zwischenprodukt Z_4	1	1				2	3

Zur Herstellung einer Einheit des Zwischenproduktes Z_1 werden 0,5 ME des Zwischenproduktes Z_1 und 0,1 ME des Zwischenproduktes Z_3 benötigt. Zur Herstellung einer Einheit des Zwischenproduktes Z_3 werden 0,1 ME des Zwischenproduktes Z_4 benötigt. Weiter werden 0,1 ME des Finalproduktes F_3 benötigt, um eine
Einheit des Finalproduktes F_1 herzustellen.

Wie groß ist der Bedarf an Ausgangsmaterial (A) für Herstellung der Finalprodukte
(F) von 20 ME von F_1, 5 ME von F_2, 7 ME von F_3 und 9 ME von F_4, wenn sowohl das Ausgangsmaterial 2 ME von A_1, 3 ME von A_2 und 4 ME von A_3 als auch
Zwischenprodukte 10 ME von Z_1, 4 ME von Z_2, 9 ME von Z_3 und 7 ME von Z_4
zum Verkauf bereitgestellt werden?

Aus dem Text können die Vektoren $\mathbf{y}_1 = \begin{pmatrix} 2 \\ 3 \\ 4 \end{pmatrix}$, $\mathbf{y}_2 = \begin{pmatrix} 10 \\ 4 \\ 9 \\ 7 \end{pmatrix}$ und $\mathbf{x}_3 = \begin{pmatrix} 20 \\ 5 \\ 7 \\ 9 \end{pmatrix}$

sowie die Matrizen $\mathbf{A}_{1,2} = \begin{bmatrix} 1 & 2 & 0 & 1 \\ 0 & 3 & 0 & 1 \\ 2 & 0 & 4 & 0 \end{bmatrix}$, $\mathbf{A}_{2,3} = \begin{bmatrix} 2 & 0 & 0 & 0 \\ 1 & 2 & 0 & 0 \\ 0 & 1 & 3 & 1 \\ 0 & 0 & 2 & 3 \end{bmatrix}$,

$\mathbf{B}_2 = \begin{bmatrix} 0,5 & 0 & 0 & 0 \\ 0 & 0 & 0 & 0 \\ 0,1 & 0 & 0 & 0 \\ 0 & 0 & 0,1 & 0 \end{bmatrix}$ und $\mathbf{B}_3 = \begin{bmatrix} 0 & 0 & 0 & 0 \\ 0 & 0 & 0 & 0 \\ 0,1 & 0 & 0 & 0 \\ 0 & 0 & 0 & 0 \end{bmatrix}$ hergeleitet werden.

Zunächst kann x_2 durch Einsetzen der aktuellen Matrizen und Vektoren in die Gleichung (4.3) für $j = 2$ bestimmt werden

$$x_2 = A_{2,3} (E - B_3)^{-1} x_3 + y_2$$

$$= \begin{bmatrix} 2 & 0 & 0 & 0 \\ 1 & 2 & 0 & 0 \\ 0 & 1 & 3 & 1 \\ 0 & 0 & 2 & 3 \end{bmatrix} \begin{bmatrix} 1 & 0 & 0 & 0 \\ 0 & 1 & 0 & 0 \\ -0,1 & 0 & 1 & 0 \\ 0 & 0 & 0 & 1 \end{bmatrix}^{-1} \begin{pmatrix} 20 \\ 5 \\ 7 \\ 9 \end{pmatrix} + \begin{pmatrix} 10 \\ 4 \\ 9 \\ 7 \end{pmatrix} = \begin{pmatrix} 50 \\ 34 \\ 50 \\ 52 \end{pmatrix} .$$

Die inverse Matrix $(E - B_3)^{-1}$ wird mit der Basistransformation bestimmt, und die Multiplikationen werden mit dem Schema von Falk ausgeführt.

Die Teillösung x_2 wird wieder in die Gleichung (4.4) eingesetzt und mit den übrigen Matrizen und Vektoren verknüpft

$$x_1 = A_{1,2} (E - B_2)^{-1} x_2 + y_1$$

$$= \begin{bmatrix} 1 & 2 & 0 & 1 \\ 0 & 3 & 0 & 1 \\ 2 & 0 & 4 & 0 \end{bmatrix} \begin{bmatrix} 0,5 & 0 & 0 & 0 \\ 0 & 1 & 0 & 0 \\ -0,1 & 0 & 1 & 0 \\ 0 & 0 & -0,1 & 1 \end{bmatrix}^{-1} \begin{pmatrix} 50 \\ 34 \\ 50 \\ 52 \end{pmatrix} + \begin{pmatrix} 2 \\ 3 \\ 4 \end{pmatrix} = \begin{pmatrix} 228 \\ 163 \\ 444 \end{pmatrix} .$$

Für das oben beschriebene Produktionsprogramm werden 228 ME des Ausgangsmaterials A_1, 163 ME von A_2 sowie 444 ME von A_3 benötigt.

Aus der Verflechtungsgleichung (4.3) können weitere Varianten abgeleitet werden. Es soll vorausgesetzt werden, dass alle Operationen möglich sind.
Aus Gründen der Übersichtlichkeit sollen am Beispiel einer dreistufigen Produktion weitere Gedanken vorgestellt werden.
Es gelten für $j = 1$ $x_1 = A_{1,2} (E - B_2)^{-1} x_2 + y_1$
und für $j = 2$ $x_2 = A_{2,3} (E - B_3)^{-1} x_3 + y_2$.

Der Gesamtvorgang wird durch

(4. 5) $x_1 = A_{1,2} (E - B_2)^{-1} (A_{2,3} (E - B_3)^{-1} x_3 + y_2) + y_1$

beschrieben.

Im Beispiel 4.9 wird der Bedarf an Ausgangsmaterial für ein Produktionsprogramm ermittelt.

Es lässt sich aber auch für eine gegebene Menge an Ausgangsmaterial bestimmen, ob sie ausreicht für ein beabsichtigtes Produktionsprogramm oder nicht. Durch Umstellen der Gleichung (4.5) nach y_1 entsteht

$$(4.6) \quad y_1 = x_1 - A_{1,2} (E - B_2)^{-1} (A_{2,3} (E - B_3)^{-1} x_3 + y_2) \ .$$

Der mögliche Verkauf an Ausgangsmaterial y_1 kann berechnet werden, wenn alle Größen auf der rechten Seite in (4.6) bekannt und alle Operationen möglich sind. Weiter lässt sich die zusätzliche Abgabe der Zwischenprodukte y_2 ermitteln, wenn alle anderen Matrizen und Vektoren bekannt sind.

Durch Umstellen von

$$x_1 = A_{1,2} (E - B_2)^{-1} (A_{2,3} (E - B_3)^{-1} x_3 + y_2) + y_1$$

$$(E - B_2) A_{1,2}^{-1} [x_1 - y_1] = A_{2,3} (E - B_3)^{-1} x_3 + y_2$$

entsteht

$$(4.7) \quad y_2 = (E - B_2) A_{1,2}^{-1} [x_1 - y_1] - A_{2,3} (E - B_3)^{-1} x_3 \ .$$

Beispiel 4.11

In einem Unternehmen werden Zwischenprodukte (Z) eines Teilbetriebes zu Endprodukten (E) verarbeitet. Die Rohstoffe (R) des Teilbetriebes und der Bedarf an Zwischenprodukten für die Endfertigung sind der folgenden Tabelle zu entnehmen:

alle Angaben in Mengeneinheiten ME !	Rohstoffverbrauch des Teilbetriebes			Verbrauch an Zwischenprodukten bei der Endfertigung	
	R_1	R_2	R_3	E_1	E_2
Zwischenprodukt Z_1	3	3	1	5	8
Zwischenprodukt Z_2		3	2		2
Zwischenprodukt Z_3	2	2		2	1

Zur Herstellung einer Einheit des Zwischenproduktes Z_1 werden 0,1 ME des Zwischenproduktes Z_3 selbst verbraucht.

Welche Zwischenprodukte Z können bei der Endfertigung (E) von 30 ME von E_1 und 20 ME von E_2 abgegeben werden, wenn vorhandenes Rohmaterial 1200 ME von R_1, 1400 ME von R_2 und 400 ME von R_3 sowohl für die Fertigung als auch das Rohmaterial R_1 12, R_2 98 und R_3 4 ME zur Abgabe bereitgestellt werden?

Aus dem Text werden folgende Matrizen und Vektoren abgeleitet

$$A_{1,2} = \begin{bmatrix} 3 & 0 & 2 \\ 3 & 3 & 2 \\ 1 & 2 & 0 \end{bmatrix}, \ A_{2,3} = \begin{bmatrix} 5 & 8 \\ 0 & 2 \\ 2 & 1 \end{bmatrix}, \ B_2 = \begin{bmatrix} 0 & 0 & 0 \\ 0 & 0 & 0 \\ 0{,}1 & 0 & 0 \end{bmatrix}, \ x_1 = \begin{pmatrix} 1200 \\ 1400 \\ 400 \end{pmatrix}, \ y_1 = \begin{pmatrix} 12 \\ 98 \\ 4 \end{pmatrix},$$

$$x_3 = \begin{pmatrix} 30 \\ 20 \end{pmatrix}.$$

Mit der Gleichung (4.7) und $B_3 = 0$ kann die Menge der Zwischenprodukte, die nicht für die Endfertigung benötigt werden, ermittelt werden

$$y_2 = (E - B_2) \ A_{1,2}^{-1} \ [x_1 - y_1] - A_{2,3} \ (E - B_3)^{-1} \ x_3 \, .$$

Die Differenz aus den vom Teilbetrieb zur Verfügung gestellten Zwischenprodukten und den für die Endfertigung benötigten Zwischenprodukten ergibt die Menge der Zwischenprodukte, die abgegeben werden können.

Nach Einsetzen der Matrizen und Ausführen aller Operationen ergibt sich

$$= \begin{bmatrix} 1 & 0 & 0 \\ 0 & 1 & 0 \\ -0{,}1 & 0 & 1 \end{bmatrix} \begin{bmatrix} 3 & 0 & 2 \\ 3 & 3 & 2 \\ 1 & 2 & 0 \end{bmatrix}^{-1} \left[\begin{pmatrix} 1200 \\ 1400 \\ 400 \end{pmatrix} - \begin{pmatrix} 12 \\ 98 \\ 4 \end{pmatrix} \right] - \begin{bmatrix} 5 & 8 \\ 0 & 2 \\ 2 & 1 \end{bmatrix} \begin{pmatrix} 30 \\ 20 \end{pmatrix}$$

$$= \begin{bmatrix} \tfrac{2}{3} & -\tfrac{2}{3} & 1 \\ -\tfrac{1}{3} & \tfrac{1}{3} & 0 \\ -\tfrac{17}{30} & \tfrac{16}{15} & -\tfrac{8}{5} \end{bmatrix} \begin{pmatrix} 1188 \\ 1302 \\ 396 \end{pmatrix} - \begin{pmatrix} 310 \\ 40 \\ 80 \end{pmatrix} = \begin{pmatrix} 320 \\ 38 \\ 82 \end{pmatrix} - \begin{pmatrix} 310 \\ 40 \\ 80 \end{pmatrix} = \begin{pmatrix} 10 \\ -2 \\ 2 \end{pmatrix}$$

Von dem Zwischenprodukt Z_1 können 10 ME und vom dem Zwischenprodukt Z_3 können 2 ME für den Verkauf abgegeben werden. Von dem Zwischenprodukt Z_2 müssen 2 ME zusätzlich beschafft werden, da nicht genügend vom Teilbetrieb hergestellt werden können.

4.2.6 Volkswirtschaftliche Verflechtung

Zur besseren Verständlichkeit werden nur drei Zweige der Volkswirtschaft herausgegriffen und die Beziehungen untereinander erläutert. Die drei Zweige P_i, P_j und P_k beliefern sich untereinander, verbrauchen einen Teil ihrer Produktion selbst und stellen ihre Produkte teilweise für den Endverbrauch bereit.

Zunächst sei angenommen, dass nur eine Belieferung der Zweige untereinander vorgenommen wird. Die Größe m_{ik} beschreibt den Bedarf des Zweiges k an Produkten des Zweiges i um eine Einheit zu produzieren. Folgerichtig gibt z.B. m_{ii} den Eigenverbrauch des Zweiges i für die Produktion einer Einheit an.

Der Bedarf der beteiligten Zweige P_i, P_j und P_k wird durch Bild 4. 1 veranschaulicht. Alle produzierten Mengen x_i, x_j und x_k erfüllen die Nichtnegativitätsbedingung $x_i, x_j, x_k \geq 0$

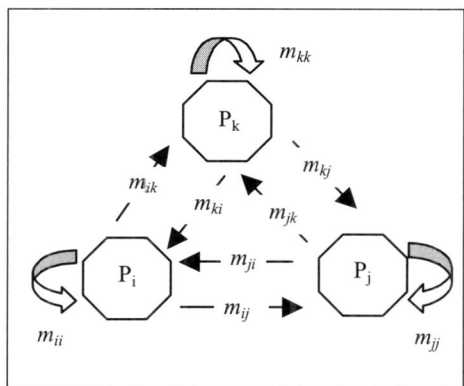

Bild 4. 1 Volkswirtschaftliche Verflechtung

Die Bedarfsermittlung erfolgt entgegen der Pfeilrichtung. Aus den Lieferströmen kann in dem geschlossenen System ein lineares Gleichungssystem aufgestellt werden

$$
\begin{aligned}
x_i &= m_{ii}x_i &+ m_{ij}x_j &+ m_{ik}x_k \\
(4.8) \quad x_j &= m_{ji}x_i &+ m_{jj}x_j &+ m_{jk}x_k \,. \\
x_k &= m_{ki}x_i &+ m_{kj}x_j &+ m_{kk}x_k
\end{aligned}
$$

Jede Gleichung stellt eine Bilanz zwischen Aufkommen und Verwendung der Produkte des Zweiges dar. Das Gleichungssystem (4. 8) kann als lineares homogenes Gleichungssystem gelöst werden und besitzt eine nicht triviale Lösung, wenn der Freiheitsgrad größer als null ist

$$
\begin{array}{llll}
(1-m_{ii})x_i & -m_{ij}x_j & -m_{ik}x_k & = 0 \\
-m_{ji}x_i & +(1-m_{jj})x_j & -m_{jk}x_k & = 0 \\
-m_{ki}x_i & -m_{kj}x_j & +(1-m_{kk})x_k & = 0
\end{array}
\tag{4.9}
$$

oder

$$
\left(\mathbf{E}-\mathbf{M}\right)\mathbf{x}=\mathbf{o}\,.
$$

Eine Auslieferung an andere Abnehmer erweitert das geschlossene System um die Endnachfrage P_e. Alle Abnehmer werden zu der Endnachfrage P_e zusammen gefasst.

Die Bedarfsermittlung aus Bild 4. 2 führt auf ein lineares Gleichungssystem von drei Gleichungen mit vier Unbekannten.

$$
\begin{array}{lllll}
x_i & = & m_{ii}x_i & +m_{ij}x_j & +m_{ik}x_k +m_{ie}x_e \\
x_j & = & m_{ji}x_i & +m_{jj}x_j & +m_{jk}x_k +m_{je}x_e \\
x_k & = & m_{ki}x_i & +m_{kj}x_j & +m_{kk}x_k +m_{ke}x_e
\end{array}
\tag{4.10}
$$

oder

$$
\begin{array}{llll}
(1-m_{ii})x_i & -m_{ij}x_j & -m_{ik}x_k & = y_i \\
-m_{ji}x_i & +(1-m_{jj})x_j & -m_{jk}x_k & = y_j \\
-m_{ki}x_i & -m_{kj}x_j & +(1-m_{kk})x_k & = y_k
\end{array}\,.
\tag{4.11}
$$

In Gleichung (4.11) wurden $y_i = m_{ie} x_e$, $y_j = m_{je} x_e$ und $y_k = m_{ke} x_e$ eingeführt.

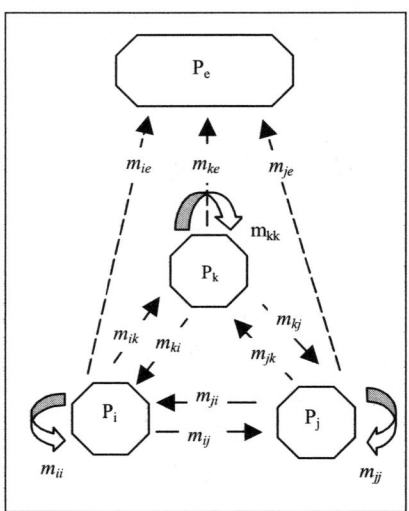

Bild 4. 2 Volkswirtschaftliche Verflechtung mit Endnachfrage P_e

Unter der Annahme, dass der Endbedarf **y** bekannt ist, ergibt sich ein lineares inhomogenes Gleichungssystem der Form $(E - M)x = y$. Dieses Gleichungssystem besitzt immer genau eine Lösung. Sind alle Koeffizienten von **y** größer oder gleich null so sind auch alle Koeffizienten von **x** größer oder gleich null.

Beispiel 4. 12

Stark vereinfachend werden drei Zweige der Volkswirtschaft betrachtet, die keine Beziehungen zu anderen Zweigen haben sollen. Für eine bestimmte Periode (z.B. ein Jahr) besteht der Bedarf von $y^T = (950 \quad 200 \quad 150)$.

Die Direktverbrauchsmatrix **M** wurde als $M = \begin{bmatrix} \frac{1}{5} & \frac{1}{5} & \frac{3}{10} \\ \frac{1}{10} & \frac{3}{10} & \frac{1}{5} \\ \frac{2}{5} & \frac{1}{4} & \frac{1}{5} \end{bmatrix}$ ermittelt.

Welche Mengen **x** müssen produziert werden, um die Nachfrage zu befriedigen?

Es ist das lineare Gleichungssystem $(E - M) x = y$

$$\begin{pmatrix} \frac{4}{5} & -\frac{1}{5} & -\frac{3}{10} \\ -\frac{1}{10} & \frac{7}{10} & -\frac{1}{5} \\ -\frac{2}{5} & -\frac{1}{4} & \frac{4}{5} \end{pmatrix} \begin{pmatrix} x_1 \\ x_2 \\ x_3 \end{pmatrix} = \begin{pmatrix} 950 \\ 200 \\ 150 \end{pmatrix} \text{ zu lösen.}$$

x_1	x_2	x_3	y
$\frac{4}{5}$	$-\frac{1}{5}$	$-\frac{3}{10}$	950
$-\frac{1}{10}$	$\frac{7}{10}$	$-\frac{1}{5}$	200
$-\frac{2}{5}$	$-\frac{1}{4}$	$\frac{4}{5}$	150
1	$-\frac{1}{4}$	$-\frac{3}{8}$	$1187\frac{1}{2}$
0	$\frac{27}{40}$	$-\frac{19}{80}$	$318\frac{3}{4}$
0	$-\frac{7}{20}$	$\frac{13}{20}$	625
1	0	$-\frac{25}{54}$	$1305\frac{5}{9}$
0	1	$-\frac{19}{54}$	$472\frac{2}{9}$
0	0	$\frac{569}{1080}$	$790\frac{5}{18}$
1	0	0	2.000
0	1	0	1.000
0	0	1	1.500

Für den gegebenen Endverbrauch **y** ergeben sich die Produktionsmengen

$x^T = (2.000 \quad 1.000 \quad 1.500)$

4.3   Eigenwerte von Matrizen

Die Matrizengleichung $\mathbf{A}\,\mathbf{x} = \lambda\,\mathbf{B}\,\mathbf{x}$ beschreibt ein Eigenwertproblem, das auf die Form $\mathbf{M}\,\mathbf{x} = \lambda\,\mathbf{x}$ oder $(\mathbf{M} - \lambda\,\mathbf{E})\,\mathbf{x} = \mathbf{o}$ gebracht werden kann. Welche λ und welche $\mathbf{x}$ erfüllen diese Gleichung?

Definition

Die Gleichung $\det(\mathbf{M} - \lambda\,\mathbf{E}) = 0$ heißt charakteristische Gleichung der Matrix $\mathbf{M}$. Hierin ist $\mathbf{M}$ eine quadratische Matrix und λ eine Unbekannte.

Beispiel 4. 13

Wie heißt die charakteristische Gleichung der Matrix $\mathbf{M} = \begin{pmatrix} 1 & 2 \\ 3 & 4 \end{pmatrix}$?

$$\mathbf{M} - \lambda\,\mathbf{E} = \begin{pmatrix} 1 & 2 \\ 3 & 4 \end{pmatrix} - \lambda \begin{pmatrix} 1 & 0 \\ 0 & 1 \end{pmatrix} = \begin{pmatrix} 1-\lambda & 2 \\ 3 & 4-\lambda \end{pmatrix}$$

$$\det(\mathbf{M} - \lambda\,\mathbf{E}) = \begin{vmatrix} 1-\lambda & 2 \\ 3 & 4-\lambda \end{vmatrix} = (1-\lambda)(4-\lambda) - 6 = \lambda^2 - 5\lambda - 2.$$

Die charakteristische Gleichung heißt $\lambda^2 - 5\lambda - 2 = 0$.

Definition

Die Eigenwerte der Matrix $\mathbf{M}$ sind die Lösungen der charakteristischen Gleichung

$$\det(\mathbf{M} - \lambda\,\mathbf{E}) = 0.$$

Es kann gezeigt werden, dass sämtliche Eigenwerte reell sind, wenn symmetrische Matrizen $\mathbf{M}$ mit reellen Elementen m_{ik} angenommen werden.

Beispiel 4. 14

Wie heißen die Eigenwerte der Matrix $\mathbf{M} = \begin{pmatrix} 1 & 2 \\ 4 & 3 \end{pmatrix}$?

$$\det(\mathbf{M} - \lambda\,\mathbf{E}) = \begin{vmatrix} 1-\lambda & 2 \\ 4 & 3-\lambda \end{vmatrix} = (1-\lambda)(3-\lambda) - 8 = \lambda^2 - 4\lambda - 5.$$

Die Lösungen der charakteristischen Gleichung $\lambda^2 - 4\lambda - 5 = 0$ ergeben $\lambda_1 = 5$ und $\lambda_2 = -1$ als Eigenwerte der Matrix $\mathbf{M}$.

Eine quadratische Matrix M n-ter Ordnung besitzt n Eigenwerte, die jedoch auch mehrfach auftreten können. Wird ein Eigenwert λ_i in die Gleichung $(M - \lambda_i E)\, x = o$ eingesetzt, entsteht ein homogenes Gleichungssystem, das nicht triviale Lösungen besitzt, wenn $(M - \lambda_i E)$ singulär ist.

Definition

Ist λ_i ein Eigenwert der Matrix M, so nennt man die Vektoren $x \neq o$, die die Gleichung $M\, x = \lambda_i\, x$ erfüllen, die zum Eigenwert λ_i gehörenden Eigenvektoren der Matrix M.

Es gibt nur nicht triviale Eigenvektoren $x \neq o$, wenn der Freiheitsgrad des homogenen Gleichungssystems für einen bestimmten Eigenwert λ_i größer als 0 ist. Daraus folgt aber weiter, dass alle Eigenvektoren einen frei wählbaren Parameter enthalten.

Da es unendlich viele solcher linear abhängigen Eigenvektoren x zu einem Eigenwert λ_i gibt, ist es üblich, die Eigenvektoren als Einheitsvektoren mit dem Betrag 1 anzugeben, oder aber den frei wählbaren Parameter 1 zu setzen. Die Normierung eines beliebigen Vektors x_i zu einem Einheitsvektor x_i^o wird in Abschnitt 2.2 beschrieben.

Beispiel 4. 15

Wie heißen die Eigenvektoren der Matrix $M = \begin{pmatrix} 1 & 2 \\ 4 & 3 \end{pmatrix}$?

Die Eigenwerte der Matrix M sind $\lambda_1 = 5$ und $\lambda_2 = -1$.

Zunächst wird der Eigenwert $\lambda_1 = 5$ in die Gleichung $(M - \lambda_i E)\, x = o$ eingesetzt. Es entsteht $\left[\begin{pmatrix} 1 & 2 \\ 4 & 3 \end{pmatrix} - 5 \begin{pmatrix} 1 & 0 \\ 0 & 1 \end{pmatrix} \right] \begin{pmatrix} x_{11} \\ x_{12} \end{pmatrix} = \begin{pmatrix} 0 \\ 0 \end{pmatrix}$.

	x_{11}	x_{12}	o	s
	-4	2	0	-2
	4	-2	0	2
x_{11}	1	$-\frac{1}{2}$	0	$\frac{1}{2}$
	0	0	0	0
	$\frac{1}{2}$	1		

Als Lösung ergibt sich der Eigenvektor $x_1 = t \begin{pmatrix} \frac{1}{2} \\ 1 \end{pmatrix}$ oder der Eigenvektor als Ein-

heitsvektor $x_1^{o} = \dfrac{1}{|x_1|} x_1 = \begin{pmatrix} \dfrac{1}{\sqrt{5}} \\ \dfrac{2}{\sqrt{5}} \end{pmatrix}$.

Wird der Eigenwert $\lambda_2 = -1$ in die Gleichung $(M - \lambda_i E)\,x = o$ eingesetzt, entsteht $\left[\begin{pmatrix} 1 & 2 \\ 4 & 3 \end{pmatrix} + 1 \begin{pmatrix} 1 & 0 \\ 0 & 1 \end{pmatrix} \right] \begin{pmatrix} x_{21} \\ x_{22} \end{pmatrix} = \begin{pmatrix} 0 \\ 0 \end{pmatrix}$.

	x_{21}	x_{22}	o	s
	2	2	0	4
	4	4	0	8
x_{21}	1	1	0	2
	0	0	0	0
	−1	1		

Als Lösung ergibt sich der Eigenvektor $x_2 = t \begin{pmatrix} -1 \\ 1 \end{pmatrix}$ oder der Eigenvektor als Ein-

heitsvektor $x_2^{o} = \begin{pmatrix} \dfrac{-1}{\sqrt{2}} \\ \dfrac{1}{\sqrt{2}} \end{pmatrix}$.

Wie viele linear unabhängige Eigenvektoren besitzt eine Matrix M ?

Satz 4. 1

Zu einem Eigenwert λ der Matrix M gehören $n - rg(M - \lambda E)$ Eigenvektoren.

Zu jedem einfachen Eigenwert existiert genau ein Eigenvektor. Tritt ein Eigenwert mehrfach auf, können maximal so viele unabhängige Eigenvektoren existieren, wie die Vielfachheit des Eigenwertes angibt.

Satz 4. 2

Zu den voneinander verschiedenen Eigenwerten λ_i $(i = 1, 2, \ldots, m \le n)$ einer Matrix M vom Typ (n, n) gehören m linear unabhängige Eigenvektoren x_i .

Eine Matrix $\mathbf{M}$ vom Typ (n, n) mit n einfachen Eigenwerten λ_i $(i = 1, 2, \ldots, n)$ besitzt n linear unabhängige Eigenvektoren.

Beispiel 4. 16

Man bestimme die Eigenwerte und Eigenvektoren der Matrix $\mathbf{M} = \begin{pmatrix} 2 & 1 & 0 \\ 1 & 2 & 1 \\ 0 & 1 & 2 \end{pmatrix}$?

Die charakteristische Gleichung heißt

$$\det(\mathbf{M} - \lambda\,\mathbf{E}) = \begin{vmatrix} 2-\lambda & 1 & 0 \\ 1 & 2-\lambda & 1 \\ 0 & 1 & 2-\lambda \end{vmatrix} = 0 = \lambda^3 - 6\lambda^2 + 10\lambda - 4 = 0 \ .$$

Die Lösungen der charakteristischen Gleichung sind $\lambda_1 = 2$, $\lambda_2 = 2 + \sqrt{2}$ und $\lambda_3 = 2 - \sqrt{2}$ alle voneinander verschieden.

Für den Eigenwert $\lambda_1 = 2$ ergibt sich das homogene Gleichungssystem

$$\begin{pmatrix} 0 & 1 & 0 \\ 1 & 0 & 1 \\ 0 & 1 & 0 \end{pmatrix} \begin{pmatrix} x_{11} \\ x_{12} \\ x_{13} \end{pmatrix} = \begin{pmatrix} 0 \\ 0 \\ 0 \end{pmatrix} .$$

Ein Eigenvektor $\mathbf{x}$ als Lösung dieses Systems lässt sich leicht finden. Hierzu verwendet man das Schema der Basistransformation. Wird die erste Gleichung gestrichen, da sie mit der letzten übereinstimmt, kann die Lösung unmittelbar abgelesen werden.

0	1	0	0
1	0	1	0
0	1	0	0
-1	0	1	

Der Eigenvektor ist $\mathbf{x}_1 = \begin{pmatrix} -1 \\ 0 \\ 1 \end{pmatrix} t$ oder $\mathbf{x}_1{}^0 = \begin{pmatrix} -\dfrac{1}{\sqrt{2}} \\ 0 \\ \dfrac{1}{\sqrt{2}} \end{pmatrix}$.

Für den Eigenwert $\lambda_2 = 2 + \sqrt{2}$ ergibt sich das homogene Gleichungssystem

$$\begin{pmatrix} -\sqrt{2} & 1 & 0 \\ 1 & -\sqrt{2} & 1 \\ 0 & 1 & -\sqrt{2} \end{pmatrix} \begin{pmatrix} x_{21} \\ x_{22} \\ x_{23} \end{pmatrix} = \begin{pmatrix} 0 \\ 0 \\ 0 \end{pmatrix} .$$

Ein Eigenvektor **x** als Lösung dieses Systems lässt sich mit dem Schema der Basistransformation finden.

$-\sqrt{2}$	1	0	0
1	$-\sqrt{2}$	1	0
0	1	$-\sqrt{2}$	0
0	-1	$\sqrt{2}$	0
1	$-\sqrt{2}$	1	0
0	**1**	$-\sqrt{2}$	0
0	0	0	0
1	0	-1	0
0	1	$-\sqrt{2}$	0
1	$\sqrt{2}$	1	

Der Eigenvektor ist $\mathbf{x}_2 = \begin{pmatrix} 1 \\ \sqrt{2} \\ 1 \end{pmatrix} t$ oder als Einheitsvektor $\mathbf{x}_2{}^0 = \begin{pmatrix} \frac{1}{2} \\ \frac{1}{\sqrt{2}} \\ \frac{1}{2} \end{pmatrix}$.

Für den Eigenwert $\lambda_3 = 2 - \sqrt{2}$ ergibt sich das homogene Gleichungssystem

$$\begin{pmatrix} \sqrt{2} & 1 & 0 \\ 1 & \sqrt{2} & 1 \\ 0 & 1 & \sqrt{2} \end{pmatrix} \begin{pmatrix} x_{31} \\ x_{32} \\ x_{33} \end{pmatrix} = \begin{pmatrix} 0 \\ 0 \\ 0 \end{pmatrix}$$ mit einem Eigenvektor $\mathbf{x}_3 = \begin{pmatrix} 1 \\ -\sqrt{2} \\ 1 \end{pmatrix} t$ oder als Ein-

heitsvektor $\mathbf{x}_3{}^0 = \begin{pmatrix} \frac{1}{2} \\ -\frac{1}{\sqrt{2}} \\ \frac{1}{2} \end{pmatrix}$.

Diese drei Eigenvektoren sind linear unabhängig, da die Determinante

$$\begin{vmatrix} -1 & 1 & 1 \\ 0 & \sqrt{2} & -\sqrt{2} \\ 1 & 1 & 1 \end{vmatrix} = \begin{vmatrix} -1 & 1 & 1 \\ 0 & \sqrt{2} & -\sqrt{2} \\ 0 & 2 & 2 \end{vmatrix} = 2\sqrt{2} \begin{vmatrix} -1 & 1 & 1 \\ 0 & 1 & -1 \\ 0 & 1 & 1 \end{vmatrix} = -2\sqrt{2} \begin{vmatrix} 1 & -1 \\ 1 & 1 \end{vmatrix} =$$

$-4\sqrt{2} \neq 0$ ist.

4.4 Quadratische Form und Definitheit

Von besonderem Interesse sind Matrizen mit reellen Elementen. Ausgangspunkt der folgenden Betrachtungen ist eine quadratische Matrix A vom Typ (n, r) mit reellen Elementen a_{ik} und ein mit dieser Matrix verketteter Spaltenvektor x der Ordnung n mit reellen Koeffizienten x_i.

Definition

Das Produkt $q(x) = x^T A x$ der konstanten symmetrischen Matrix A mit den Vektoren $x^T = (x_1, \cdots x_n)$ und x heißt quadratische Form der Matrix A.

$$(x_1 \quad \cdots \quad x_n) \begin{pmatrix} a_{11} & \cdots & a_{1n} \\ \vdots & \ddots & \vdots \\ a_{n1} & \cdots & a_{nn} \end{pmatrix} \begin{pmatrix} x_1 \\ \vdots \\ x_n \end{pmatrix} = (a_{11}x_1 + \ldots + a_{1n}x_n)x_1$$

$$+ (a_{21}x_1 + \ldots + a_{2n}x_n)x_2$$

$$\vdots$$

$$+ (a_{n1}x_1 + \ldots + a_{nn}x_n)x_n$$

$$= \sum_{j=1}^{n} a_{jj}x_j^2 + \sum_{j<k, \forall j,k} 2a_{jk}x_j x_k$$

Beispiel 4. 17

Die quadratische Form zur Matrix $\begin{pmatrix} 4 & 3 \\ 3 & 5 \end{pmatrix}$ ist

$$q(x) = (x_1 \quad x_2) \begin{pmatrix} 4 & 3 \\ 3 & 5 \end{pmatrix} \begin{pmatrix} x_1 \\ x_2 \end{pmatrix} = 4x_1^2 + 2 \cdot 3x_1 x_2 + 5x_2^2 \; .$$

Definition

Die Matrix A oder die quadratische Form $q(x) = x^T A x$ heißt
   positiv definit, wenn $x^T A x > 0$ für alle $x \neq o$,
   positiv semidefinit, wenn $x^T A x \geq 0$ für alle x.

Beispiel 4. 18

Die Matrix $\begin{pmatrix} 1 & 0 \\ 0 & 2 \end{pmatrix}$ ist positiv definit, da $(x_1 \quad x_2) \begin{pmatrix} 1 & 0 \\ 0 & 2 \end{pmatrix} \begin{pmatrix} x_1 \\ x_2 \end{pmatrix} = x_1^2 + 2x_2^2 > 0$

für alle $x \neq o$ ist.

Der Ausdruck $x_1^2 + 2x_2^2$ ist nur gleich null, wenn $x_1 = x_2 = 0$ und kann nicht kleiner als 0 werden.

Die Matrix $\begin{pmatrix} 1 & 2 \\ 2 & 4 \end{pmatrix}$ ist positiv semidefinit, da $(x_1 \quad x_2)\begin{pmatrix} 1 & 2 \\ 2 & 4 \end{pmatrix}\begin{pmatrix} x_1 \\ x_2 \end{pmatrix} =$

$x_1^2 + 4x_1 x_2 + 4x_2^2 = (x_1 + 2x_2)^2 \geq 0$ für beliebige $\mathbf{x}$ ist.

Der Ausdruck $(x_1 + 2x_2)^2$ ist gleich null, wenn $x_1 = -2x_2$, kann aber nicht kleiner als 0 werden.

Jede positiv definite Matrix ist auch gleichzeitig positiv semidefinit; die Umkehrung gilt jedoch nicht.

Satz 4. 3

Die Matrix $\mathbf{A}$ oder die quadratische Form $\mathbf{x}^T \mathbf{A} \mathbf{x}$ ist dann und nur dann positiv definit, wenn alle Hauptabschnittsdeterminanten

$$|a_{11}|, \quad \begin{vmatrix} a_{11} & a_{12} \\ a_{21} & a_{22} \end{vmatrix}, \quad \begin{vmatrix} a_{11} & a_{12} & a_{13} \\ a_{21} & a_{22} & a_{23} \\ a_{31} & a_{32} & a_{33} \end{vmatrix}, \dots, \quad \begin{vmatrix} a_{11} & \cdots & a_{1n} \\ \vdots & \ddots & \vdots \\ a_{n1} & \cdots & a_{nn} \end{vmatrix}$$

positiv sind.

Beispiel 4. 19

Die Matrix $\begin{pmatrix} 1 & 0 \\ 0 & 2 \end{pmatrix}$ ist positiv definit, da $|1| = 1 > 0$ und $\begin{vmatrix} 1 & 0 \\ 0 & 2 \end{vmatrix} = 2 > 0$ sind.

Die Matrix $\begin{pmatrix} 1 & 2 \\ 2 & 4 \end{pmatrix}$ ist positiv semidefinit, da $|1| = 1 > 0$ und $\begin{vmatrix} 1 & 2 \\ 2 & 4 \end{vmatrix} = 0$ sind.

Die Matrix $\mathbf{A}$ oder die quadratische Form $\mathbf{x}^T \mathbf{A} \mathbf{x}$ ist dann und nur dann negativ definit (bzw. negativ semidefinit), wenn $-\mathbf{x}^T \mathbf{A} \mathbf{x}$ positiv definit (bzw. positiv semidefinit) ist.

5 Lineare Ungleichungssysteme

In einem linearen Ungleichungssystem kommen neben linearen Gleichungen auch lineare Ungleichungen vor. Ohne eine Beschränkung der Allgemeinheit werden nur Lösungen für nicht negative x_k betrachtet.

Beispiel 5.1

$$
\begin{array}{rrrcl}
x_1 & +2x_2 & -x_3 & = & 2 \\
x_1 & -2x_2 & & \geq & 1 \\
2x_1 & -3x_2 & +4x_3 & \leq & 5 \\
x_1, & x_2, & x_3 & \geq & 0
\end{array}
$$

Definition

Ein System von m Nebenbedingungen und n Nichtnegativitätsbedingungen $\mathbf{A}\,\mathbf{x} \otimes \mathbf{b}$, $x_k \geq 0$ für $k = 1, 2 \ldots, n$ mit $\otimes \in \{\leq, =, \geq\}$ heißt lineares Ungleichungssystem.

Definition

Die erste Normalform eines linearen Ungleichungssystems lautet $\mathbf{A}\,\mathbf{x} = \mathbf{b}$, $x_k \geq 0$ für $k = 1, 2, \ldots, n$.

Beispiel 5.2

$$
\begin{array}{rrrcl}
2x_1 & +3x_2 & -x_3 & = & 2 \\
x_1 & -4x_2 & & = & 1 \\
2x_1 & -x_2 & +x_3 & = & 5 \\
x_1, & x_2, & x_3 & \geq & 0
\end{array}
$$

Alle m Nebenbedingungen sind Gleichungen.

Definition

Die zweite Normalform eines linearen Ungleichungssystems lautet $\mathbf{A}\,\mathbf{x} \leq \mathbf{b}$, $x_k \geq 0$ für $k = 1, 2, \ldots, n$.

Beispiel 5.3

$$
\begin{array}{rrrcc}
x_1 & +4x_2 & -2x_3 & \leq & 2 \\
3x_1 & -2x_2 & & \leq & 1 \\
5x_1 & -2x_2 & +x_3 & \leq & 5 \\
x_1, & x_2, & x_3 & \geq & 0
\end{array}
$$

Alle m Nebenbedingungen sind Ungleichungen mit der Relation $\leq$.

Neben der ersten und zweiten Normalform werden in der Literatur noch weitere Normalformen benutzt. In diesem Abschnitt wird ein Lösungsalgorithmus vorgestellt, der lineare Ungleichungssysteme der ersten Normalform lösen kann.

Definition

In einem normalen linearen Ungleichungssystem $A\,x_k \leq b$, $x_j \geq 0$ sind alle Koeffizienten von b größer oder gleich null.

Jedes beliebige Ungleichungssystem lässt sich in der ersten Normalform aufschreiben.

Eine Nebenbedingung $x_1 +2x_2 \geq 3$ kann durch $-x_1 -2x_2 \leq -3$ ersetzt werden. Diese Umformung ist möglich, da aus $a \geq b \Rightarrow -a \leq -b$ folgt. Die Multiplikation einer Ungleichung mit -1 kehrt nicht nur alle Vorzeichen sondern auch das Relationszeichen um.

Eine Nebenbedingung $2x_1 +3x_2 \leq 3$ kann durch $2x_1 +3x_2 +x_3 = 3$ ersetzt werden. In dieser Gleichung ist x_3 eine nicht negative Unbekannte, die die Differenz zwischen der linken und der rechten Seite der Ungleichung aufnimmt.

Beispiel 5.4

Aus dem linearen Ungleichungssystem in der zweiten Normalform

$$
\begin{array}{rrrcc}
x_1 & +4x_2 & -2x_3 & \leq & 2 \\
3x_1 & -2x_2 & & \leq & 1 \\
5x_1 & -2x_2 & +x_3 & \leq & 5 \\
x_1, & x_2, & x_3 & \geq & 0
\end{array}
$$

lässt sich durch Addieren von Schlupfvariablen ein lineares Ungleichungssystem in der ersten Normalform gewinnen

$$x_1 \quad +4x_2 \quad -2x_3 \quad +x_4 \qquad\qquad\qquad = \quad 2$$
$$3x_1 \quad -2x_2 \qquad\qquad\qquad +x_5 \qquad = \quad 1$$
$$5x_1 \quad -2x_2 \quad +x_3 \qquad\qquad\qquad +x_6 \ = \quad 5$$

$$x_j \geq 0, \quad j = 1, 2, \ldots, 6 \, .$$

Es entsteht ein System von linearen Gleichungen der Form $A\,\mathbf{x_N} + E\,\mathbf{x_B} = b$ mit der Nichtnegativitätsbedingung für alle Unbekannten x_j . Es ist unschwer zu erkennen (hierzu siehe Abschnitt 3.1), dass dieses Gleichungssystem in der kanonischen Form vorliegt. Im Abschnitt 3.3.2 wird gezeigt, wie man eine spezielle Lösung dieses linearen Gleichungssystems in kanonischer Form (erste Normalform) findet.

Es gibt vier typische Verstöße gegen die erste Normalform eines linearen Ungleichungssystems. Bei Kenntnis dieser vier Situationen und der Reaktion darauf lässt sich jedes lineare Ungleichungssystem in die erste Normalform[1] umformen. Mögliche Verstöße gegen die erste Normalform eines linearen Ungleichungssystems und Wege zum Beseitigen dieses Mangels:

1) Liegt eine Nebenbedingung als Ungleichung

$$a_{k1}x_1 \quad +\ldots \quad +a_{kn}x_n \quad \leq \quad b_k$$

vor, kann sie durch Einfügen einer Schlupfvariablen $x_s \geq 0$ in eine Gleichung

$$a_{k1}x_1 \quad +\ldots \quad +a_{kn}x_n \quad +x_s \quad = \quad b_k$$

umgeformt werden.

2) Liegt eine Nebenbedingung als Ungleichung

$$a_{k1}x_1 \quad +\ldots \quad +a_{kn}x_n \quad \geq \quad b_k$$

vor, kann sie durch Multiplikation mit -1 in eine Ungleichung

$$-a_{k1}x_1 \quad -\ldots \quad -a_{kn}x_n \quad \leq \quad -b_k$$

umgeformt werden.
Anschließend wird durch Einfügen einer Schlupfvariablen die erste Normalform erzeugt

$$-a_{k1}x_1 - \quad \ldots \quad -a_{kn}x_n + x_s = -b_k \, .$$

---

[1] Neben der 1. Normalform wird für die rechnerische Lösung auch die kanonische Form vorausgesetzt.

3) Existiert in dem linearen Ungleichungssystem eine Unbekannte x_k, die nicht der Nichtnegativitätsbedingung genügen muss, sondern einen beliebigen Wert ($x_k = beliebig$) annehmen kann, wird sie durch zwei Unbekannte x_{k1} und x_{k2} ersetzt, die jede die Nichtnegativitätsbedingung erfüllen

$$x_k = x_{k1} - x_{k2} \quad \text{mit} \quad x_{k1}, x_{k2} \geq 0 .$$

4) Liegt eine Nebenbedingung als Gleichung

$$a_{k1}x_1 + \ldots + a_{kn}x_n = b_k$$

vor, erfüllt sie die erste Normalform.
Zunächst sollte die rechte Seite b_k auf größer oder gleich null geprüft werden.
Falls $b_k < 0$, sollte die Gleichung mit -1 multipliziert werden. Leider stört aber in der Regel solch eine Gleichung die kanonische Form der ersten Normalform.
Um diese Gleichung in der erste Normalform aufzuschreiben und gleichzeitig alle Nebenbedingungen in der kanonischen Form zu haben, wird in diese Gleichung eine künstliche Variable x_s^* eingefügt

$$a_{k1}x_1 + \ldots + a_{kn}x_n + x_s^* = b_k \quad \text{mit} \quad x_s^* = 0 .$$

Beispiel 5.5
Man bilde die erste Normalform für das allgemeine lineare Ungleichungssystem

$$
\begin{array}{rrrrrcr}
x_1 & -2x_2 & +x_3 & & & \leq & 100 \\
& x_2 & -x_3 & +x_4 & -x_5 & = & 70 \\
x_1 & & & -x_4 & & \geq & 40
\end{array}
$$

$x_2 \geq 20$, $x_3 \geq 10$, $x_4 = beliebig$, $x_1, x_5 \geq 0$.

Zunächst werden die Nebenbedingungen von der Nichtnegativitätsbedingung getrennt.

$$
\begin{aligned}
x_1 \quad -2x_2 \quad +x_3 & \quad & \leq 100 \\
x_2 \quad -x_3 \quad +x_4 \quad -x_5 & = 70 \\
x_1 \quad\quad\quad\quad -x_4 & \geq 40 \quad , \\
x_2 & \geq 20 \\
x_3 & \geq 10
\end{aligned}
$$

$x_4 = beliebig, \quad x_1, x_2, x_3, x_5 \geq 0$

Nach Umformen in die erste Normalform entsteht

$$
\begin{aligned}
x_1 \quad -2x_2 \quad +x_3 \quad\quad\quad +x_6 & = 100 \\
x_2 \quad -x_3 \quad +x_{41} \quad -x_{42} \quad -x_5 \quad\quad +x_7^{*} & = 70 \\
-x_1 \quad\quad +x_{41} \quad -x_{42} \quad\quad +x_8 & = -40 \\
-x_2 \quad\quad\quad\quad +x_9 & = -20 \\
-x_3 \quad\quad\quad\quad +x_{10} & = -10
\end{aligned}
$$

$x_1, x_2, x_3, x_{41}, x_{42}, x_5, x_6, x_7^{*}, x_8, x_9, x_{10} \geq 0$.

Wie findet man Lösungen eines linearen Ungleichungssystems?

Aus dem Abschnitt 3.3.2 ist bekannt, dass die Basisvariablen in einem linearen Gleichungssystem in kanonischer Form durch die Wahl der Nichtbasisvariablem bestimmt sind. Eine spezielle inhomogene Lösung findet man, indem die Nichtbasisvariablen 0 gesetzt werden.

Definition

In einer Basislösung eines linearen Gleichungssystems sind alle Nichtbasisvariablen null.

Eine Basislösung ist eine spezielle inhomogene Lösung eines linearen Gleichungssystems.

Definition

Jeder Vektor $\mathbf{x_k}$, der die Nebenbedingungen $\mathbf{A\,x_k} \leq \mathbf{b}$ erfüllt, heißt Lösung des linearen Ungleichungssystems $\mathbf{A\,x_k} \leq \mathbf{b}$, $x_j \geq 0$.

Definition

Jeder Vektor x_k , der die Nebenbedingungen $A\,x_k \leq b$ und die Nichtnegativitätsbedingung erfüllt, heißt zulässige Lösung des linearen Ungleichungssystems $A\,x_k \leq b$, $x_j \geq 0$.

Von den linearen Ungleichungssystemen sind nur die zulässigen Lösungen von Interesse, da nur sie die Nebenbedingungen und die Nichtnegativitätsbedingung gleichzeitig erfüllen.

Satz 5. 1

Jedes lineare Ungleichungssystem $A\,x_k \leq b$, $x_j \geq 0$ hat eine endliche Anzahl von zulässigen Basislösungen.

Satz 5. 2

Sind x_1 , x_2 , ... x_r zulässige Lösungen eines linearen Ungleichungssystems $A\,x_k \leq b$, $x_j \geq 0$, dann sind auch alle konvexen Linearkombinationen

$$x = t_1 \cdot x_1 + t_2 \cdot x_2 + ... + t_r \cdot x_r$$

mit $t_j \geq 0$ für $j = 1, 2, ... , r$ und $\sum_{j=1}^{r} t_j = 1$

zulässige Lösungen des linearen Ungleichungssystems $A\,x_k \leq b$, $x_j \geq 0$.

Die Menge aller zulässigen Lösungen eines linearen Ungleichungssystems $A\,x_k \leq b$, $x_j \geq 0$ ist eine konvexe Menge, falls sie nicht leer ist.

5.1   Grafische Darstellung

Die grafische Darstellung oder die grafische Lösung eines linearen Ungleichungssystems hat sicher keine große praktische Verwendung. Um aber einige Vorstellungen von den Lösungsräumen zu bekommen, kann die grafische Darstellung recht nützlich sein.

Eine grafische Darstellung ist nur in einem 2-dimensionalen Raum möglich, so dass nur lineare Ungleichungssysteme mit zwei Unbekannten grafisch gelöst werden können. Leider sind die praktischen Fragestellungen immer wesentlich umfangreicher.

Alle Punkte im zulässigen Lösungsraum erfüllen neben den Nebenbedingungen auch die Nichtnegativitätsbedingung.

Beispiel 5.6

Zwei Produkte werden aus drei verschiedenen Rohmaterialien nach unterschiedlichen Rezepten hergestellt. Welche Mengen der beiden Produkte lassen sich erzeugen, wenn die Mengen der Rohmaterialien begrenzt sind?

Rohmaterial	Produkt 1	Produkt 2	vorhandene Mengen
1	2	4	100
2	4	3	150
3		1	20

Das zugehörige Ungleichungssystem lautet

$$2x_1 + 4x_2 \leq 100$$
$$4x_1 + 3x_2 \leq 150 \quad \text{mit} \quad x_1, x_2 \geq 0.$$
$$x_2 \leq 20$$

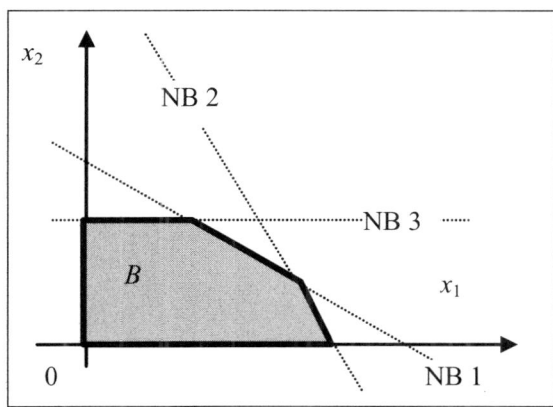

Bild 5. 1 Zulässiger Lösungsbereich

Die zulässige Lösungsmenge wird durch das Gebiet B dargestellt. Alle Punkte im Innern und auf dem Rand des Gebietes B erfüllen die Nebenbedingungen und die Nichtnegativitätsbedingung.

Wie findet man den zulässigen Lösungsbereich?

Ist eine Nebenbedingung als Gleichung $ax_1 + bx_2 = c$ gegeben, erfüllen alle Punkte auf der Geraden diese Nebenbedingung.

Ist eine Nebenbedingung als Ungleichung $ax_1 + bx_2 \le c$ gegeben, erfüllen alle Punkte, die auf einer Seite der Geraden liegen und die Punkte der Geraden selbst die Nebenbedingung.

Wie kann man die zulässige Halbebene finden, die eine Ungleichung erfüllt? Hierzu setzt man einen beliebigen Punkt, der nicht auf der Geraden selbst liegt, (z.B. den Koordinatenursprung $x_1 = 0$, $x_2 = 0$) in die Nebenbedingung ein. Erfüllt der Punkt die Nebenbedingung, so gehören er und alle Punkte auf derselben Seite zum zulässigen Bereich dieser Nebenbedingung. Erfüllt der Punkt die Nebenbedingung nicht, so gehört er nicht zum zulässigen Bereich, und alle Punkte auf der anderen Seite der Geraden gehören zum zulässigen Bereich dieser Nebenbedingung. Die Nebenbedingung $2x_1 + 4x_2 \le 100$ beschreibt eine Halbebene. Die zugehörige Gerade $2x_1 + 4x_2 = 100$ oder in der Achsenabschnittsform

$\dfrac{x_1}{50} + \dfrac{x_2}{25} = 1$ schneidet die x_1-Achse in $(50; 0)$ und die x_2-Achse in $(0; 25)$.

Der Koordinatenursprung erfüllt die Nebenbedingung $2 \cdot 0 + 4 \cdot 0 \le 100$ und liegt somit in der zulässigen Halbebene dieser Nebenbedingung.

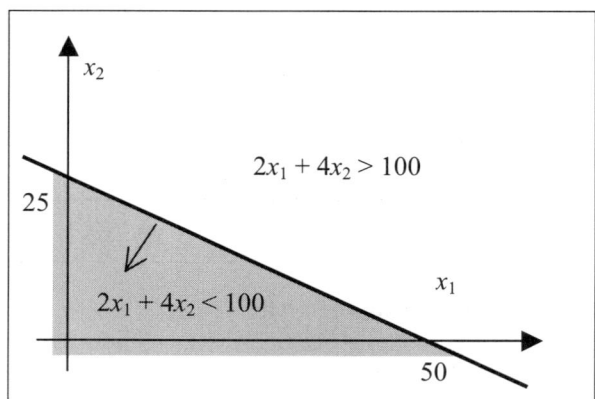

Bild 5. 2 Zulässiger Bereich der ersten Nebenbedingung

Die zulässige Halbebene der zweiten Nebenbedingung $4x_1 + 3x_2 \leq 150$ ist durch die Gerade, die die Achsen in $(\frac{75}{2}; 0)$ und $(0; 50)$ schneidet, und alle Punkte auf der Seite des Koordinatenursprungs gegeben.

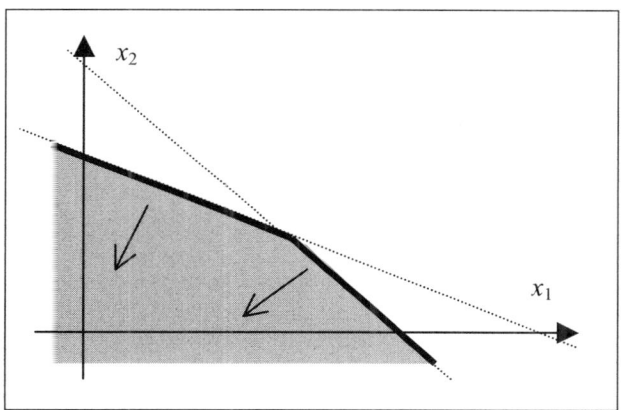

Bild 5. 3 Zulässiger Bereich der ersten und zweiten Nebenbedingung

Die zulässige Halbebene der dritten Nebenbedingung $x_2 \leq 20$ wird durch eine parallele Gerade zur x_1-Achse durch $(0; 20)$ und alle Punkte unterhalb dieser Geraden beschrieben.

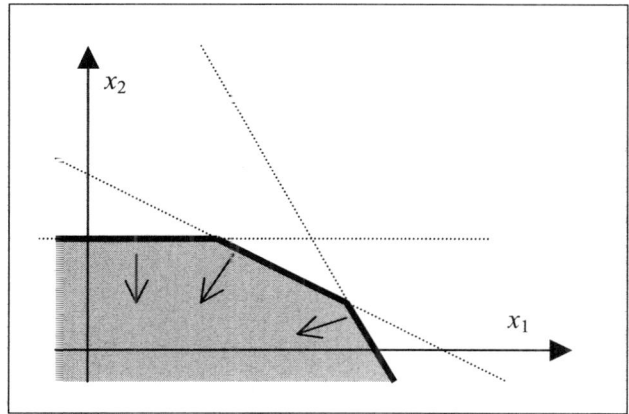

Bild 5. 4 Zulässiger Bereich aller Nebenbedingungen

Die Nichtnegativitätsbedingung reduziert den zulässigen Lösungsbereich auf den ersten Quadranten des Koordinatensystems.

Satz 5. 3

Die zulässigen Basislösungen des linearen Ungleichungssystems $A\,x_k \leq b$, $x_j \geq 0$ sind die Eckpunkte der zulässigen Lösungsmenge M , wenn M nicht leer ist.

Aus dem Bild 5.1 findet man die zulässigen Basislösungen $(x_{1j};\ x_{2j})$ als Eckpunkte des zulässigen Lösungsbereiches   (0; 0), (37,5; 0), (30; 10), (10; 20)   und (0; 20). Die allgemeine Lösung ist

$$x = t_1\begin{pmatrix}0\\0\end{pmatrix} + t_2\begin{pmatrix}37,5\\0\end{pmatrix} + t_3\begin{pmatrix}30\\10\end{pmatrix} + t_4\begin{pmatrix}10\\20\end{pmatrix} + t_5\begin{pmatrix}0\\20\end{pmatrix} \wedge t_i \geq 0 \wedge \sum_i t_i = 1.$$

5.2 Lösen linearer Ungleichungssysteme

Bei der Beschreibung eines Lösungsalgorithmus soll zwischen dem Ausgangssystem $A\,x \otimes b$ und diesem System in der ersten Normalform[2] $A\,x + E\,x^s = b$ unterschieden werden.

Die erste Normalform eines linearen Ungleichungssystems $A\,x + E\,x^s = b$, $x_j \geq 0$ hat den Vorteil, dass man zur Lösung des linearen Gleichungssystems, gegeben durch die Nebenbedingungen, die in 3.2 beschriebene Basistransformation benutzen kann.

Die zulässigen Basislösungen des linearen Ungleichungssystems sind spezielle Lösungen des linearen Gleichungssystems, deren Koeffizienten größer oder gleich null sind und deren Nichtbasisvariablen null sind.

Aus einem linearen Gleichungssystem in kanonischer Form kann eine Basislösung sofort aus dem Vektor der rechten Seite abgelesen werden, indem die Nichtbasisvariablen null gesetzt werden. Sind alle Koeffizienten der rechten Seite **b** größer oder gleich null, so ist eine zulässige Basislösung gefunden.

Satz 5. 4

Ein lineares Ungleichungssystem besitzt mindestens eine zulässige Basislösung, wenn die zulässige Lösungsmenge nicht leer ist.

---

[2]   Neben der 1. Normalform wird auch die kanonische Form vorausgesetzt.

Zunächst sei angenommen, dass man aus dem Ausgangssystem eine zulässige Basislösung ablesen kann. Da alle neu eingeführten Variablen (Schlupfvariablen und künstliche Variablen) Basisvariablen und die übrigen Variablen Nichtbasisvariablen sind, ergibt sich hier $x = o$. Die Koeffizienten im Vektor x^s sind alle größer oder gleich null, aber ansonsten unbedeutend für die zulässige Basislösung.

Diese Annahme ist nicht immer „leicht" realisierbar. Insbesondere bei offenen Lösungsbereichen versagt diese ansonsten einfache Vorgehensweise.

Hat man eine zulässige Basislösung des linearen Ungleichungssystems $A x + E x^s = b$, $x_j \geq 0$ gefunden, ist es möglich durch Basistransformation mit einem bestimmten Hauptelement eine andere zulässige Basislösung zu bestimmen.

Für die Wahl des Hauptelementes ist es wichtig, dass nach der Basistransformation alle Koeffizienten auf der rechten Seite „nicht negativ" bleiben. Für die Basisdarstellung $E x_B = b - A x_N$ ergeben sich die Ungleichungen

$$
\begin{aligned}
b_1 &- a_{1s} x_s \geq 0 \\
b_2 &- a_{2s} x_s \geq 0 \\
&\vdots \\
b_m &- a_{ms} x_s \geq 0
\end{aligned}
\quad .
$$

Nur wenn x_s nicht größer als der kleinste Quotient $q_i = \dfrac{b_i}{a_{is}}$ wird, bleiben alle Basisvariablen nicht negativ.

Das kann erreicht werden, wenn man von allen positiven Elementen a_{is} einer Spalte das mit dem kleinsten Quotienten $q_i = \dfrac{b_i}{a_{is}}$ als Hauptelement auswählt.

Satz 5. 5

Sind x_1, x_2, ... x_r alle zulässigen Basislösungen eines beschränkten linearen Ungleichungssystems $A x_k \leq b$, $x_j \geq 0$, dann sind durch die Menge aller konvexen Linearkombinationen

$$x = t_1 \cdot x_1 + t_2 \cdot x_2 + ... + t_r \cdot x_r$$

mit $t_j \geq 0$ für $j = 1, 2, ..., r$ und $\sum_{j=1}^{r} t_j = 1$

alle zulässige Lösungen des linearen Ungleichungssystems $A x_k \leq b$, $x_j \geq 0$ gegeben.

Als Rechenschema kann das Schema aus Abschnitt 3.2 benutzt werden, das nur durch eine Quotientenspalte **q** erweitert werden muss.
Beim praktischen Rechnen hat sich gezeigt, dass es günstig ist, wenn die Zeilensummenspalte **s** durch die Quotientenspalte **q** ersetzt wird.

BV	x_1	x_2	x_j	x_s	x_n	**b**	**q**
	a_{11}	a_{12}	a_{1j}	a_{1s}	a_{1n}	b_1	q_1
	a_{21}	a_{22}					
			a_{ij}	a_{is}		b_i	q_i
	a_{r1}		a_{rj}	a_{rs}		b_r	q_r
	a_{m1}			a_{ms}	a_{mn}	b_m	q_m

Ein Algorithmus zur Lösung eines linearen Ungleichungssystems muss die folgenden Schritte beinhalten:

1.	Das Schema mit der ersten Normalform des Ungleichungssystems ausfüllen
2.	Bestimmen einer Hauptspalte s mit einer Nichtbasisvariablen x_s, die in dem vorhergehenden Schema keine Basisvariable war
3.	Ermitteln der Quotienten $q_i = \dfrac{b_i}{a_{is}}$ für alle positiven Elemente a_{is} der Spalte s und der rechten Seite b_i
4.	Hauptzeile wird die Zeile mit dem kleinsten Quotienten ($q_i \geq 0$)
5.	Für das gefundene Hauptelement die Basistransformation durchführen
6.	Die Schritte 2. bis 5. werden wiederholt bis keine neue zulässige Basislösung mehr gefunden werden kann
7.	Die konvexe Linearkombination aller zulässigen Basislösungen ergibt den zulässigen Lösungsbereich

Dieser ursprünglich nur für ein normales lineares Ungleichungssystem gedachte Algorithmus kann für alle linearen Ungleichungssysteme in der ersten Normalform verwendet werden, wenn man in der Quotientenspalte **q** nur die nicht negativen q_i berücksichtigt ($b_i \geq 0$, $a_{is} > 0$).

Beispiel 5.7
Man bestimme alle zulässigen Basislösungen und alle zulässigen Lösungen ces linearen Ungleichungssystems

$$2x_1 \;+4x_2 \;\le\; 100$$
$$4x_1 \;-3x_2 \;\le\; 150 \quad \text{mit } x_1, x_2 \ge 0.$$
$$x_2 \;\le\; 20$$

Die 1. Normalform lautet

$$2x_1 \;+4x_2 \;+x_3 \;\;\;\;\;\;\;\;\;\;\; = 100$$
$$4x_1 \;+3x_2 \;\;\;\;\;\;\; + x_4 \;\;\;\;\; = 150.$$
$$x_2 \;\;\;\;\;\;\;\;\;\;\;\;\;\;\;\;\; + x_5 = 20$$

In dem Ausgangsschema existiert die zulässige Basislösung $(x_1 = 0,\, x_2 = 0)$, da alle Unbekannten die Nichtnegativitätsbedingung erfüllen.

Eine zweite zulässige Basislösung findet man nach einer Basistransformation. Hauptspalte kann die erste oder die zweite Spalte der Koeffizientenmatrix werden. Als erste Hauptspalte wird die Spalte x_2 genommen. In der Quotientenspalte **q** ergibt sich das Minimum in der dritten Zeile, so dass das Hauptelement c_{32} zu nehmen ist. Die zweite zulässige Basislösung ist aus dem zweiten Schema abzulesen und heißt $(x_1 = 0,\, x_2 = 20)$.

BV	x_1	x_2	x_3	x_4	x_5	b	q	
x_3	2	4	1	0	0	100	25	Ausgangsschema
x_4	4	3	0	1	0	150	50	$x_1 = 0,\, x_2 = 0$
x_5	0	1	0	0	1	20	20	
x_3	2	0	1	0	-4	20	10	
x_4	4	0	0	1	-3	90	22,5	2. Schema
x_2	0	1	0	0	1	20	%	$x_1 = 0,\, x_2 = 20$
x_1	1	0	$\frac{1}{2}$	0	-2	10	%	
x_4	0	0	-2	1	5	50	10	3. Schema
x_2	0	1	0	0	1	20	20	$x_1 = 10,\, x_2 = 20$
x_1	1	0	$-\frac{3}{10}$	$\frac{2}{5}$	0	30	%	
x_5	0	0	$-\frac{2}{5}$	$\frac{1}{5}$	1	10	%	4. Schema
x_2	0	1	$\frac{2}{5}$	$-\frac{1}{5}$	0	10	25	$x_1 = 30,\, x_2 = 10$
x_1	1	$\frac{3}{4}$	0	$\frac{1}{4}$	0	37,5		
x_5	0	1	0	0	1	20		5. Schema
x_3	0	$\frac{5}{2}$	1	$-\frac{1}{2}$	0	25		$x_1 = 37,5 ,\, x_2 = 0$
x_4								
x_5		*wie*	1.					
x_3								

Für die nächste Basistransformation kann man sich zwischen der ersten und der fünften Spalte als Hauptspalte entscheiden. Die Wahl der fünften Spalte als Hauptspalte führt auf das Hauptelement a_{35} und die folgende Basistransformation auf das vorhergehende Schema. Zu einer neuen Basislösung führt die Spalte x_1 als neue Hauptspalte; neues Hauptelement wird a_{11}. Die zulässige Basislösung im dritten Schema heißt $(x_1 = 10; x_2 = 20)$.

Im dritten Schema wird die Spalte x_5 Hauptspalte und wird a_{25} Hauptelement. Die zulässige Basislösung heißt $(x_1 = 30; x_2 = 10)$.

Im vierten Schema wird die Spalte x_3 Hauptspalte und a_{33} Hauptelement. Als weitere zulässige Basislösung entsteht $(x_1 = 37,5; x_2 = 0)$.

Im fünften Schema sind die zweite und die vierte Spalte mögliche Hauptspalten. Wählt man die zweite Spalte als Hauptspalte ergibt sich a_{32} als Hauptelement, und die Basistransformation führt auf das vierte Schema. Mit der Hauptspalte x_4 erhält man das erste Schema. Da es keine weitere Wahl der Hauptspalte gibt, gibt es auch keine weitere zulässige Basislösung.

Die konvexe Linearkombination aller zulässigen Basislösungen ergibt alle zulässigen Lösungen des linearen Ungleichungssystems

$$\mathbf{x} = \begin{pmatrix} x_1 \\ x_2 \end{pmatrix} = t_1 \begin{pmatrix} 0 \\ 0 \end{pmatrix} + t_2 \begin{pmatrix} 0 \\ 20 \end{pmatrix} + t_3 \begin{pmatrix} 10 \\ 20 \end{pmatrix} + t_4 \begin{pmatrix} 30 \\ 10 \end{pmatrix} + t_5 \begin{pmatrix} 37,5 \\ 0 \end{pmatrix}$$

mit $t_j \geq 0$ für $j = 1, 2, \dots 5$ und $\sum_{j=1}^{5} t_j = 1$.

Für den einführenden Abschnitt wurde angenommen, dass nur nicht negative Unbekannte x_i betrachtet werden. Es können jedoch Ungleichungssysteme vorkommen und gelöst werden, in denen diese Voraussetzung nicht erfüllt ist.
Im folgenden Beispiel sei angenommen, dass die Unbekannte x_2 sowohl negativ als auch positiv (hier beliebig genannt) sein kann. Der zulässige Lösungsbereich der grafischen Lösung kann sowohl in dem ersten wie im vierten Quadranten liegen.
Das Bild 5.5 zeigt eine solche Situation.

Beispiel 5.8

Man löse das lineare Ungleichungssystem

$$\begin{aligned} x_1 + 2x_2 &\geq 2 \\ x_1 + x_2 &\leq 3 \end{aligned} \quad \text{mit } x_1 \geq 0 \text{ und } x_2 = beliebig.$$

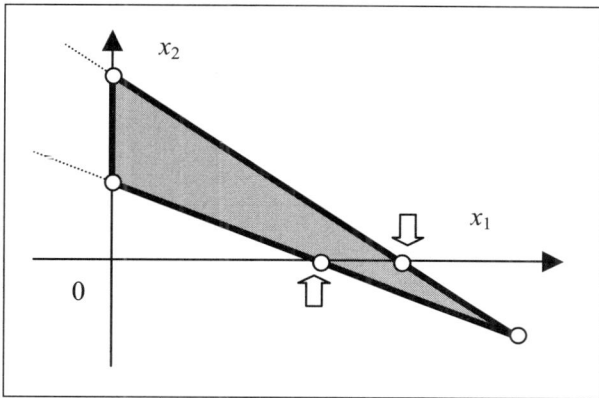

Bild 5. 5 Zuläss ger Lösungsbereich

Für die rechneris he Lösung wird die Nichtnegativitätsbedingung durch Substitu-tion der Unbekarnten x_2 durch zwei neue Unbekannte $x_{21} - x_{22}$, die nicht nega-tiv sind, erfüllt. Das lineare Ungleichungssystem wird formal umgestellt, um für die Rechnung die Nichtnegativitätsbedingung zu erfüllen. Die Basislösungen für x_1 können aus den Schemata abgelesen werden und werden für x_2 aus der Substi-tution $x_2 = x_{21} - x_{22}$ berechnet.

Die zugehörige erste Normalform lautet

$$-x_1 \quad -2x_{21} \quad +2x_{22} \quad +x_3 \qquad\qquad = -2$$
$$x_1 \quad +x_{21} \quad -x_{22} \qquad\quad +x_4 = 3$$

mit $x_1, x_{21}, x_{22}, x_3, x_4 \geq 0$.

BV	x_1	x_{21}	x_{22}	x_3	x_4	b	q	
x_3	-1	-2	2	1	0	-2	%	$BL = \begin{pmatrix} 0 \\ 0 \end{pmatrix}$
x_4	1	1	-1	0	1	3	3	
x_3	1	0	0	1	2	4	4	$ZBL = \begin{pmatrix} 0 \\ 3 \end{pmatrix}$
x_{21}	1	1	-1	0	1	3	3	
x_3	0	-1	1	1	1	1	1	$ZBL = \begin{pmatrix} 3 \\ 0 \end{pmatrix}$
x_1	1	1	-1	0	1	3	%	
x_{22}	0	-1	1	1	1	1	1	$ZBL = \begin{pmatrix} 4 \\ -1 \end{pmatrix}$
x_1	1	0	0	1	2	4	2	
x_4	0	-1	1	1	1	1	%	$ZBL = \begin{pmatrix} 2 \\ 0 \end{pmatrix}$
x_1	1	2	-2	-1	0	2	1	
x_4	$\frac{1}{2}$	0	0	$\frac{1}{2}$	1	2		$ZBL = \begin{pmatrix} 0 \\ 1 \end{pmatrix}$
x_{21}	$\frac{1}{2}$	1	-1	$-\frac{1}{2}$	0	1		

Weitere zulässige Basislösungen gibt es nicht, da jedes mögliche Hauptelement im letzten Schema zu einem bereits bekannten Schema führt.
Der zulässige Lösungsbereich heißt

$$\mathbf{x} = \begin{pmatrix} x_1 \\ x_2 \end{pmatrix} = t_1 \begin{pmatrix} 0 \\ 3 \end{pmatrix} + t_2 \begin{pmatrix} 0 \\ 1 \end{pmatrix} + t_3 \begin{pmatrix} 2 \\ 0 \end{pmatrix} + t_4 \begin{pmatrix} 4 \\ -1 \end{pmatrix} + t_5 \begin{pmatrix} 3 \\ 0 \end{pmatrix} .$$

Aus dem Bild 5.5 ist zu erkennen, dass auch ohne die Basislösungen $\begin{pmatrix} 2 \\ 0 \end{pmatrix}$ und $\begin{pmatrix} 3 \\ 0 \end{pmatrix}$

der zulässige Lösungsbereich vollständig beschrieben werden kann. Diese beiden Basislösungen lassen sich als konvexe Linearkombination der restlichen drei Basislösungen darstellen.

6 Lineare Optimierung

Aus ökonomischen Zwängen stehen häufig Aufgaben zur Reduzierung der Verluste oder zur Vergrößerung der Gewinne an, die nur zu erzielen sind, wenn die gegebenen Produktionsbedingungen eingehalten werden. Es wird ein Verfahren vorgestellt, das Lösungen findet, wenn für diese Aufgabe ein lineares Modell aufgestellt werden kann.

Definition

Ein lineares Optimierungsproblem fragt nach dem Maximum (oder Minimum) einer linearen Funktion

$$z = c_0 + c_1 x_1 + c_2 x_2 + \dots + c_n x_n \quad ,$$

deren Unbekannte $x_1, x_2, \dots , x_n$ bestimmten Nebenbedingungen

$$
\begin{aligned}
a_{11} x_1 & +a_{12} x_2 & \cdots & +a_{1n} x_n & \leq & \; b_1 \\
a_{21} x_1 & +a_{22} x_2 & & & = & \; b_2 \\
\vdots & & \ddots & & \vdots & \vdots \\
a_{m1} x_1 & \cdots & & +a_{mn} x_n & \geq & \; b_m
\end{aligned}
$$

und der Nichtnegativitätsbedingung $x_k \geq 0$ für $k = 1, 2, \dots , n$ genügen.

Die Zielfunktion $z(\mathbf{x})$ beschreibt das Kriterium der Untersuchung. Für diese lineare Funktion sind x_k gesucht, für die der Funktionswert maximal (oder minimal) wird.

Die Koeffizienten der Zielfunktion $c_0, c_1, \dots , c_n$ geben den einzelnen Einflussgrößen x_k ein bestimmtes Gewicht bezüglich der Gesamtaufgabe.

Im Abschnitt 5 werden lineare Ungleichungssysteme, die aus Nebenbedingungen und der Nichtnegativitätsbedingung bestehen, beschrieben. Ein lineares Optimierungsproblem stellt die Frage nach dem Maximum (oder Minimum) einer linearen Zielfunktion $z(\mathbf{x})$, deren Unbekannte x_k zulässige Lösungen eines linearen Ungleichungssystems sein müssen.

Ein lineares Optimierungsproblem hat die drei Bestandteile:

Zielfunktion, Nebenbedingung, Nichtnegativitätsbedingung.

Die Nichtnegativitätsbedingung bedeutet keine Einschränkung der Allgemeinheit dieses Modells, sondern unterstützt das Lösungsverfahren. Gilt für eine Unbekannte x_k die Nichtnegativitätsbedingung nicht, kann durch Substitution $x_k = x_{k1} - x_{k2}$ die Nichtnegativitätsbedingung formal erfüllt werden.

Beispiel 6.1

Das System $z = 2 + x_1 - 2x_2 + 3x_3 \rightarrow \max$

$$
\begin{aligned}
x_1 &+ x_2 & - x_3 & \leq 25 \\
x_1 &- 2x_2 & + 3x_3 & \geq 2 \quad \text{mit} \quad x_k \geq 0 \text{ für } k = 1, 2, 3 \\
2x_1 &+ 3x_2 & - 2x_3 & \geq 9
\end{aligned}
$$

beschreibt ein lineares Optimierungsproblem.

Definition

Jede zulässige Lösung **x** eines linearen Optimierungsproblems erfüllt die Nebenbedingungen und die Nichtnegativitätsbedingung.

Jede zulässige Lösung des zugehörigen linearen Ungleichungssystems ist auch eine zulässige Lösung des linearen Optimierungsproblems. Die Menge aller zulässigen Lösungen des linearen Ungleichungssystems ist auch Menge aller zulässigen Lösungen des linearen Optimierungsproblems.

Definition

Jede optimale Lösung eines linearen Optimierungsproblems ergibt einen maximalen (oder minimalen) Wert der Zielfunktion.

Jede optimale Lösung eines linearen Optimierungsproblems muss also in der Menge der zulässigen Lösungen des zugehörigen linearen Ungleichungssystems enthalten sein.

Wie findet man aus der Menge aller zulässigen Lösungen die optimale heraus?

Die Menge aller zulässigen Lösungen kann mit Hilfe der Basistransformation ermittelt werden. Jedoch bekommt man so mehr Lösungen als man haben will und hat noch die Mühe, sie in die Zielfunktion einsetzen zu müssen, um das Maximum (oder Minimum) zu bestimmen. Man möchte eine Methode haben, die möglichst schnell und zielorientiert die optimale Lösung findet.

6.1 Die Normalform

Zur Lösung linearer Optimierungsaufgaben findet man in der Literatur eine Reihe von Vorschlägen. Die unterschiedlichen Algorithmen sind aber die Folge von sehr unterschiedlichen Ausgangssituationen. Bei Auswerten von Literatur zur linearen Optimierung muss darauf geachtet werden, unter welchen Ausgangsbedingungen der vorgeschlagene Algorithmus arbeitet. Auch angebotene Computersoftware muss diesem Problem Rechnung tragen und die Ausgangssituation klar bestimmen.

Es wird ein Algorithmus vorgestellt, der lineare Optimierungsprobleme löst, die in der ersten Normalform vorliegen, und der es weiter unnötig macht, duale Simplexprobleme umfangreich zu erörtern, da sie bereits Bestandteil sind.

Definition

In einem linearen Optimierungsproblem in der ersten Normalform wird die Zielfunktion

$$z = c_0 + c_1 x_1 + c_2 x_2 + \ldots + c_n x_n \to \max$$

ein Maximum, deren Unbekannte $x_1, x_2, \ldots, x_n$ den Nebenbedingungen

$$
\begin{array}{rcl}
a_{11} x_1 \quad + a_{12} x_2 \quad \cdots \quad + a_{1n} x_n &=& b_1 \\
a_{21} x_1 \quad + a_{22} x_2 \quad\quad\quad\quad &=& b_2 \\
\vdots \quad\quad\quad\quad \ddots \quad\quad \vdots &\ & \vdots \\
a_{m1} x_1 \quad \cdots \quad\quad + a_{mn} x_n &=& b_m
\end{array}
$$

und der Nichtnegativitätsbedingung $x_k \geq 0$ für $k = 1, 2, \ldots, n$ genügen.

In der ersten Normalform
- wird die Zielfunktion ein Maximum $z(\mathbf{x}) = \mathbf{c}^{\mathrm{T}} \mathbf{x} \to max$,
- sind alle Nebenbedingungen Gleichungen $\mathbf{A}\,\mathbf{x} = \mathbf{b}$
- und erfüllen alle Unbekannten die Nichtnegativitätsbedingung $x_k \geq 0$.

Satz 6. 1

Jedes lineare Optimierungsproblem kann in die erste Normalform umgeformt werden.

Existiert in der Zielfunktion $z(\mathbf{x})$ eine Konstante c_0, so hat diese Konstante keinen Einfluss auf den Verlauf des Lösungsweges. Diese Konstante c_0 wird deshalb während der Rechnung nicht benötigt, um die Lage des Optimums zu finden, muss aber bei der endgültigen Bestimmung des Optimalwertes der Zielfunktion addiert werden.

Bei der Umformung der Nebenbedingungen von Ungleichungen zu Gleichungen werden Schlupfvariablen addiert. Für eine maximale Lösung müssen diese Schlupfvariablen nur die Nichtnegativitätsbedingung erfüllen. Da die Schlupfvariablen keinen weiteren Einfluss auf den Wert der Zielfunktion haben, bekommen sie alle in der Zielfunktion den Koeffizienten $c_s = 0$ und könnten beim Aufschreiben der Zielfunktion weggelassen werden.

Die künstlichen Variablen x_s^* müssen die Bedingung $x_s^* = 0$ im optimalen Schema erfüllen. Das wird erreicht, indem man den künstlichen Variablen x_s^* in der Zielfunktion einen sehr großen negativen Koeffizienten zuordnet. Dieser große negative Koeffizient wird durch $-M$ symbolisiert.

Eine Reihe von Aufgaben fragt nach dem Minimum der Zielfunktion.
Eine Zielfunktion

$$z = c_1 x_1 + c_2 x_2 + \ldots + c_n x_n \to \min$$

wird durch Multiplikation mit -1 in eine gleichwertige Ersatzfunktion

$$z' = -z = -c_1 x_1 - c_2 x_2 - \ldots - c_n x_n \to \max$$

umgeformt, die der ersten Normalform genügt.

Es kann gezeigt werden, dass die Zielfunktionen $z(\mathbf{x})$ und $z'(\mathbf{x})$ das Optimum an der gleichen Stelle $\mathbf{x}$ haben.

Satz 6. 2

Jedes lineare Optimierungsproblem kann in die zweite Normalform umgeformt werden.

In der zweiten Normalform
- wird die Zielfunktion ein Maximum $z(\mathbf{x}) = \mathbf{c}^{\mathbf{T}} \mathbf{x} \to max,$
- sind alle Nebenbedingungen Ungleichungen der Form $\mathbf{A}\,\mathbf{x} \leq \mathbf{b}$
- und erfüllen alle Unbekannten die Nichtnegativitätsbedingung $x_k \geq 0$.

In der zweiten Normalform wird eine Gleichung

$$a_{k1}x_1 \; + \ldots \; +a_{kn}x_n \; +x_s \; = \; b_k$$

durch zwei Ungleichungen

$$a_{k1}x_1 \; + \ldots \; -a_{kn}x_n \; +x_s \; \leq \; b_k$$

und

$$a_{k1}x_1 \; + \ldots \; -a_{kn}x_n \; +x_s \; \geq \; b_k$$

ersetzt.

Beispiel 6.2

Wie heißt die erste Normalform des linearen Optimierungsproblems

$$z = 3 + 2x_1 - 3x_2 + x_3 \to \min$$

$$\text{mit} \quad \begin{array}{rcrcrcl} x_1 & -x_2 & +4x_3 & \geq & -4 \\ 3x_1 & +4x_2 & -x_3 & \leq & 3 \\ -x_1 & +x_2 & -2x_3 & = & 2 \end{array} \quad \text{und}$$

$x_1, x_2 \geq 0$, $x_3 = beliebig.$

Die erste Normalform lautet

$$z' = -z = -3 - 2x_1 + 3x_2 - x_{31} + x_{32} + 0x_4 + 0x_5 - Mx_6^* \to \max$$

$$\begin{array}{rcrcrcrcrcrcrcl} -x_1 & +x_2 & -4x_{31} & +4x_{32} & +x_4 & & & & & = & 4 \\ 3x_1 & +4x_2 & -x_{31} & +x_{32} & & +x_5 & & & = & 3 \\ -x_1 & +x_2 & -2x_{31} & +2x_{32} & & & +x_6^* & = & 2 \end{array}$$

mit $x_1, x_2, x_{31}, x_{32}, x_4, x_5, x_6^* \geq 0$.

Im Abschnitt 3.1 wird der Vorteil der kanonischen Form eines linearen Gleichungssystems erläutert.
Die kanonische Form $\mathbf{E\,x_B + R\,x_N = b}$ ist sehr gut geeignet, um eine Basisdarstellung eines linearen Gleichungssystems $\mathbf{x_B = b - R\,x_N}$ aufzustellen. Die Basisvariablen $\mathbf{x_B}$ können in Abhängigkeit von der Wahl der Nichtbasisvariablen $\mathbf{x_N}$ bestimmt werden.

Im Abschnitt 5.2 wird die Basislösung als eine Lösung, in der alle Nichtbasisvariablen $\mathbf{x_N}$ null sind, eingeführt. Eine Basislösung, in der alle Variablen größer oder gleich null sind, wird zulässige Basislösung genannt.

Im Ausgangsschema eines linearen Optimierungsproblems in der ersten Normalform bilden alle Schlupfvariablen und die künstlichen Variablen eine Basis Die zugehörigen Spalten aus der Koeffizientenmatrix bilden ein System linear unabhängiger Vektoren. Es ist leicht zu zeigen, dass die Spaltenvektoren der Einheitsmatrix $\mathbf{E}$ linear unabhängig sind.

Definition

Eine zulässige Basislösung eines linearen Optimierungsproblems in der ersten Normalform ist nicht ausgeartet, wenn alle Basisvariablen größer als null sind. Eine zulässige Basislösung wird ausgeartet genannt, wenn wenigstens eine Basisvariable null ist.

Ausgeartete Basislösungen bedürfen besonderer Aufmerksamkeit bei der Basistransformation im Algorithmus zur Suche anderer zulässiger Basislösungen. So kann es ungewollt zu Zyklen führen, die immer die gleichen bereits bekannten Basislösungen wiederholen.

In dem vorhergehenden Beispiel existiert eine nicht ausgeartete Basislösung

$$
\begin{array}{rcll}
x_1 & = & 0 & NBV \\
x_2 & = & 0 & NBV \\
x_3 & = & 0 & NBV \\
x_4 & = & 4 & BV \\
x_5 & = & 3 & BV \\
x_6^* & = & 2 & BV
\end{array}
\quad \text{oder} \quad \mathbf{x} =
\begin{bmatrix} 0 \\ 0 \\ 0 \\ 4 \\ 3 \\ 2 \end{bmatrix}.
$$

Diese Basislösung ist nicht zulässig, da $x_6^* = 2$ und nicht null ist.

6.2 Grafische Darstellung

Mit der grafischen Darstellung linearer Optimierungsprobleme können wichtige Eigenschaften und Probleme anschaulich gemacht werden. Für praktische Aufgabenstellungen ist die grafische Lösung nur von untergeordneter Bedeutung, einfach weil praktische Probleme mehr als zwei Einflussgrößen besitzen.

An linearen Optimierungsproblemen mit zwei Unbekannten werden typische Aufgabenstellungen gezeigt

$$z = c_1 x_1 + c_2 x_2 \rightarrow opt$$

$$
\begin{array}{rcll}
a_{11} x_1 + a_{12} x_2 & \leq & b_1 & \\
a_{21} x_1 + a_{22} x_2 & \geq & b_2 & \text{mit} \quad x_1, x_2 \geq 0. \\
a_{31} x_1 + a_{32} x_2 & = & b_3 &
\end{array}
$$

Die Nebenbedingungen und die Nichtnegativitätsbedingung beschreiben einen zulässigen Lösungsbereich B, in dem die optimale Lösung liegen muss. Im Abschnitt 5.1 wird beschrieben, wie man diesen zulässigen Lösungsbereich findet.

Das Bild der Zielfunktion $z(x_1, x_2)$ ist eine Gerade im x_1-x_2-Koordinatensystem, die ihre Lage (aber nicht die Richtung) verändert, wenn sich die x_1- bzw. x_2-Werte ändern.

Beispiel 6.3

$$z = 3x_1 + 5x_2 \rightarrow max \qquad \begin{array}{rrcl} 2x_1 & +2x_2 & \leq & 10 \\ 3x_1 & +6x_2 & \leq & 18 \\ & x_2 & \leq & 2 \end{array} \quad , \; x_1, x_2 \geq 0 \; .$$

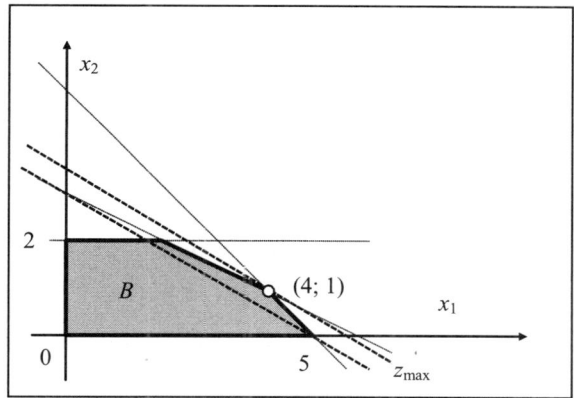

Bild 6.1 Klassisches Optimierungsproblem

Die Zielfunktion nimmt den größten Wert $z_{max} = 3 \cdot 4 + 5 \cdot 1 = 17$ für $x_1 = 4$ und $x_2 = 1$ an.

Der Wert der Zielfunktion wächst, wenn die Gerade der Zielfunktion nach rechts verschoben wird. Der Wert der Zielfunktion wird kleiner, wenn die Gerade in die entgegengesetzte Richtung verschoben wird. Der kleinste mögliche Wert der Zielfunktion ist 0, der erreicht wird, wenn die Zielfunktion durch den Ursprung 0 läuft.

Beispiel 6.4

Man bestimme das Maximum der Zielfunktion $z = 3x_1 + x_2 \to max$, mit den Nebenbedingungen

$$
\begin{array}{rcll}
2x_1 & +3x_2 & \leq & 54 \\
-20x_1 & +30x_2 & = & 60 \quad \text{und der Nichtnegativitätsbedingung } x_2 \geq 0 \,. \\
x_1 & & \geq & 3
\end{array}
$$

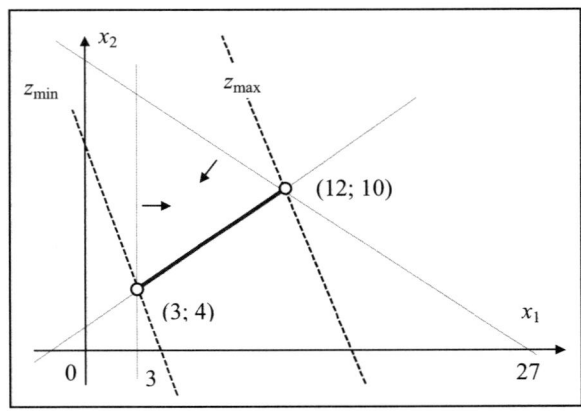

Bild 6. 2 Zulässiger Bereich ist ein Streckenabschnitt

Nur die Punkte auf der Strecke zwischen (3; 4) und (12; 10) erfüllen alle drei Nebenbedingungen. Für den Punkt (12; 10) nimmt die Zielfunktion $z_{max} = 3 \cdot 12 + 10 = 46$ den größten Wert an.

Für den Punkt (3; 4) nimmt sie den kleinsten Wert $z_{min} = 13$ an.

Beispiel 6.5

Man bestimme das Maximum der Zielfunktion $z = 2x_1 + 3x_2 \to max$, mit den Nebenbedingungen

$$
\begin{array}{rcll}
x_1 & +2x_2 & \geq & 14 \\
-x_1 & +5x_2 & \leq & 15 \quad \text{und der Nichtnegativitätsbedingung } x_1, x_2 \geq 0 \,. \\
x_1 & & \leq & 5
\end{array}
$$

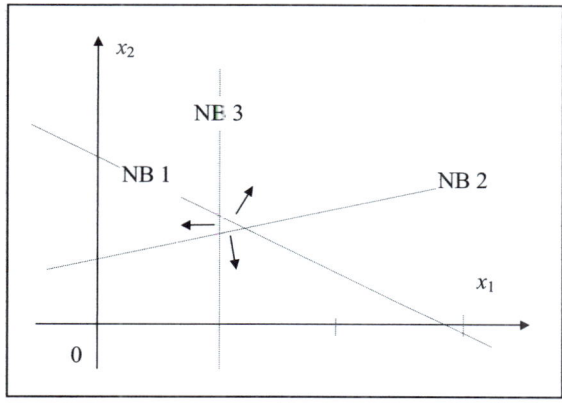

Bild 6. 3 Zulässiger Lösungsbereich ist leer

Die Nebenbedingungen widersprechen einander. Es gibt keinen Punkt, der alle Nebenbedingungen gleichzeitig erfüllt. Somit ist der zulässige Lösungsbereich leer. Diese Aufgabe hat keine Lösungen.

Beispiel 6.6

Man bestimme das Maximum der Zielfunktion $z = 2x_1 + 3x_2 \rightarrow max$, mit den Nebenbedingungen

$$
\begin{aligned}
x_1 \quad +2x_2 &\geq 14 \\
-x_1 \quad +5x_2 &\geq 15 \\
x_1 \qquad\quad &\geq 5
\end{aligned}
$$

und der Nichtnegativitätsbedingung $x_1, x_2 \geq 0$.

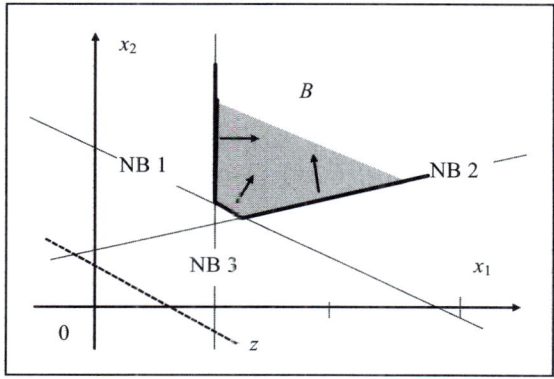

Bild 6. 4 Offener Lösungsbereich

Die Nebenbedingungen bilden einen offenen Lösungsbereich. Der Wert der Zielfunktion vergrößert sich, wenn sie nach rechts verschoben wird.

Diese Aufgabe hat keine endliche Lösung, da für jeden Punkt des zulässigen Bereiches ein anderer existiert, der der Zielfunktion einen größeren Wert erteilt. Bei praktischen Aufgabenstellungen, die keine Lösungen haben, sollte geprüft werden, ob alle Nebenbedingungen so aufrechterhalten werden müssen, oder Veränderungen sowie Ergänzungen notwendig und möglich sind.

Beispiel 6.7

$$z = 10x_1 + 20x_2 \to \max \quad \begin{array}{rcl} 2x_1 & +2x_2 & \leq & 10 \\ 3x_1 & +6x_2 & \leq & 18 \\ & x_2 & \leq & 2 \end{array} \quad , \quad x_1, x_2 \geq 0 \ .$$

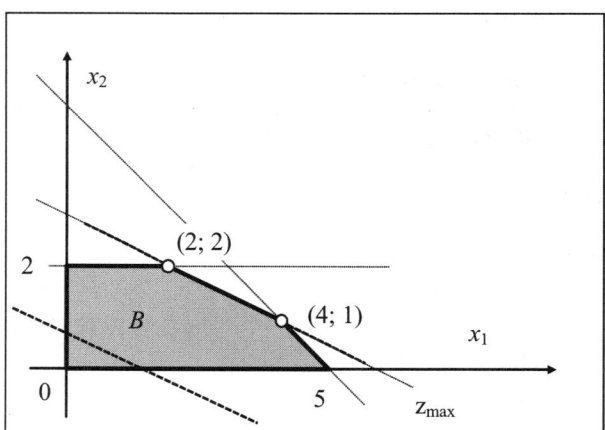

Bild 6. 5 Unendlich viele optimale Lösungen

Die Zielfunktion verläuft parallel zur zweiten Nebenbedingung und nimmt für (4; 2) und (2; 2) den größten Wert $z_{max} = 10 \cdot 4 + 20 \cdot 1 = 60$ an.
Neben den Eckpunkten (2; 2) und (4; 1) sind auch alle Punkte der Strecke zwischen diesen beiden Punkten optimale Lösungen. Alle diese Punkte werden durch die konvexe Linearkombination der beiden Eckpunkte beschrieben

$$\mathbf{x} = l_1 \, \mathbf{x_1} + l_2 \, \mathbf{x_2} = l_1 \begin{pmatrix} 2 \\ 2 \end{pmatrix} + l_2 \begin{pmatrix} 4 \\ 1 \end{pmatrix} \quad \text{mit}$$

$l_1 + l_2 = 1$ und $l_1, l_2 \geq 0$.

Beispiel 6.8

In einem Unternehmen werden die beiden Erzeugnisse A und B produziert. Für höchstens 100 h Arbeitszeit soll ein Produktionsprogramm aufgestellt werden.

Es ist bekannt:

	A	B
Geplante Zeit pro Stück [h]	4	2
Geplanter Gewinn pro Stück [€]	60	90

Von dem Erzeugnis A sollen mindestens 5 Stück, aber höchstens 15 Stück in dieser Zeit hergestellt werden. Die produzierte Stückzahl von Produkt B soll höchstens das Dreifache der Stückzahl von Produkt A betragen.
Wie muss das Unternehmen die Produktion planen, um in dem gegebenen Zeitraum einen maximalen Gewinn zu erzielen?

Aus dem Text ergeben sich die folgenden Nebenbedingungen und die Zielfunktion

$$z = 60x_1 + 90x_2 \rightarrow max$$

$$
\begin{aligned}
4x_1 + 2x_2 &\leq 100 \\
x_1 &\geq 5 \\
x_1 &\leq 15 \\
3x_1 - x_2 &\geq 0
\end{aligned}
\quad \text{und } x_2 \geq 0 .
$$

Die grafische Darstellung des linearen Optimierungsproblems ergibt das folgende Bild:

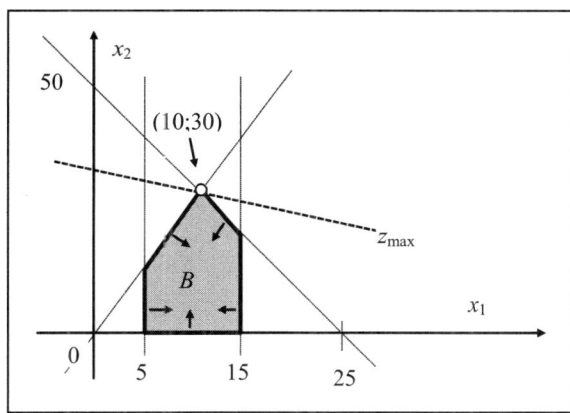

Bild 6. 6 Zulässiger Lösungsbereich und Maximum

Das Maximum liegt bei (10; 30) mit $z_{max} = 3300$ €.

6.3 Die Simplexmethode

Die Lösung eines linearen Optimierungsproblems ist ein Punkt eines zulässigen Bereiches, in dem die Zielfunktion ein Maximum (oder Minimum) wird.

• Wie findet man diesen Punkt?
• Wie findet man diesen Punkt möglichst zielgerichtet?

Die Eckpunkte des zulässigen Lösungsbereiches B ergeben sich aus den zulässigen Basislösungen der Nebenbedingungen in der ersten Normalform. Die konvexe Linearkombination aller zulässigen Basislösungen ergibt die Menge aller zulässigen Lösungen.
Die Simplexmethode benutzt die Basistransformation als Hauptbaustein, um nacheinander verschiedene Basisdarstellungen eines linearen Optimierungsproblems zu ermitteln.

Satz 6. 3

Es existiert wenigstens eine maximale Lösung, wenn die Menge aller zulässigen Lösungen nach oben beschränkt und nicht leer ist.

Satz 6. 4

Die maximale Lösung eines linearen Optimierungsproblems kann nur auf dem Rand der Menge aller zulässigen Lösungen liegen.

Satz 6. 5

Die Zielfunktion nimmt ihr Maximum in mindestens einer zulässigen Basislösung an, wenn es eine maximale Lösung gibt.

Zu jeder Basisdarstellung der Nebenbedingungen gehört auch eine Basisdarstellung der Zielfunktion.
Hiermit lässt sich ein Kriterium für optimale Lösungen formulieren.

Satz 6. 6 Optimalitätskriterium

Hat die Zielfunktion in der Basisdarstellung die Form

$$g_0 + g_1 x_1 + g_2 x_2 + ... + g_n x_n = c$$

mit $g_j \geq 0$ für $j = 0, 1, ... , n$, so ist jede zulässige Basislösung $\mathbf{x}$ der zugehörigen Basisdarstellung des linearen Optimierungsproblems auch maximale Lösung.

Neben der Basisdarstellung der Nebenbedingungen ist immer auch die Basisdarstellung der Zielfunktion zu bestimmen. Es liegt eine optimale Lösung vor, wenn alle Koeffizienten der Basislösung und alle Koeffizienten der zugehörigen Basisdarstellung der Zielfunktion nicht negativ sind. Die Variablen $x_s{}^*$ müssen in einer optimalen Lösung null sein, da sie unter dieser Bedingung eingeführt werden.

Satz 6. 7

Nimmt die Zielfunktion ihr Maximum in mehr als einer zulässigen Basislösung an, und ist die Menge aller zulässigen Lösungen beschränkt, dann ist jede konvexe Linearkombination von optimalen Basislösungen wieder eine optimale Lösung.

Die Gesamtheit aller optimalen Lösungen eines linearen Optimierungsproblems findet man als konvexe Linearkombination aller optimalen Basislösungen.

Unter Benutzung der Quotienten $q_i = \dfrac{b_i}{a_{is}}$ kann erreicht werden, dass man von einer zulässigen Basislösung ausgehend eine weitere zulässige Basislösung findet. Ist also eine zulässige Basislösung bekannt, werden in der Folge nur zulässige Basislösungen ermittelt, wenn man die Zeile mit dem kleinsten q_i zur Hauptzeile macht.

Satz 6. 8

Der Wert der Zielfunktion vergrößert sich in jedem Simplexschritt, wenn das lineare Optimierungsproblem nicht ausgeartet ist.

Satz 6. 9

Die Simplexmethode führt nach endlich vielen Schritten zur Maximallösung oder zeigt die Unlösbarkeit der Aufgabe, wenn das lineare Optimierungsproblem nicht ausgeartet ist.

Satz 6. 10   Unlösbarkeitskriterium

Gibt es in der Basisdarstellung der Zielfunktion

$$g_0 + g_1 x_1 + g_2 x_2 + ... + g_n x_n = c$$

einen Koeffizienten $g_j < 0$, und sind in der kanonischen Form der Nebenbedingungen alle Koeffizienten von x_j nicht positiv $\left(a_{ij} \leq 0\right)$ für $i = 1, 2, ... , m$, so ist die Aufgabe unlösbar.

Jede Minimumaufgabe lässt sich in eine Maximumaufgabe umformen. Somit gelten alle Aussagen für ein Maximumproblem auch analog für ein Minimumproblem.

Die Simplexmethode kann benutzt werden, wenn
- das lineare Optimierungsproblem in der ersten Normalform vorliegt und
- eine zulässige Basislösung aus der Basisdarstellung bekannt ist.

Die erste Normalform kann für jedes lineare Optimierungsproblem aufgestellt werden, aber man findet nicht immer sofort eine zulässige Basislösung. Es zeigt sich, dass der Algorithmus nach endlich vielen Schritten von einer nicht zulässigen Basislösung ausgehend eine erste zulässige Basislösung findet, vorausgesetzt das lineare Optimierungsproblem hat überhaupt eine optimale Lösung.
Der folgende Algorithmus berücksichtigt gleichzeitig alle Regeln zur Berechnung einer Minimumaufgabe. Er ist eine Kombination aus Simplexmethode und dualer Simplexmethode, die beide nach Bedarf abwechselnd eingesetzt werden. Zur Dualität in der linearen Optimierung wird im Abschnitt 6.4 etwas gesagt.

Als Rechenschema wird das Schema der linearen Ungleichungssysteme aus Abschnitt 5.2 um die Basisdarstellung der Zielfunktion erweitert.

BV	x_1	x_2	x_j	x_s	x_n	$\mathbf{b}$	$\mathbf{q}$
	a_{11}	a_{12}	a_{1j}	a_{1s}	a_{1n}	b_1	q_1
	a_{21}	a_{22}					
				a_{is}		b_i	q_i
	a_{r1}		a_{rj}	a_{rs}		b_r	q_r
	a_{m1}			a_{ms}	a_{mn}	b_m	q_m
z	$-c_1$	$-c_2$		$-c_s$	$-c_n$		

Das Ausgangsschema sowie alle folgenden Schemata stellen lineare Gleichungssysteme in der kanonischen Form dar. Die Koeffizientenmatrix lässt sich immer in eine Einheitsmatrix $\mathbf{E}$ und eine Restmatrix $\mathbf{R}$ zerlegen. Die zur Einheitsmatrix gehörenden Basisvariablen $\mathbf{x_B}$ sind in jedem Schema bekannt.

BV	x_1	x_2	x_{k+1}	x_s	x_n^*	b	q
x_{k+1}	a_{11}	a_{12}	1	0	0	b_1	q
	a_{21}	a_{22}	0				
				0			
x_s	a_{r1}		0	1	0	b_r	q
					0		
x_n^*	a_{m1}		0	0	1	b_m	q_{m}
z	$-c_1$	$-c_2$	0	0	M		

Mit Hilfe der Einheitsmatrix **E** kann die Basisvariable für jede Zeile (Gleichung) bestimmt werden. Ist umgekehrt die Basisvariable in jeder Zeile bekannt, können auch die Spalten der Einheitsmatrix für jede Basisvariable bestimmt werden.

In dem hier verwendeten verkürzten Schema wird die Einheitsmatrix weggelassen, da sie aus der Kenntnis der Basisvariablen in jeder Zeile rekonstruiert werden kann.

Das verkürzte Schema des Simplexalgorithmus entsteht aus dem vollständigen Schema durch Weglassen der Einheitsmatrix und durch zusätzliches Einfügen (Notieren) der Zielfunktion parallel zur Liste der benutzten Variablennamen.

	NBV	x_1	x_2	$\ldots$	x_k	b	
BV	-1	c_1	c_2	$\ldots$	c_k	0	q
x_{k+1}	0	a_{11}	a_{12}	$\ldots$	a_{1k}	b_1	q_1
x_{k+2}	0	a_{21}	a_{22}		a_{2k}	b_2	q_2
$\vdots$	$\vdots$	$\vdots$			$\vdots$	$\vdots$	$\vdots$
x_s	0						
x_n^*	$-M$	a_{m1}	$\ldots$		a_{mk}	b_m	q_m
	g	g_1	g_2	$\ldots$	g_k	c	
	g*	g_1^*	g_2^*	$\ldots$	g_k^*	c^*	
	p	p_1	p_2	$\ldots$	p_k		

Die **g**- bzw. **g***-Zeile entstehen aus dem Skalarprodukt der zweiten Spalte mit den entsprechenden Spalten der Koeffizientenmatrix **A** und der rechten Seite **b**. Der Anteil der **x***-Variablen wird in eine eigene Zeile **g*** geschrieben, die verschwindet, wenn keine künstlichen Variablen unter den Basisvariablen mehr sind.

Der Simplexalgorithmus kann in zwei Hauptabschnitte unterteilt werden:

1. Bestimmen des Hauptelementes
2. Basistransformation im verkürzten Schema .

[1]   Bestimmen des Hauptelementes (HE)

[1.1]   Auswerten der $\mathbf{g}^*$-Zeile

Ist eine der Basisvariablen eine künstliche Variable x_j^* in BV ?
NEIN: weiter bei [1.2]
JA: Ist einer der Koeffizienten in der $\mathbf{g}^*$-Zeile kleiner null $g_j^* < 0$?

NEIN: weiter bei [1.3]
JA: Das Minimum der $\mathbf{g}^*$-Zeile wird Hauptspalte (HS) $min(g_j^*) = g_s$. Man

berechne die Quotienten $q_i = \dfrac{b_i}{a_{is}}$ für die positiven Koeffizienten der

Hauptspalte und die nicht negativen Koeffizienten der **b**-Spalte.

Existieren ein oder mehrere Quotienten q_i ?
NEIN: weiter bei [1.2]
JA: Das Minimum der **q**-Spalte wird Hauptzeile (HZ) $min(q_i) = q_r$.
weiter bei [2]

[1.2]   Auswerten der g-Zeile

Ist einer der Koeffizienten in der **g**-Zeile kleiner oder gleich null $g_j \leq 0$?
NEIN: weiter bei [1.3]
JA: Das Minimum der **g**-Zeile wird Hauptspalte $min(g_j) = g_s$.

Man berechne die Quotienten $q_i = \dfrac{b_i}{a_{is}}$ für die positiven Koeffizienten der

Hauptspalte und die nicht negativen Koeffizienten der **b**-Spalte.

Existieren ein oder mehrere Quotienten q_i ?
NEIN: Sind alle Koeffizienten der **b**-Spalte größer oder gleich null
$b_i \geq 0$?

>   **NEIN**:   weiter bei [1.3]
>   **JA**:   Das lineare Optimierungsproblem hat keine weiteren
>   zulässige Basislösung.

JA: Das Minimum der **q**-Spalte wird Hauptzeile (HZ) $min(q_i) = q_r$.
weiter bei [2]

[1.3]   *Auswerten der* b-*Spalte*   (Übergang zum dualen System)

Gibt es einen oder mehrere Koeffizienten der b-Spalte kleiner null $b_i < 0$?
NEIN: Das lineare Optimierungsproblem hat keine weiteren zulässigen Basislösungen.

[ENDE]

JA: Das Minimum der b-Spalte wird Hauptzeile $min(b_i) = b_r$.

Man berechne die Quotienten $p_j = \dfrac{g_j}{-a_{rj}}$ für die negativen Koeffizienten

der Hauptzeile und die nicht negativen Koeffizienten der g-Zeile.
Existieren ein oder mehrere Quotienten p_j ?
NEIN: Sind alle Koeffizienten der g-Zeile größer oder gleich null $g_j \geq 0$?
    NEIN: weiter bei [1.1]
    JA: Das lineare Optimierungsproblem hat keine weitere zulässige Basislösung.
JA: Das Minimum der p-Zeile wird Hauptspalte $min(p_j) = p_s$.
    weiter bei [2]

[2]   **Basistransformation im verkürzten Schema**

1. Die Nichtbasisvariable aus der Hauptspalte und die Basisvariable der Hauptzeile werden einschließlich der Koeffizienten der Zielfunktion ausgetauscht.

2. Das Hauptelement a_{rs} wird durch den Kehrwert ersetzt $a_{rs}' = \dfrac{1}{a_{rs}}$.

3. Alle anderen Elemente der Hauptspalte werden durch das negative Hauptelement $-a_{rs}$ dividiert.

4. Alle anderen Elemente der Hauptzeile werden durch das Hauptelement a_{rs} dividiert

5. Alle übrigen Elemente werden nach der bereits bekannten Regel ermittelt. Diese Regel gilt sinngemäß für die b-Spalte, die g-Zeile und den Wert von c .

$$a_{ij}' = a_{ij} - \frac{a_{is} \cdot a_{rj}}{a_{rs}} = \frac{a_{ij} \cdot a_{rs} - a_{is} \cdot a_{rj}}{a_{rs}} \qquad b_i' = b_i - \frac{a_{is} \cdot b_r}{a_{rs}} = \frac{b_i \cdot a_{rs} - a_{is} \cdot b_r}{a_{rs}}$$

$$g_j' = g_j - \frac{g_s \cdot a_{rj}}{a_{rs}} = \frac{g_j \cdot a_{rs} - g_s \cdot a_{rj}}{a_{rs}} \qquad c' = c - \frac{g_s \cdot b_r}{a_{rs}} = \frac{c \cdot a_{rs} - g_s \cdot b_r}{a_{rs}}$$

6. weiter bei [1.1]

Die **g**- und die **g***-Zeile können zur Kontrolle der Rechnung benutzt werden.

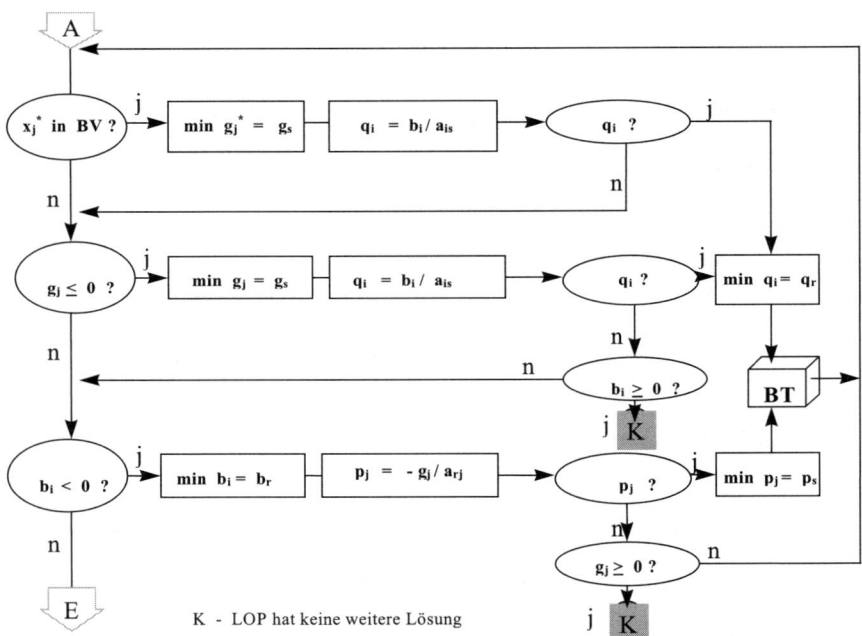

Bild 6. 7 vereinfachter Ablaufplan Simplexalgorithmus

Beispiel 6.9

Zwei Teilbetriebe T_1 und T_2 eines Unternehmens stellen das gleiche Produkt P
nach verschiedenen Technologien her.
Der Rohstoffbedarf und -vorrat ist der Tabelle zu entnehmen.

| | Verbrauch an Rohstoffen je Produkt | | Rohstoffvorrat |
	in Betrieb T_1	in Betrieb T_2	
Rohstoff 1	0,5	1	12
Rohstoff 2	1	0,25	10
Rohstoff 3	0	1	10

Der Betrieb T_1 soll wenigstens drei Einheiten des Produktes P herstellen.
Wie viel Einheiten des Produktes P müssen die Teilbetriebe T_1 und T_2 herstellen,
damit die Gesamtproduktion maximal wird?

Das lineare Optimierungsproblem lautet $z = x_1 + x_2 \to \max$ mit

$$\frac{1}{2}x_1 + x_2 \leq 12$$
$$x_1 + \frac{1}{4}x_2 \leq 10$$
$$x_2 \leq 10 \quad \text{und} \quad x_2 \geq 0 .$$
$$x_1 \geq 3$$

Die erste Normalform lautet

$$z = x_1 + x_2 + 0x_3 + 0x_4 + 0x_5 + 0x_6 \to \max$$

mit den Nebenbedingungen

$$\frac{1}{2}x_1 + x_2 + x_3 = 12$$
$$x_1 + \frac{1}{4}x_2 + x_4 = 10$$
$$x_2 + x_5 = 10$$
$$- x_1 + x_6 = -3$$

und der Nichtnegativitätsbedingung $x_i \geq 0$.

Zunächst wird das Ausgangsschema ausgefüllt.
Ist eine der Basisvariablen eine künstliche Variable (x^*)? Nein.
Ist einer der Koeffizienten in g-Zeile kleiner als oder gleich null? Ja.
Das Minimum der **g**-Zeile wird Hauptspalte. Da das Minimum doppelt auftritt,
wähle man die Spalte der Variablen mit dem kleineren Index. Es werden die Quotienten für die nicht negativen Koeffizienten der **b**-Spalte und die positiven Koeffizienten der Hauptspalte berechnet. Das Minimum der **q**-Spalte wird Hauptzeile.

1.	NBV	x_1	x_2	b	
BV	−1	1	1	0	**q**
x_3	0	$\frac{1}{2}$	1	12	24
x_4	0	1	$\frac{1}{4}$	10	10
x_5	0	0	1	10	%
x_6	0	−1	0	−3	%
	g	−1	−1	0	

Mit dem ermittelten Hauptelement wird eine Basistransformation ausgeführt und es ergibt sich das 2. Schema.
Ist einer der Koeffizienten in der **g**-Zeile im 2. Schema kleiner als oder gleich null? Ja.
Das Minimum der **g**-Zeile wird Hauptspalte.
Es werden die Quotienten für die nicht negativen Koeffizienten der **b**-Spalte und die positiven Koeffizienten der Hauptspalte berechnet. Das Minimum der **q**-Spalte wird Hauptzeile.

2.	NBV	x_4	x_2	b	
BV	-1	0	1	0	q
x_3	0	$-\frac{1}{2}$	$\frac{7}{8}$	7	8
x_1	1	1	$\frac{1}{4}$	10	40
x_5	0	0	1	10	10
x_6	0	1	$\frac{1}{4}$	7	28
	g	1	$-\frac{3}{4}$	10	

Mit dem ermittelten Hauptelement wird eine Basistransformation ausgeführt und es ergibt sich das 3. Schema.

3.	NBV	x_4	x_3	b
BV	-1	0	0	0
x_2	1	$-\frac{4}{7}$	$\frac{8}{7}$	8
x_1	1	$\frac{8}{7}$	$-\frac{2}{7}$	8
x_5	0	$\frac{4}{7}$	$-\frac{8}{7}$	2
x_6	0	$\frac{8}{7}$	$-\frac{2}{7}$	5
	g	$\frac{4}{7}$	$\frac{6}{7}$	16

Ist einer der Koeffizienten in der **g**-Zeile im 3. Schema kleiner als oder gleich null? Nein.
Gibt es einen Koeffizienten in der **b**-Spalte kleiner als oder gleich null? Nein.
Das Maximum ist erreicht.

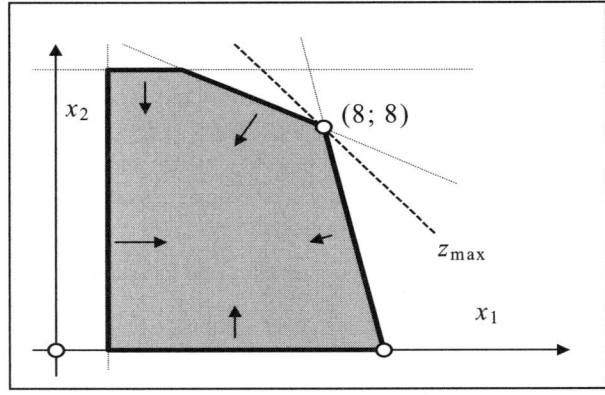

Bild 6. 8 Maximale Lösung

Das zweite Schema zeigt eine zulässige Basislösung (10; 0) obgleich das Ausgangsschema keine zulässige Basislösung hat, und mit dem dritten Schema ist die maximale Lösung (8; 8) mit dem Wert der Zielfunktion $z_{max} = 16$ Produkte gefunden.

Beispiel 6.10

Man löse das lineare Optimierungsproblem $\qquad z = 3x_1 + 2x_2 \to max$

$$\begin{array}{rrll} 2x_1 & +x_2 & \leq & 12 \\ 2x_1 & +4x_2 & \leq & 24 \end{array} \quad \text{mit } x_1, x_2 = beliebig.$$

Die erste Normalform lautet
$$z = 3x_{11} - 3x_{12} + 2x_{21} - 2x_{22} + 0x_3 + 0x_4 \to max$$
unter den Nebenbedingungen

$$\begin{array}{rrrrrrl} 2x_{11} & -2x_{12} & +x_{21} & -x_{22} & +x_3 & & = & 12 \\ 2x_{11} & -2x_{12} & +4x_{21} & -4x_{22} & & +x_4 & = & 24 \end{array}$$

und der Nichtnegativitätsbedingung $x_{11}, x_{12}, x_{21}, x_{22}, x_3, x_4 \geq 0$.

1.	NBV	x_{11}	x_{12}	x_{21}	x_{22}	b	
BV	−1	3	−3	2	−2	0	q
x_3	0	2	−2	1	−1	12	6
x_4	0	2	−2	4	−4	24	12
	g	−3	3	−2	2	0	

Dieses Ausgangsschema besitzt eine zulässige Basislösung.

2.	NBV	x_3	x_{12}	x_{21}	x_{22}	b	
BV	−1	0	−3	2	−2	0	q
x_{11}	3	$\frac{1}{2}$	−1	$\frac{1}{2}$	$-\frac{1}{2}$	6	12
x_4	0	−1	0	3	−3	12	4
	g	$\frac{3}{2}$	0	$-\frac{1}{2}$	$\frac{1}{2}$	18	

Auch das zweite Schema besitzt eine zulässige Basislösung.

3.	NBV	x_3	x_{12}	x_4	x_{22}	b
BV	-1	0	-3	0	-2	0
x_{11}	3	$\frac{2}{3}$	-1	$\frac{1}{6}$	0	4
x_{21}	2	$-\frac{1}{3}$	0	$\frac{1}{3}$	-1	4
	g	$\frac{4}{3}$	0	$\frac{1}{6}$	0	20

Das dritte Schema zeigt die maximale Lösung, da alle Koeffizienten der b-Spalte und der g-Zeile größer als null sind und es keine weiteren zulässigen Basislösungen gibt.
Die Zielfunktion nimmt ihr Maximum für $x_1 = x_{11} - x_{12} = 4$ und

$$x_2 = x_{21} - x_{22} = 4 \quad \text{mit } z_{max} = 20 \text{ an.}$$

Ein ausgeartetes lineares Optimierungsproblem erkennt man im Rechenschema daran, dass mindestens ein Koeffizient in der b-Spalte null ist.
Sehr häufig wird gerade diese Zeile als Hauptzeile gefunden. Jeder Bearbeiter muss darauf achten, dass die Rechnungen nicht in einem sich ständig wiederholenden Zyklus enden.
Solch einen Zyklus kann man besser erkennen, wenn bei verschiedenen möglichen Basisvariablen die mit dem kleinsten Index ausgewählt wird.

Beispiel 6.11

Man löse das lineare Optimierungsproblem $z = 60x_1 + 90x_2 \to \max$

$$
\begin{aligned}
4x_1 + 2x_2 &\le 100 \\
x_1 &\ge 5 \\
x_1 &\le 15 \\
3x_1 - x_2 &\ge 0
\end{aligned}
\quad \text{mit } x_2 \ge 0 .
$$

1.	NBV	x_1	x_2	b	
BV	-1	60	90	0	q
x_3	0	4	2	100	50
x_4	0	-1	0	-5	%
x_5	0	1	0	15	%
x_6	0	-3	1	0	0
	g	-60	-90	0	

Dieses Ausgangsschema besitzt eine nicht zulässige ($x_4 = -5$) und ausgeartete Basislösung $\left(x_6 = 0 \right)$.

Auch das zweite Schema besitzt eine nicht zulässige und ausgeartete Basislösung.

2.	NBV	x_1	x_6	b	
BV	−1	60	0	0	**q**
x_3	0	10	−2	100	10
x_4	0	−1	0	−5	%
x_5	0	1	0	15	15
x_2	90	−3	1	0	%
	g	−330	90	0	

3.	NBV	x_3	x_6	b
BV	−1	0	0	0
x_1	60	$\frac{1}{10}$	$-\frac{1}{5}$	10
x_4	0	$\frac{1}{10}$	$-\frac{1}{5}$	5
x_5	0	$-\frac{1}{10}$	$\frac{1}{5}$	5
x_2	90	$\frac{3}{10}$	$\frac{2}{5}$	30
	g	33	24	3300

Das dritte Schema zeigt die erste zulässige Basislösung und ist gleichzeitig die maximale Lösung, da alle Koeffizienten der b-Spalte und der g-Zeile größer als null sind.
Die Zielfunktion nimmt ihr Maximum für $x_1 = 10$ und $x_2 = 30$ mit $z_{max} = 3300$ an.

Die grafische Darstellung wird in Bild 6.6 gezeigt. Die Basislösungen aus dem ersten und dem zweiten Schema liegen im Koordinatenursprung.

In einem linearen Optimierungsproblem entstehen mehrere (unendlich viele) optimale Lösungen, wenn in der g-Zeile eine oder mehrere Nullen stehen.

Beispiel 6.12

Man löse das Optimierungsproblem $z = 2 + 4x_1 + 4x_2 \rightarrow \max$ mit

$$
\begin{aligned}
2x_1 + 2x_2 &\le 14 \\
3x_1 + x_2 &\le 15 \\
x_1 &\ge 1 \\
x_2 &\ge 0
\end{aligned}
$$

Die erste Normalform dieses linearen Optimierungsproblems lautet
$z = 2 + 4x_1 + 4x_2 + 0x_3 + 0x_4 + 0x_5 \to \max$,

$$
\begin{aligned}
2x_1 &+2x_2 &+x_3 & & & = 14 \\
3x_1 &+ x_2 & &+ x_4 & & = 15 \quad \text{und} \quad x_i \geq 0 . \\
- x_1 & & & &+ x_5 & = -1
\end{aligned}
$$

Der konstante Summand $c_0 = 2$ wird in der Tabelle des Simplexalgorithmus nicht berücksichtigt. Beim Bestimmen des Wertes der Zielfunktion muss c_0 zu dem Wert aus der Tabelle addiert werden.

1.	NBV	x_1	x_2	b	
BV	−1	4	4	0	**q**
x_3	0	2	2	14	7
x_4	0	3	1	15	5
x_5	0	−1	0	−1	%
	g	−4	−4	0	

2.	NBV	x_4	x_2	b	
BV	−1	0	4	0	**q**
x_3	0	$-\frac{2}{3}$	$\frac{4}{3}$	4	3
x_1	4	$\frac{1}{3}$	$\frac{1}{3}$	5	15
x_5	0	$\frac{1}{3}$	$\frac{1}{3}$	4	12
	g	$\frac{4}{3}$	$-\frac{8}{3}$	20	

3.	NBV	x_4	x_3	b	
BV	−1	0	0	0	**q**
x_2	4	$-\frac{1}{2}$	$\frac{3}{4}$	3	%
x_1	4	$\frac{1}{2}$	$-\frac{1}{4}$	4	8
x_5	0	$\frac{1}{2}$	$-\frac{1}{4}$	3	6
	g	0	2	28	

4.	NBV	x_5	x_3	b
BV	−1	0	0	0
x_2	4	1	$\frac{1}{2}$	6
x_1	4	−1	0	1
x_4	0	2	$-\frac{1}{2}$	6
	g	0	2	28

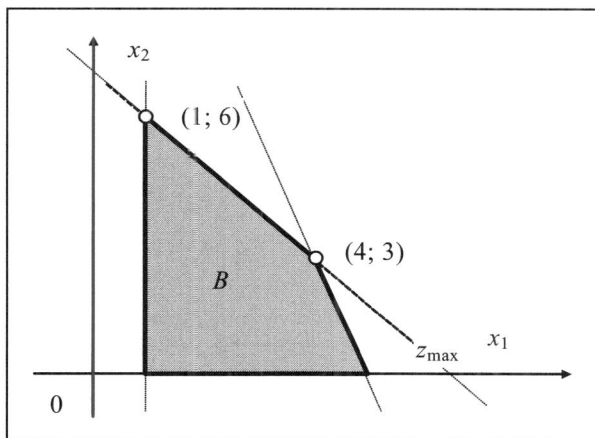

Bild 6. 9 Optimale Lösungen auf einer Kante

Das gefundene Hauptelement in dem vierten Schema führt auf das bereits bekannte dritte Schema zurück. Der Simplexalgorithmus ist beendet, da kein neues Schema mehr gefunden werden kann. Die Zielfunktion verläuft parallel zur ersten Nebenbedingung. Sowohl das dritte als auch das vierte Rechenschema enthalten optimale Lösungen des linearen Optimierungsproblems. Alle optimalen Punkte werden aus der konvexen Linearkombination der beiden optimalen Basislösungen gewonnen

$$\mathbf{x} = l_1 \begin{pmatrix} 1 \\ 6 \end{pmatrix} + l_2 \begin{pmatrix} 4 \\ 3 \end{pmatrix} \quad \text{mit } l_1 + l_2 = 1 \text{ und } l_1, l_2 \geq 0 .$$

Als Wert der Zielfunktion ergibt sich $z_{max} = 2 + 28 = 30$.

Beispiel 6.13

Man bestimme das Minimum der Zielfunktion $z = 3x_1 + x_2 \to min$, mit den Nebenbedingungen

$$\begin{array}{rrcll} 2x_1 & +3x_2 & \leq & 54 & \\ -20x_1 & +30x_2 & = & 60 & \text{und } x_2 = beliebig . \\ x_1 & & \geq & 3 & \end{array}$$

Die erste Normalform lautet

$$z' = -z = -3x_1 - x_{21} + x_{22} + 0x_3 - Mx_4^* + 0x_5 \to \max,$$

$$
\begin{aligned}
2x_1 &+ 3x_{21} - 3x_{22} + x_3 && = 54 \\
-20x_1 &+ 30x_{21} - 30x_{22} && + x_4^* && = 60, \\
-x_1 & && + x_5 && = -3
\end{aligned}
$$

$$x_1, x_{21}, x_{22}, x_3, x_4^*, x_5 \geq 0.$$

1.	NBV	x_1	x_{21}	x_{22}	**b**	
BV	-1	-3	-1	1	0	**q**
x_3	0	2	3	-3	54	18
x_4^*	$-M$	-20	30	-30	60	2
x_5	0	-1	0	0	-3	%
	g	3	1	-1	0	
	g*	$20M$	$-30M$	$30M$	$-60M$	

In dem nachfolgenden zweiten Schema wird x_4^* zur Nichtbasisvariablen. Die Nichtbasisvariablen werden in der Basislösung null gesetzt. Somit hat die Variable x_4^* den Wert null, solange sie Nichtbasisvariable ist. Um zu verhindern, dass die Variable x_4^* zurück getauscht wird und vielleicht einen anderen Wert als null bekommt, streicht man die Spalte x_4^*.

2.	NBV	x_1	x_4^*	x_{22}	**b**
BV	-1	-3	$-M$	1	0
x_3	0	4	⋮	0	48
x_{21}	-1	$-\frac{2}{3}$	⋮	-1	2
x_5	0	-1	⋮	0	-3
	g	$1\frac{1}{3}$	⋮	0	-2
	p	$1\frac{1}{3}$	%		

3.	NBV	x_5	x_4^*	x_{22}	**b**
BV	-1	0	$-M$	1	0
x_3	0	4	⋮	0	36
x_{21}	-1	$-\frac{2}{3}$	⋮	-1	4
x_1	-3	-1	⋮	0	3
	g	$1\frac{1}{3}$	⋮	0	-13

In dem dritten Schema findet man noch die Spalte x_{22} als Hauptspalte. Es existiert jedoch kein q_i, so dass der Simplexalgorithmus hier beendet ist. Die optimale Lösung heißt $x_1 = 3$, $x_2 = x_{21} - x_{22} = 4 - 0 = 4$ und $z_{min} = 13$.

Die grafische Lösung dieser Aufgabe kann dem Bild 6.2 von Beispiel 6.4 entnommen werden.

Beispiel 6.14

Man löse das lineare Optimierungsproblem

$$z = 2x_1 + x_2 \to max \quad \text{mit} \quad \begin{array}{rl} x_1 - 2x_2 & \leq 0 \\ x_1 + 2x_2 & \geq 8 \\ x_1 & \leq 10 \end{array} \quad \text{und} \quad x_1, x_2 \geq 0 .$$

1.	NBV	x	x_2	b	
BV	-1	2	1	0	**q**
x_3	0	1	-2	0	0
x_4	0	-1	-2	-8	%
x_5	0	1	0	10	10
	g	-2	-1	0	

Bereits in der ersten Tabelle ist das Unlösbarkeitskriterium nach Satz 6. 10 für die Spalte x_2 erfüllt. Erkennt der Bearbeiter diese Eigenschaft nicht sofort, wird er in der weiteren Bearbeitung ein weiteres Mal damit konfrontiert.

2.	NBV	x_3	x_2	b	
BV	-1	0	1	0	**q**
x_1	2	1	-2	0	%
x_4	0	1	-4	-8	%
x_5	0	-1	2	10	5
	g	2	-5	0	

3.	NBV	x_3	x_5	b	
BV	-1	0	0	0	**q**
x_1	2	0	1	10	%
x_4	0	-1	2	12	%
x_2	1	$-\frac{1}{2}$	$\frac{1}{2}$	5	%
	g	$-\frac{1}{2}$	$\frac{5}{2}$	25	

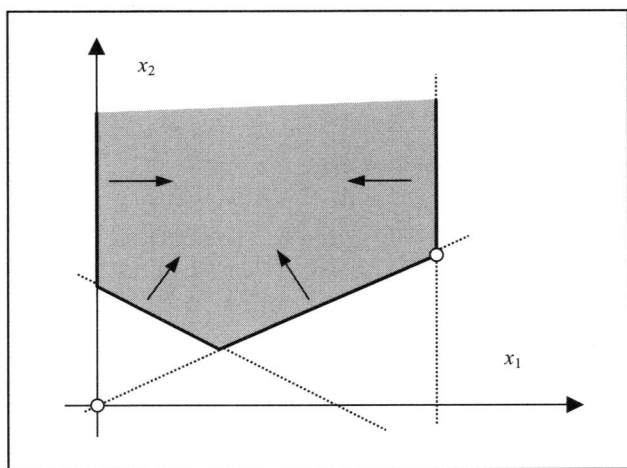

Bild 6. 10 Offener Lösungsbereich

Nach zwei Basistransformationen entsteht folgende Situation. In der x_3-Spalte liegt das Minimum der **g**-Zeile. Für diese Hauptspalte existiert jedoch kein Quotient q_i in der **q**-Spalte. Somit ist dieses Optimierungsproblem unlösbar. Alle Basistransformationen sind überflüssig, denn bereits im ersten Schema ist die Unlösbarkeit erkennbar.

Beispiel 6.15

Man löse das lineare Optimierungsproblem

$$z = x_1 + 2x_2 \to max \quad \text{mit} \quad \begin{array}{rcrcl} x_1 & +x_2 & & \le & 90 \\ -2x_1 & +x_2 & & \le & 60 \\ 3x_1 & +2x_2 & & \ge & 300 \end{array} \quad \text{und} \quad x_1, x_2 \ge 0.$$

1.	NBV	x_1	x_2	b	
BV	−1	1	2	0	**q**
x_3	0	1	1	90	90
x_4	0	−2	**1**	60	60
x_5	0	−3	−2	−300	%
	g	−1	−2	0	

Das erste Tableau beinhaltet keine zulässige Basislösung, da x_5 die Nichtnegativitätsbedingung nicht erfüllt. Für die Basistransformation wird das Element a_{22} als Hauptelement ermittelt.

2.	NBV	x_1	x_4	b	
BV	−1	1	0	0	q
x_3	0	3	−1	30	90
x_2	2	−2	1	60	%
x_5	0	−7	2	−180	%
	g	−5	2	120	

Die zweite Tabelle hat ebenfalls keine zulässige Basislösung.

3.	NBV	x_3	x_4	b	
BV	−1	0	0	0	q
x_1	1	$1/3$	$-1/3$	10	
x_2	2	$2/3$	$1/3$	80	
x_5	0	$7/3$	$-1/3$	−110	←
	g	$5/3$	$1/3$	170	
	p	%	1		

In der g-Zeile sind alle Koeffizienten größer als null, somit wird die Zeile mit dem kleinsten negativen b-Wert Hauptzeile. Es ist die p-Zeile zu ermitteln, und der kleinste p-Wert bestimmt die Hauptspalte.

4.	NBV	x_3	x_5	b	
BV	−1	0	0	0	q
x_1	1	−2	−1	120	
x_2	2	3	1	−30	←
x_4	0	−7	−3	330	
	g	4	1	60	
	p	%	%		

Die vierte Tabelle beinhaltet keine zulässige Basislösung. Die Hauptzeile findet man mit dem Minimum der b-Spalte. Mit der Hauptzeile kann kein Koeffizient in der p-Zeile gebildet werden. Daraus folgert, dass dieses Optimierungsproblem keine weitere zulässige Basislösung besitzt. Da keine der vier Tabellen eine zulässige Basislösung hatte und es keine weiteren zulässigen Basislösungen gibt, hat dieses Optimierungsproblem überhaupt keine zulässige Lösung und somit auch keine optimale Lösung.

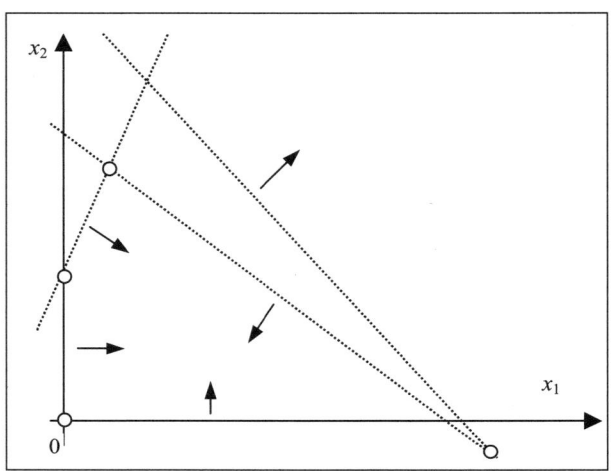

Bild 6. 11 Darstellung der Bedingungen

Die Basislösungen der einzelnen Tabellen sind in Bild 6.11 markiert.

Beispiel 6.16

Man löse das lineare Optimierungsproblem

$$z = 20x_1 + 50x_2 + 30x_3 \rightarrow max$$

mit
$$
\begin{aligned}
x_1 &&&\geq 20 \\
x_1 &+ x_2 &&\geq 30 \\
x_1 &+ x_2 &+ x_3 &\leq 40
\end{aligned}
$$
und $x_2, x_3 \geq 0$.

Die 1. Normalform dieser Optimierungsaufgabe lautet

$$z = 20x_1 + 50x_2 + 30x_3 + 0x_4 + 0x_5 + 0x_6 \rightarrow max$$

mit den Nebenbedingungen

$$
\begin{aligned}
-x_1 && &+ x_4 & & &= -20 \\
-x_1 &- x_2 && &+ x_5 & &= -30 \\
x_1 &+ x_2 &+ x_3 && &+ x_6 &= 40
\end{aligned}
$$

sowie

$$x_1, x_2, x_3, x_4, x_5, x_6 \geq 0.$$

1.	NBV	x_1	x_2	x_3	b	
BV	−1	20	50	30	0	q
x_4	0	−1	0	0	−20	%
x_5	0	−1	−1	0	−30	%
x_6	0	1	1	1	40	40
	g	−20	−50	−30	0	

Das Hauptelement in dem zweiten Schema wird mit einer **p**-Zeile ermittelt.

2.	NBV	x_1	x_6	x_3	b
BV	−1	20	0	30	0
x_4	0	−1	0	0	−20
x_5	0	0	1	1	10
x_2	50	1	1	1	40
	g	30	50	20	2000
	p	30	%	%	

Sowohl das erste als auch das zweite Schema enthalten keine zulässige Basislösung.

3.	NBV	x_4	x_6	x_3	b
BV	−1	0	0	30	0
x_1	20	−1	0	0	20
x_5	0	0	1	1	10
x_2	50	1	1	1	20
	g	30	50	20	1400

Das dritte Schema enthält die optimale Lösung. Das Maximum ergibt sich für $x_1 = 20$, $x_2 = 20$ und $x_3 = 0$. Der Wert der Zielfunktion ergibt sich zu 1.400.

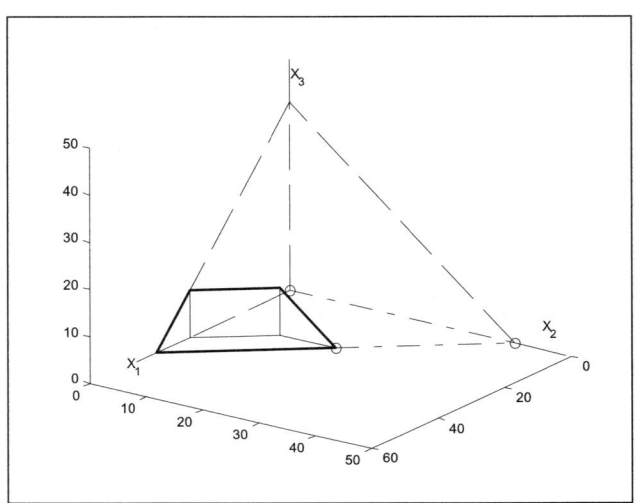

Bild 6.12 Zulässiger Lösungsbereich im 3D-Raum

Der Lösungsweg ist in Bild 6.12 durch „o" markiert.

6.4 Duale Simplexmethode

Der in Abschnitt 6.3 vorgeschlagene Simplexalgorithmus ist geeignet, alle linearen Optimierungsprobleme zu lösen. Neben der hier vorgestellten primalen Simplextheorie gibt es eine weitere sogenannte duale Simplextheorie. Es ist gut, wenn der Leser einige einfache Kenntnisse über duale Probleme hat. Die wichtigsten Zusammenhänge von primalem und dualem Optimierungsproblem werden am Beispiel der zweiten Normalform erläutert.

Jedes lineare Optimierungsproblem in der zweiten Normalform

$$z(\mathbf{x}) = \mathbf{c}^T \mathbf{x} \rightarrow max ,$$
$$\mathbf{A}\,\mathbf{x} \leq \mathbf{b}$$
$$x_k \geq 0 , k = 1, 2, \ldots , n$$

kann in ein duales Problem

$$w(\mathbf{y}) = \mathbf{b}^T \mathbf{y} \rightarrow min ,$$
$$\mathbf{A}^T \mathbf{y} \geq \mathbf{c} ,$$
$$y_j \geq 0 , j = 1, 2, \ldots , m$$

umgeformt werden.

Für die Umformung gelten die folgenden Regeln:

1. Aus dem primalen Maximumproblem wird ein duales Minimumproblem.
2. Die Relation „ $\leq$ " in den Nebenbedingungen wird zu „ $\geq$ ".
3. Die Koeffizienten der rechten Seite $\mathbf{b}$ des primalen Problems werden zu Koeffizienten der Zielfunktion im dualen Problem.
4. Die Koeffizienten der Zielfunktion $\mathbf{c}$ des primalen Problems werden zu Koeffizienten der rechten Seite im dualen Problem.
5. Die Koeffizientenmatrix $\mathbf{A}$ des primalen Problems wird transponiert.

Beispiel 6.17

Wie heißt das duale Optimierungsproblem zu
$z = 4x_1 + 4x_2 \rightarrow$ max mit

$$
\begin{array}{rrcr}
2x_1 & +2x_2 & \leq & 14 \\
3x_1 & + x_2 & \leq & 15 \\
- x_1 & & \leq & -1 \\
& x_2 & \geq & 0
\end{array}
$$

?

Das duale Optimierungsproblem lautet

$$w = 14y_1 + 15y_2 - y_3 \to min,$$

$$\begin{array}{rrll} 2y_1 & +3y_2 & -y_3 & \geq \ 4 \\ 2y_1 & +y_2 & & \geq \ 4 \end{array}, \ y_1, y_2, y_3 \geq 0.$$

Satz 6.11

Für eine zulässige Lösung x des primalen Problems und eine zulässige Lösung y des zugehörigen dualen Problems gilt immer
$$z(x) \leq w(y).$$

Satz 6.12

Wenn x_0 optimale Lösung des primalen Problems und y_0 optimale Lösung des zugehörigen dualen Problems sind, dann gilt stets
$$z(x_0) = w(y_0).$$

Auch die Umkehrung ist richtig. Wenn eine zulässige Lösung des primalen Problems $z(x)$ mit einer zulässigen Lösung des zugehörigen dualen Problems $w(y)$ übereinstimmt, sind beide Lösungen optimal.

In dem vorgestellten Simplexalgorithmus (Abschnitt 6.3) sind die Regeln des primalen und des dualen Simplexproblems enthalten. Somit ist mit dem optimalen Schema eines primalen Problems auch gleichzeitig die optimale Lösung des zugehörigen dualen Problems berechnet.
Die Lösung des dualen Problems findet man in der **g**-Zeile des Rechenschemas.

Definition

Ein Simplexschema ist primal zulässig, wenn alle Koeffizienten der **b**-Spalte nicht negativ sind.
Ein Simplexschema ist dual zulässig, wenn alle Koeffizienten der **g**-Zeile nicht negativ sind.

Definition

Ein Simplexschema enthält eine optimale Lösung, wenn es sowohl primal als auch dual zulässig ist.

Die Zusammenhänge zwischen dem primalen und dualen Problem sind nicht einfach darstellbar. Ein Beispiel zeigt vielleicht eine Idee des Sachverhaltes.

Beispiel 6.18

Ein Unternehmen produziert drei Produkte P_1, P_2 und P_3 aus vier verschiedenen Rohmaterialien R_1, R_2, R_3 und R_4. Mit jedem dieser Produkte kann ein Gewinn von jeweils 12 T€, 18 T€ bzw. 6 T€ erzielt werden.
Welchen maximalen Gewinn kann das Unternehmen erzielen, wenn von den Rohmaterialien 120 kg, 150 kg, 150 kg bzw. 100 kg vorhanden sind.

Materialbedarf in kg	R_1	R_2	R_3	R_4
Produkt P_1		3	1	4
Produkt P_2	2	2	2	
Produkt P_3	2	2	1	1
Vorhandene Mengen	120	150	150	100

Aus dieser Aufgabenstellung ergibt sich das primale Problem

$z = 12x_1 + 18x_2 + 6x_3 \to max$

$$\text{mit } \begin{array}{rl} 2x_2 +2x_3 & \leq 120 \\ 3x_1 + 2x_2 +2x_3 & \leq 150 \\ x_1 + 2x_2 + x_3 & \leq 150 \\ 4x_1 + x_3 & \leq 100 \end{array} \text{ und } x_1, x_2, x_3 \geq 0.$$

Für die benutzten Schlupfvariablen werden die Bezeichnungen y_1, y_2, y_3 uns y_4 benutzt. Es ergibt sich die erste Tabelle zu:

1.	NBV	x_1	x_2	x_3	b	
BV	-1	12	18	6	0	q
y_1	0	0	2	2	120	60
y_2	0	3	2	2	150	75
y_3	0	1	2	1	150	75
y_4	0	4	0	1	100	%
	g	-12	-18	-6	0	

2.	NBV	x_1	y_1	x_3	b	
BV	-1	12	0	6	0	q
x_2	18	0	$1/2$	1	60	%
y_2	0	3	-1	0	30	10
y_3	0	1	-1	-1	30	30
y_4	0	4	0	1	100	25
	g	-12	9	12	1080	

3.	NBV	y_2	y_1	x_3	b
BV	−1	0	0	6	0
x_2	18	0	$1/2$	1	60
x_1	12	$1/3$	$−1/3$	0	10
y_3	0	$−1/3$	$−2/3$	−1	20
y_4	0	$−4/3$	$4/3$	1	60
	g	4	5	12	1200

Aus diesem Schema kann die optimale Lösung mit $x_1 = 10$, $x_2 = 60$ und $x_3 = 0$ bei einem Wert $z = 1200$ der Zielfunktion abgelesen werden.

Die Schlupfvariablen $y_3 = 20$ und $y_4 = 60$ zeigen an, dass die dritte und vierte Nebenbedingung nicht voll ausgeschöpft werden. Es bestehen Rohstoffreserven bei diesem Produktionsprogramm für die Rohstoffe R_3 und R_4 .

In dem dualen Problem werden die Schlupfvariablen mit den Problemvariablen aus dem primalen Problem ausgetauscht (und umgekehrt).

Das zugehörige duale Optimierungsproblem lautet

$$w = 120y_1 + 150y_2 + 150y_3 + 100y_4 \rightarrow min$$

$$\begin{array}{llll} & 3y_2 & +y_3 & +4y_4 & \geq & 12 \\ \text{mit } 2y_1 & +2y_2 & +2y_3 & & \geq & 18 \\ 2y_1 & +2y_2 & +y_3 & +y_4 & \geq & 6 \end{array} \text{ und } y_1, y_2, y_3, y_4 \geq 0 .$$

Benutzt man das dritte Schema des primalen Problems als Lösung des dualen Problems, ergibt sich das letzte duale Schema aus dem gestürzten letzten primalen Schema.

	NBV	x_2	x_1	y_3	y_4	c
BV	1	0	0	150	100	0
y_2	150	0	$1/3$	$−1/3$	$−4/3$	4
y_1	120	$1/2$	$−1/3$	$−2/3$	$4/3$	5
x_3	0	1	0	−1	1	12
		60	10	20	60	1200

Aus diesem Schema ermittelt man die duale Lösung $y_1 = 5$, $y_2 = 4$, $y_3 = 0$, $y_4 = 0$ und $w = 1200$.
Die Variable $x_3 = 12$ zeigt, dass die dritte Nebenbedingung im dualen System nicht ausgeschöpft wird.

In dem primalen Problem wird ein maximaler Gewinn bei gegebenen Rohstoff-ressourcen bestimmt. Die Werte der Schlupfvariablen zeigen die Auslastung der Nebenbedingungen.

In dem dualen Problem werden Kosten bei gegebenem Gewinn minimiert. Die Problemvariablen y_1, y_2, y_3 und y_4 beinhalten z.B. die Preise oder Kosten der einzelnen Rohmaterialien. Die Variablen werden in diesem Zusammenhang auch als Schattenpreise oder Opportunitätskosten bezeichnet.

Die Schlupfvariablen zeigen ebenfalls den Auslastungsstand der Nebenbedingun-gen. Eine Schlupfvariable mit dem Wert null zeigt eine voll genutzte Nebenbe-dingung an, während anderenfalls die Nichtauslastung angegeben wird.

Eine Erhöhung der rechten Seite der ersten Nebenbedingung um 1 bewirkt eine Vergrößerung des Wertes der Zielfunktion um 5. Eine Erhöhung der rechten Seite der zweiten Nebenbedingung um 2 bewirkt eine Vergrößerung der Zielfunktion um 8. Eine Erhöhung der dritten oder vierten Nebenbedingung hat keinen Ein-fluss auf die optimale Lösung, dadurch vergrößern sich lediglich die Werte der Schlupfvariablen.
Beachtenswert ist, dass den nicht voll genutzten Nebenbedingungen aus dem primalen Problem der Schattenpreis null im dualen Problem zugeordnet wird. Den voll genutzten Nebenbedingungen, auch als Engpass bezeichnet, wird ein Schattenpreis größer als null zugeordnet.

Beispiel 6.19

Welche Lösungen hat das lineare Optimierungsproblem
$$w = 11y_1 + 11y_2 + 10y_3 \to \min$$

$$\text{mit} \quad \begin{aligned} y_1 \ + y_2 \ + y_3 &\geq 5 \\ y_1 \ + 2y_2 \ + y_3 &\geq 8 \\ 2y_1 \ + y_2 \ + y_3 &\geq 6 \end{aligned} \quad \text{und } y_1, y_2, y_3 \geq 0.$$

Dieses duale Problem kann in eine primale Aufgabenstellung umgewandelt wer-den.
$$z = 5x_1 + 8x_2 + 6x_3 \to \max$$

$$\text{mit} \quad \begin{aligned} x_1 \ + x_2 \ + 2x_3 &\leq 11 \\ x_1 \ + 2x_2 \ + x_3 &\leq 11 \\ x_1 \ + x_2 \ + x_3 &\leq 10 \end{aligned} \quad \text{und } x_1, x_2, x_3 \geq 0.$$

1	NBV	x_1	x_2	x_3	b
BV	1	5	8	6	0
y_1	0	1	1	2	11
y_2	0	1	2	1	11
y_3	0	1	1	1	10
	g	−5	−8	−6	0

2	NBV	x_1	y_2	x_3	b
BV	1	5	0	6	0
y_1	0	$\frac{1}{2}$	$-\frac{1}{2}$	$\frac{3}{2}$	$\frac{11}{2}$
x_2	8	$\frac{1}{2}$	$\frac{1}{2}$	$\frac{1}{2}$	$\frac{11}{2}$
y_3	0	$\frac{1}{2}$	$-\frac{1}{2}$	$\frac{1}{2}$	$\frac{9}{2}$
	g	−1	4	−2	44

3	NBV	x_1	y_2	y_1	b
BV	1	5	0	0	0
x_3	6	$\frac{1}{3}$	$-\frac{1}{3}$	$\frac{2}{3}$	$\frac{11}{3}$
x_2	8	$\frac{1}{3}$	$\frac{2}{3}$	$-\frac{1}{3}$	$\frac{11}{3}$
y_3	0	$\frac{1}{3}$	$-\frac{1}{3}$	$-\frac{1}{3}$	$\frac{8}{3}$
	g	$-\frac{1}{3}$	$\frac{10}{3}$	$\frac{4}{3}$	$\frac{154}{3}$

4	NBV	y_3	y_2	y_1	b
BV	1	0	0	0	0
x_3	6	−1	0	1	1
x_2	8	−1	1	0	1
x_1	5	3	−1	−1	8
	g	1	3	1	54

Das vierte Schema enthält die optimale Lösung des Optimierungsproblems. Das Ersatzproblem hat die maximale Lösung $x_1 = 8$, $x_2 = 1$ und $x_3 = 1$ mit dem Wert der Zielfunktion $z_{max} = 54$.

Aus dem vierten Schema kann auch die Lösung des zugehörigen dualen Problems entnommen werden. Die duale Lösung lautet $y_1 = 1$, $y_2 = 3$ und $y_3 = 1$ mit dem Wert der Zielfunktion $w_{min} = 54 = z_{max}$.

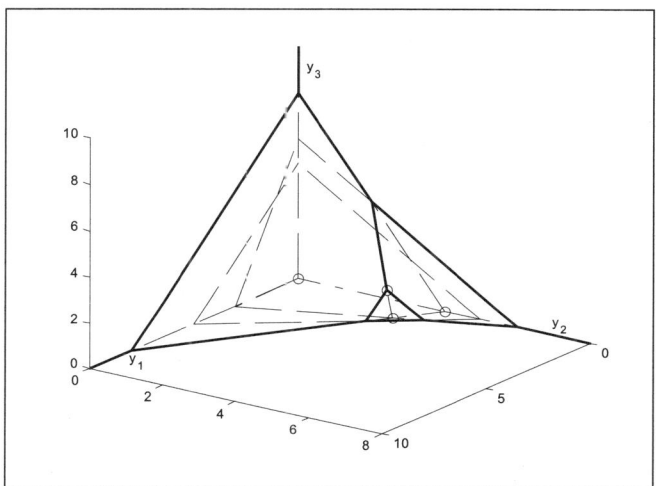

Bild 6.13 Zulässiger Lösungsbereich und Weg der Lösung

Der Lösungsweg ist in Bild 6.13 durch „o" markiert. Die Basislösungen werden aus dem dualen Schema (in der **g**-Zeile) abgelesen.

6.5 Optimierungsprobleme mit veränderlicher Zielfunktion

Im Abschnitt 6.3 wird der Simplexalgorithmus zur Lösung von linearen Optimierungsproblemen beschrieben. Die ermittelten Lösungen gelten für eine bestimmte Zielfunktion unter festen Nebenbedingungen und der Nichtnegativitätsbedingung für die benutzten Variablen.

Die Wirtschaft unterliegt dynamischen Prozessen, so dass es sehr häufig eine Veränderung in den Zielparametern gibt. Der Gewinn oder die Aufwendungen hängen von realisierten Preisen ab, die wiederum zeitlichen Schwankungen unterliegen. Wie kann geprüft werden, ob das bekannte Optimum weiter angenommen werden kann, oder ob ein neues Optimum bestimmt werden muss, wenn sich die Zielfunktion verändert?

Für eine andere Zielfunktion ist der Simplexalgorithmus zu wiederholen, um zu prüfen, ob eine andere Lösung folgt oder ob die vorher bestimmte Lösung weiter gültig ist. Es stellt sich die Frage: Muss der Simplexalgorithmus wirklich von Anfang an wiederholt werden?

Vorausgesetzt, dass die Nebenbedingungen und die Nichtnegativitätsbedingung fest sind, hat dieses Optimierungsproblem einen festen zulässigen Lösungsraum, der durch die Lösung des zugehörigen linearen Ungleichungssystems bestimmt wird. Verschiedene Zielfunktionen ziehen unterschiedliche optimale Lösungen nach sich. Der beschriebene Algorithmus startet im Koordinatenursprung und tastet sich zur optimalen Lösung durch. Hierbei kann es sein, dass einzelne Tabellen nicht zulässige Basislösungen beinhalten. Das ist nicht weiter problematisch, da der Algorithmus das beachtet und eine erste zulässige Basislösung findet. Ist erst eine zulässige Basislösung bekannt, findet der Algorithmus nur noch zulässige Basislösungen mit nicht sinkenden Werten der Zielfunktion.

Die bekannte optimale Lösung für eine gegebene Zielfunktion ist nach Satz 6.6 eine zulässige Basislösung für die gegebenen Nebenbedingungen bei Einhalten der Nichtnegativitätsbedingung. Es kann also diese Basislösung als Ausgangspunkt für das neue Optimierungsproblem benutzt werden. Mitunter ist der Koordinatenursprung ein schlechterer Ausgangspunkt, da er möglicherweise eine nicht zulässige Basislösung darstellt. Das Auswechseln der Zielfunktion im Rechenschema stellt sich sehr einfach dar. Die Koeffizienten der alten Zielfunktion sind jeweils durch die Koeffizienten der neuen Zielfunktion zu ersetzen. Die neue Zielfunktion zieht natürlich auch eine neue Basisdarstellung der Zielfunktion, die in der **g**-Zeile notiert ist, nach sich.

Die neue **g**-Zeile findet man durch paarweise Multiplikation der zweiten Spalte des Schemas mit allen Spalten der Koeffizientenmatrix und der **b**-Spalte und Summieren über die Spalte.

Beispiel 6.20

Zwei Teilbetriebe T_1 und T_2 eines Unternehmens stellen das gleiche Produkt P nach verschiedenen Technologien her.

Der Rohstoffbedarf und -vorrat ist der Tabelle zu entnehmen.

	Verbrauch an Rohstoffen je Produkt		
	in Betrieb T_1	in Betrieb T_2	Rohstoffvorrat
Rohstoff 1	0,5	1	12
Rohstoff 2	1	0,25	10
Rohstoff 3	0	1	10

Der Betrieb T_1 soll wenigstens drei Einheiten des Produktes P herstellen.
Wie viel Einheiten des Produktes P müssen die Teilbetriebe T_1 und T_2 herstellen, damit die Gesamtproduktion maximal wird?

Das lineare Optimierungsproblem lautet $z = x_1 + x_2 \rightarrow$ max mit

$$\begin{array}{rrll}
\frac{1}{2}x_1 & +x_2 & \leq & 12 \\
x_1 & +\frac{1}{4}x_2 & \leq & 10 \\
& x_2 & \leq & 10 \\
x_1 & & \geq & 3
\end{array} \quad \text{und} \quad x_2 \geq 0 \;.$$

3.	NBV	x_4	x_3	b
BV	-1	0	0	0
x_2	1	$-\frac{4}{7}$	$\frac{8}{7}$	8
x_1	1	$\frac{8}{7}$	$-\frac{2}{7}$	8
x_5	0	$\frac{4}{7}$	$-\frac{8}{7}$	2
x_6	0	$\frac{8}{7}$	$-\frac{2}{7}$	5
g		$\frac{4}{7}$	$\frac{6}{7}$	16

Das dritte Schema des Beispiels 6.9 zeigt die maximale Lösung (8; 8) mit dem Wert der Zielfunktion $z_{max} = 16$ Produkte für die maximale Produktion.

Wie stellt sich die Lösung dar, wenn nicht die Maximalproduktion angestrebt wird, sondern der Gewinnvorteil des zweiten Standortes berücksichtigt wird?
Das Unternehmen am Standort 2 realisiert das Fünffache des Gewinns, der vom Unternehmen am Standort 1 erzielt wird.

Die neue Zielfunktion lautet $z = x_1 + 5x_2 \rightarrow$ *max*.

3.	NBV	x_4	x_3	b	
BV	-1	0	0	0	**q**
x_2	5	$-\frac{4}{7}$	$\frac{8}{7}$	8	$\%$
x_1	1	$\frac{8}{7}$	$-\frac{2}{7}$	8	7
x_5	0	$\frac{4}{7}$	$-\frac{8}{7}$	2	$\frac{7}{2}$
x_5	0	$\frac{8}{7}$	$-\frac{2}{7}$	5	$\frac{35}{8}$
g		$-\frac{12}{7}$	$\frac{38}{7}$	48	

In diesem Schema sind die Koeffizienten der alten durch die Koeffizienten der neuen Zielfunktion ersetzt.
Die **g**-Zeile zeigt, dass dieses Schema für die neue Zielfunktion nicht optimal ist.
Es ist ein weiterer Simplexschritt nötig.

4.	NBV	x_6	x_3	b
BV	-1	0	0	0
x_2	5	1	0	10
x_1	1	-2	2	4
x_5	0	$7/4$	-2	$\times^5$
x_6	0	-2	2	1
	g	3	$22/7$	54

Nach einem Simplexschritt ergibt sich die optimale Lösung für die neue Zielfunktion mit $x_1 = 4$ und $x_2 = 10$ sowie dem neuen Wert der Zielfunktion $z = 54$.

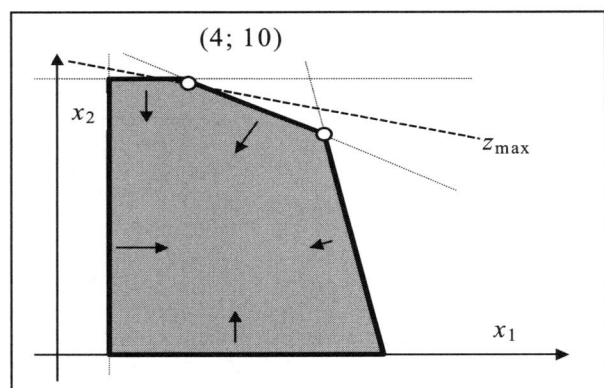

Bild 6.14 Maximale Zielfunktion

Als optimale Lösung dieser Aufgabe mit der neuen Zielfunktion ergibt sich ein anderer als der ursprüngliche Punkt $(8; 8)$.

Eine besondere Rolle spielt die Zielfunktion $z = x_1 + 4x_2 \rightarrow max$, da diese Zielfunktion die zwei Punkte $(8; 8)$ und $(4; 10)$ als optimale Basislösungen besitzt.
Das Verhältnis der Koeffizienten der Zielfunktion von x_1 zu x_2 zueinander ist wesentlich bei der Entscheidung für eine der beiden optimalen Lösungen.

Beispiel 6.21

In einem Unternehmen werden die beiden Erzeugnisse A und B produziert. Für höchstens 100 h Arbeitszeit soll ein Produktionsprogramm aufgestellt werden.

Es ist bekannt:

	A	B
geplante Zeit pro Stück [h]	4	2
geplanter Gewinn pro Stück [€]	60	90

Von dem Erzeugnis A sollen mindestens 5 Stück, aber höchstens 15 Stück in dieser Zeit hergestellt werden. Die produzierte Stückzahl von Produkt B soll höchstens das Dreifache der Stückzahl von Produkt A betragen.
Wie muss das Unternehmen die Produktion planen, um in dem gegebenen Zeitraum einen maximalen Gewinn zu erzielen?

Es ergibt sich das lineare Optimierungsproblem $z = 60x_1 + 90x_2 \to \max$

$$
\begin{aligned}
4x_1 + 2x_2 &\le 100 \\
x_1 &\ge 5 \\
x_1 &\le 15 \quad \text{mit } x_2 \ge 0. \\
3x_1 - x_2 &\ge 0
\end{aligned}
$$

3.	NBV	x_3	x_6	b
BV	-1	0	0	0
x_1	60	$\frac{1}{10}$	$-\frac{1}{5}$	10
x_4	0	$\frac{1}{10}$	$-\frac{1}{5}$	5
x_5	0	$-\frac{1}{10}$	$\frac{1}{5}$	5
x_2	90	$\frac{3}{10}$	$\frac{2}{5}$	30
	g	33	24	3300

Das dritte Schema von Beispiel 6.11 zeigt die erste zulässige Basislösung und ist gleichzeitig die maximale Lösung, da alle Koeffizienten der b-Spalte und der g-Zeile größer als null sind.
Die Zielfunktion nimmt ihr Maximum für $x_1 = 10$ und $x_2 = 30$ mit $z_{max} = 3300$ € an.

Der geplante Gewinn je Stück der Produkte A und B kann nicht realisiert werden. Muss die Produktion umgestellt werden, wenn ein Gewinn von 80 € je Stück A und 50 € je Stück B erzielt werden kann?

Es ergibt sich also eine neue Zielfunktion $z = 80x_1 + 50x_2 \to \max$.

Diese neue Zielfunktion wird in die Tabelle 3 aus Beispiel 6.11 eingesetzt. Es entsteht die Tabelle 4.

4.	NBV	x_3	x_6	b
BV	−1	0	0	0
x_1	80	$1/10$	$-1/5$	10
x_4	0	$1/10$	$-1/5$	5
x_5	0	$-1/10$	$1/5$	5
x_2	50	$3/10$	$2/5$	30
	g	23	4	1300

Aus dem vierten Schema kann man ablesen, dass die bereits bekannte optimale Lösung auch für die neue Zielfunktion optimal ist. Die Produktion muss nicht umgestellt werden.

Eine andere optimale Lösung ergibt sich erst, wenn der Gewinn für das Produkt **A** größer als das Doppelte des Gewinns für Produkt **B** ist

$$(c_1 a_{16} + c_2 a_{26} = -\tfrac{1}{5} c_1 + \tfrac{2}{5} c_2 < 0).$$

Wie kann eine ständige Veränderung der Zielfunktion in einem Optimierungsproblem berücksichtigt werden?
Zunächst sei angenommen, dass nur die Zielfunktion von einer Veränderlichen t abhängt. Die Koeffizienten $c_i = c_i(t)$ der Zielfunktion seien Funktionen von einem Parameter t. Die Zielfunktion $z = z(t)$ ergibt sich somit als eine Funktion von dem Parameter t

$$z = z(t) = c(t)^T x(t) \;\to\; \max$$

und hat für verschiedene t unterschiedliche maximale Lösungen $x_{\max}(t)$.

Das Optimierungsproblem lässt sich allgemein aufschreiben als

$$z(t) = c(t)^T x(t) \;\to\; \max$$
$$A\, x(t) = b$$
$$x_i(t) \geq 0\,.$$

Es sei vorausgesetzt, dass die Koeffizienten $c_i(t) = c_{i0} + c_{i1} t$ lineare Funktionen von t sind, und dass eine erste zulässige Basislösung bekannt ist. Die allgemeine Zielfunktion heißt dann

$$z = (c_{10} + c_{11} t)\, x_1 + (c_{20} + c_{21} t)\, x_2 + \dots + (c_{n0} + c_{n1} t)\, x_n \;\to\; max\,.$$

Satz 6.13

Ist die Zielfunktion $z(t)$ eine Funktion von t, ist auch die Basisdarstellung $g(t)$ der Zielfunktion, die in der **g**-Zeile notiert wird, eine Funktion von t.

Sind alle Koeffizienten $b_i \geq 0$ der rechten Seiten in einem Simplexschema größer oder gleich null, hat man eine optimale Lösung, wenn alle Koeffizienten $g_j(t) \geq 0$ der Basisdarstellung der Zielfunktion größer oder gleich null sind.
Durch Auswerten aller Ungleichungen

$$g_{10} + g_{11}t \geq 0 \,, g_{20} + g_{21}t \geq 0 \,, \dots , g_{n0} + g_{n1}t \geq 0$$

findet man den Bereich $t_u \leq t \leq t_o$, in dem diese Basislösung optimale Lösung ist, wenn das Intervall $t_u \leq t \leq t_o$ nicht leer ist.
Durch systematische Vorgehensweise findet man alle gültigen Intervalle für t , die eine optimale Lösung haben, und alle zugehörigen optimalen Lösungen.

Definition

In einem t-Intervall $t_u \leq t \leq t_o$ existiert genau eine zulässige Basislösung Die untere t_u und die obere Intervallgrenze t_o werden t-Punkte genannt.

Das Intervall $-\infty \leq t \leq \infty$ wird in Teilintervalle zerlegt, für die zulässige Basislösungen existieren und entsprechend optimale Lösung sind.
Bei Verlassen eines t-Intervalls verliert auch die optimale Lösung ihre Gültigkeit, und es gilt im benachbarten Intervall entweder eine andere optimale Lösung, oder das benachbarte Intervall hat keine optimale Lösung.

Satz 6.14

Eine lineare Optimierungsaufgabe mit einer Zielfunktion $z(t) = c(t)^T x(t) \to \max$ besitzt eine endliche Anzahl von t-Punkten.

Eine lineare Optimierungsaufgabe besitzt eine endliche Anzahl von zulässigen Basislösungen. Für diese zulässigen Basislösungen lassen sich t-Intervalle und t-Punkte ermitteln. Da die Anzahl der zulässigen Basislösungen endlich ist, muss auch die Anzahl der t-Punkte endlich sein.

Satz 6.15

Die Vereinigung aller t-Intervalle bildet ein zusammenhängendes Intervall.

Satz 6.16

Gehört ein t-Punkt t_i zwei t-Intervallen an, so gibt es auch mindestens zwei optimale Basislösungen für dieses t_i .

Ein t-Punkt t_i gehört zwei t-Intervallen an, wenn zwei t-Intervalle sich in t_i berühren. Die optimale Lösung eines t-Intervalls gilt für das gesamte Intervall einschließlich der Intervallgrenzen. Ist ein t-Punkt die Grenze zwischen zwei t-Intervallen, so gilt von links die optimale Basislösung des linken t-Intervalls und von rechts die optimale Basislösung des rechten t-Intervalls. Die t-Punkte können als Übergänge von einer optimalen Lösung zur nächsten verstanden werden.

Satz 6.17

Gibt es einen t-Punkt t_i mit nur einer optimalen Basislösung, so ist t_i eine linke oder rechte Begrenzung der optimalen Lösungen.

Die Zielfunktion $z(t)$ verläuft stückweise stetig.
Für das folgende Beispiel wird eine Zielfunktion als lineare Funktion eines Parameters t benutzt. Die Nebenbedingungen und die Nichtnegativitätsbedingung sind nicht abhängig von diesem Parameter.

Beispiel 6.22

Man löse das lineare Optimierungsproblem $z = (1 + t)\, x_1 + (1 + 2t)\, x_2 \to \max$

$$
\begin{aligned}
x_1 \;\; + x_2 &\;\geq\; 5 \\
x_1 \;\; + 2x_2 &\;\leq\; 12 \quad \text{und } x_1, x_2 \geq 0. \\
x_1 \;\;\;\;\;\;\;\;\; &\;\leq\; 9
\end{aligned}
$$

Nach Aufstellen der ersten Normalform findet man das folgende erste Schema für den Simplexalgorithmus.

Das erste Schema beinhaltet keine zulässige Basislösung. Nach einer Basistransformation mit dem Hauptelement a_{11} ergibt sich eine erste zulässige Basislösung.

1.	NBV	x_1	x_2	b
BV	-1	$1+t$	$1+2t$	0
x_3	0	**-1**	-1	-5
x_4	0	1	2	12
x_5	0	1	0	9
	g	$-1-t$	$-1-2t$	0

Das zweite Schema beinhaltet eine optimale Lösung, wenn $-1 - t \geq 0$ und $-t \geq 0$. Aus $(t \leq -1) \wedge (t \leq 0)$ folgt $t \leq -1$.

2.	NBV	x_3	x_2	b
BV	-1	0	$1+2t$	0
x_1	$1+t$	-1	1	5
x_4	0	1	1	7
x_5	0	**1**	1	4
	g	$-1-t$	$-t$	$5+5t$

Das zweite Schema beinhaltet die optimale Lösung $x_1 = 5$ und $x_2 = 0$, wenn die Bedingung $t \leq -1$ erfüllt ist. Der Wert der Zielfunktion ergibt sich als $z = 5 + 5t$.

Mit Hilfe der Hauptspalte x_3 findet man eine andere zulässige Basislösung.

3.	NBV	x_5	x_2	b
BV	-1	0	$1+2t$	0
x_1	$1+t$	1	0	9
x_4	0	-1	2	3
x_3	0	1	-1	4
	g	$1+t$	$-1-2t$	$9+9t$

Das dritte Schema beinhaltet eine optimale Lösung, wenn $1+t \geq 0$ und $-1-2t \geq 0$.

Aus $(t \geq -1) \wedge (t \leq -\frac{1}{2})$ folgt $-1 \leq t \leq -\frac{1}{2}$.

Das dritte Schema beinhaltet die optimale Lösung $x_1 = 9$ und $x_2 = 0$, wenn die Bedingung $-1 \leq t \leq -\frac{1}{2}$ erfüllt ist. Der Wert der Zielfunktion ergibt sich als $z = 9 + 9t$.

4.	NBV	x_5	x_4	b
BV	-1	0	0	0
x_1	$1+t$	1	0	9
x_2	$1+2t$	$-\frac{1}{2}$	$\frac{1}{2}$	$\frac{3}{2}$
x_3	0	$\frac{1}{2}$	$\frac{1}{2}$	$11\frac{1}{2}$
	g	$\frac{1}{2}$	$\frac{1}{2}+t$	$21\frac{1}{2}+12t$

Das vierte Schema beinhaltet eine optimale Lösung, wenn $t \geq -\frac{1}{2}$ ist. Es gibt keine weitere neue zulässige Basislösung.

Die optimale Lösung aus dem vierten Schema lautet $x_1 = 9$ und $x_2 = \frac{3}{2}$ mit dem Wert der Zielfunktion $z = \frac{21}{2} + 12t$.

Das Optimierungsproblem hat verschiedene optimale Lösungen und unterschiedliche Werte der Zielfunktion für unterschiedliche t.

t	Optimale Lösung	Wert der Zielfunktion
$t \leq -1$	$x_1 = 5$ $x_2 = 0$	$z = 5 + 5t$
$-1 \leq t \leq -\frac{1}{2}$	$x_1 = 9$ $x_2 = 0$	$z = 9 + 9t$
$-\frac{1}{2} \leq t$	$x_1 = 9$ $x_2 = \frac{3}{2}$	$z = 21\frac{1}{2} + 12t$

Für $t = 0$ zum Beispiel ergibt sich das Maximum der Zielfunktion als $z = 21\frac{1}{2}$ für die optimale Lösung $x_1 = 9$ und $x_2 = \frac{3}{2}$.

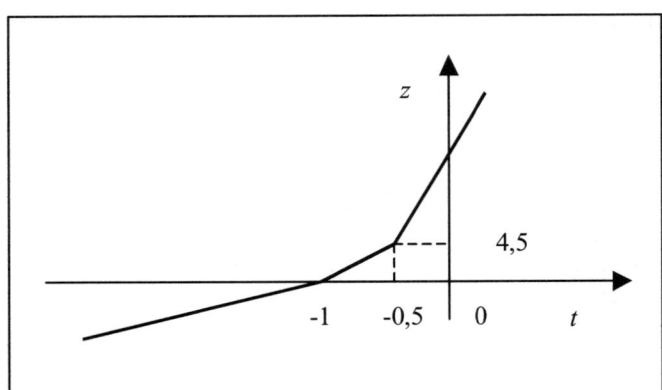

Bild 6.15 Zielfunktion z = z(t)

Die Werte der Zielfunktion variieren in Abhängigkeit vom Wert des Parameters t.
Für $t < -1$ ergeben sich negative Werte für die Zielfunktion $z = 5 + 5t$.
Mit wachsendem t-Wert vergrößert sich der Wert der Zielfunktion $z = z(t)$. Für
$t > -1$ ergibt sich die optimale Lösung zu $x_1 = 9$ und $x_2 = 0$ mit den Werten
$z = 9 + 9t$ der Zielfunktion. Ein zweiter Wechsel der optimalen Lösung tritt für
$t = -0,5$ auf, wobei für $t = -0,5$ zwei optimale Lösungen existieren, nämlich $x_1 = 9$
und $x_2 = 0$ oder $x_2 = \frac{3}{2}$. Erst für t-Werte größer als $-0,5$ wird nur die optimale Lösung $x_1 = 9$ und $x_2 = \frac{3}{2}$ angenommen.

Beispiel 6.23

Man löse das lineare Optimierungsproblem $z = (1 + t) x_1 + (1 - 2t) x_2 \to$ max

$$x_1 \quad + x_2 \quad \geq \quad 5$$
$$x_1 \quad + 2x_2 \quad \leq \quad 12 \text{ und } x_1, x_2 \geq 0 .$$
$$x_1 \qquad\qquad \leq \quad 9$$

Nach Aufstellen der ersten Normalform findet man das folgende erste Schema für
den Simplexalgorithmus.

1.	NBV	x_1	x_2	b
BV	-1	$1+t$	$1-2t$	0
x_3	0	-1	-1	-5
x_4	0	1	2	12
x_5	0	1	0	9
	g	$-1-t$	$-1+2t$	0

Nach einer Basistransformation mit dem Hauptelement a_{11} entsteht eine zulässige Basislösung.

2.	NBV	x_3	x_2	b
BV	-1	0	1-2t	0
x_1	1+t	-1	1	5
x_4	0	1	1	7
x_5	0	1	-1	4
	g	-1-t	3t	5+5t

Das zweite Schema beinhaltet zwar eine zulässige Basislösung, aber die Relationen für t aus der g-Zeile $-1-t \geq 0$ und $3t \geq 0$ können nicht gleichzeitig erfüllt werden.

3.	NBV	x_5	x_2	b
BV	-1	0	1-2t	0
x_1	1+t	1	0	9
x_4	0	-1	2	3
x_3	0	1	-1	4
	g	1+t	-1+2t	9+9t

Die zulässige Basislösung $x = 9$ und $x_2 = 0$ ist eine optimale Lösung für das t-Intervall $\frac{1}{2} \leq t$ mit der Zielwert $z(t) = 9 + 9t$.

4.	NBV	x_5	x_4	b
BV	-1	0	0	0
x_1	1+t	1	0	9
x_2	1-2t	$-\frac{1}{2}$	$\frac{1}{2}$	$\frac{3}{2}$
x_3	0	$\frac{1}{2}$	$\frac{1}{2}$	$11\frac{1}{2}$
	g	$\frac{1}{2}+2t$	$\frac{1}{2}-t$	$21\frac{1}{2}+6t$

Das vierte Schema zeigt die optimale Lösung $x_1 = 9$ und $x_2 = \frac{3}{2}$ für das t-Intervall $-\frac{1}{4} \leq t \leq \frac{1}{2}$ mit dem Zielwert $z(t) = 21\frac{1}{2} + 6t$.

5.	NBV	x_1	x_4	b
BV	-1	1+t	0	0
x_5	0	1	0	9
x_2	1-2t	$\frac{1}{2}$	$\frac{1}{2}$	6
x_3	0	$-\frac{1}{2}$	$\frac{1}{2}$	1
	g	$-\frac{1}{2}-2t$	$\frac{1}{2}-t$	6-12t

Das fünfte Schema beinhaltet die optimale Lösung $x_1 = 0$ und $x_2 = 6$ für das t-Intervall $t \leq -\frac{1}{4}$ mit dem Zielwert $z(t) = 6 - 12t$.

6.	NBV	x_1	x_3	b
BV	-1	$1+t$	0	0
x_5	0	1	0	9
x_2	$1-2t$	1	-1	5
x_4	0	-1	2	1
g		$-3t$	$-1+2t$	$5-10t$

Dieses sechste Schema hat keine optimale Lösung, da $-3t \geq 0$ und $-1+2t \geq 0$ nicht gleichzeitig erfüllt werden können.

Weitere neue Basislösungen gibt es nicht. Das Optimierungsproblem hat verschiedene optimale Lösungen und unterschiedliche Werte der Zielfunktion für unterschiedliche t.

t	Optimale Lösung	Wert der Zielfunktion
$t \leq -\frac{1}{4}$	$x_1 = 0 \quad x_2 = 6$	$z = 6 - 12t$
$-\frac{1}{4} \leq t \leq \frac{1}{2}$	$x_1 = 9 \quad x_2 = \frac{3}{2}$	$z = 2\frac{1}{2} + 6t$
$\frac{1}{2} \leq t$	$x_1 = 9 \quad x_2 = 0$	$z = 9 + 9t$

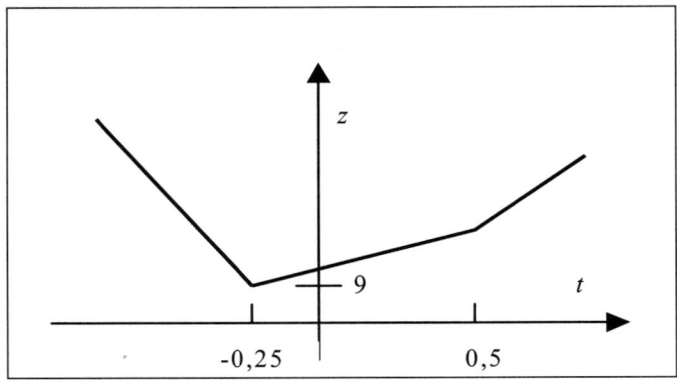

Bild 6.16 Zielfunktion z = z(t)

Die Lösungen zeigen, dass Werte des Parameters $t < -0{,}25$ der Variablen x_2 den Vorrang einräumen, während Werte $t > 0{,}5$ die Variable x_1 favorisieren. Das Bild 6.13 zeigt auch, dass für verschiedene t-Werte gleiche Resultate der Zielfunktion erreicht werden.

Bei Anwenden der Erfahrungen aus dem Abschnitt 6.4 lassen sich auch lineare Optimierungsprobleme mit einem Parameter t in den rechten Seiten der Nebenbedingungen lösen, indem man die zugehörigen dualen Optimierungsprobleme löst.

Ein lineares Optimierungsproblem mit einem Parameter t in den Nebenbedingungen

$$z(\mathbf{x}(t)) = \mathbf{c}^{\mathbf{T}}\,\mathbf{x}(t) \rightarrow max\,,$$
$$\mathbf{A}\,\mathbf{x}(t) \leq \mathbf{b}(t)$$
$$x_k \geq 0\,,\ k = 1, 2, \dots , n$$

kann in ein duales Problem mit dem Parameter t in der Zielfunktion

$$w(\mathbf{y}(t)) = \mathbf{b}(t)^{\mathbf{T}}\,\mathbf{y}(t) \rightarrow min\,,$$
$$\mathbf{A}^{\mathbf{T}}\,\mathbf{y}(t) \geq \mathbf{c}\,,$$
$$y_j \geq 0\,, j = 1, 2, \dots , m$$

umgeformt werden. Nach dieser Umformung wird die Aufgabe, wie oben beschrieben und an den Beispielen 6.20 und 6.21 gezeigt, bearbeitet.

Beispiel 6.24

Man löse das lineare Optimierungsproblem $w = 16y_1 + 24y_2 \rightarrow min$,

$$\text{mit} \quad \begin{array}{rrr} 2y_1 & +4y_2 & \geq & 3+t \\ 2y_1 & +2y_2 & \geq & 2-t \end{array} \quad \text{und } y_1, y_2 \geq 0\,.$$

Das zugehörige primale Optimierungsproblem lautet

$$z(t) = (3+t)x_1 + (2-t)x_2 \rightarrow max\,, \text{ mit } \begin{array}{rrr} 2x_1 & +2x_2 & \leq & 16 \\ 4x_1 & +2x_2 & \leq & 24 \end{array} \quad \text{und } x_1, x_2 \geq 0\,.$$

1.	NBV	x_1	x_2	b
BV	-1	$3+t$	$2-t$	0
y_1	0	2	2	16
y_2	0	4	2	24
	g	$-3-t$	$-2+t$	0

Das erste Schema beinhaltet keine optimale Lösung, da $-3-t \geq 0$ und $-2+t \geq 0$ nicht gleichzeitig erfüllt werden können.

2.	NBV	y_2	x_2	b
BV	-1	0	$2-t$	0
y_1	0	$-\frac{1}{2}$	**1**	4
x_1	$3+t$	$\frac{1}{4}$	$\frac{1}{2}$	6
	g	$\frac{3}{4}+\frac{1}{4}t$	$-\frac{1}{2}+\frac{3}{2}t$	$18+6t$

Das zweite Schema beinhaltet eine optimale Lösung für $\frac{1}{3}\le t$.

Die Lösung des dualen Problems wird aus der **g**-Zeile entnommen. Hierzu sind in dem Schema die Basis- und Nichtbasisvariablen auszutauschen, bzw. das ganze Schema zu stürzen.

2.	NBV	y_1	x_1	b
BV	-1	0	$3+t$	0
y_2	0	$-\frac{1}{2}$	$\frac{1}{4}$	$\frac{3}{4}+\frac{1}{4}t$
x_2	$2-t$	1	$\frac{1}{2}$	$-\frac{1}{2}+\frac{3}{2}t$
	g	4	6	$18+6t$

Man erhält $y_1=0$ und $y_2=\frac{3}{4}+\frac{1}{4}t$ mit $z(t)=18+6t$ als Wert der Zielfunktion.

3.	NBV	y_2	y_1	b
BV	-1	0	0	0
x_2	$2-t$	$-\frac{1}{2}$	1	4
x_1	$3+t$	$\frac{1}{2}$	$-\frac{1}{2}$	4
	g	$\frac{1}{2}+t$	$\frac{1}{2}-\frac{3}{2}t$	20

Für $-\frac{1}{2}\le t\le\frac{1}{3}$ findet sich eine optimale Lösung $y_1=\frac{1}{2}-\frac{3}{2}t$ und $y_2=\frac{1}{2}+t$ mit dem Wert $z=20$ der Zielfunktion in diesem dritten Schema.

Nach einer weiteren Basistransformation findet man eine neue optimale Lösung.

4.	NBV	x_1	y_1	b
BV	-1	$3+t$	0	0
x_2	$2-t$	1	$\frac{1}{2}$	8
y_2	0	2	-1	8
	g	$-1-2t$	$1-\frac{1}{2}t$	$16-8t$

Für $t\le-\frac{1}{2}$ ergibt sich eine optimale Lösung $y_1=1-\frac{1}{2}t$ und $y_2=0$ mit den Werten $z(t)=16-8t$.

t	Optimale Lösung		Wert der Zielfunktion
$t \leq -\frac{1}{2}$	$y_1 = 1 - \frac{1}{2}t$	$y_2 = 0$	$z = 16 - 8t$
$-\frac{1}{2} \leq t \leq \frac{1}{3}$	$y_1 = \frac{1}{2} - \frac{3}{2}t$	$y_2 = \frac{1}{2} + t$	$z = 20$
$\frac{1}{3} \leq t$	$y_1 = 0$	$y_2 = \frac{3}{4} + \frac{1}{4}t$	$z = 18 + 6t$

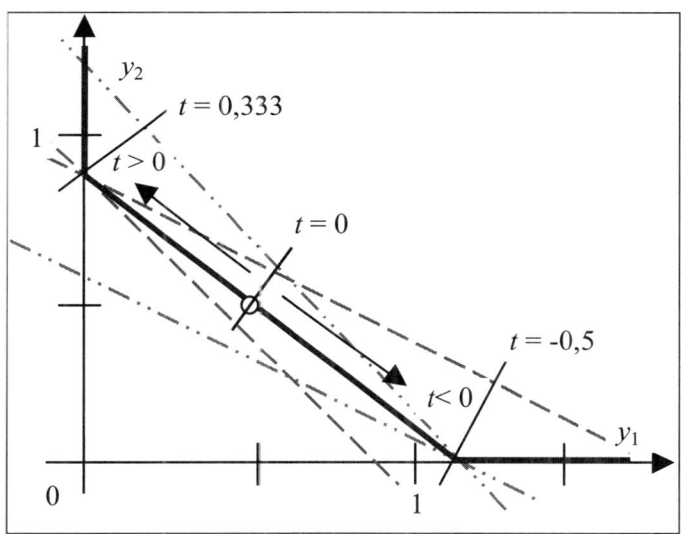

Bild 6.17 Optimale Lösungen

Ist t kleiner als $-0,5$, ergeben sich optimale Lösungen nur für $y_2 = 0$ und Werte für y_1 in Abhängigkeit von t. Die erste Nebenbedingung hat dann keinen Einfluss auf die optimale Lösung. Ist andererseits t größer als $0,333$, befinden sich die optimalen Lösungen auf der y_2-Achse, und die zweite Nebenbedingung ist überflüssig.

Für $-\frac{1}{2} \leq t \leq \frac{1}{3}$ ergibt sich ein fester Wert $z = 20$ für die Zielfunktion. Die optimalen Lösungen liegen auf der Geraden zwischen $(1,25; \ 0)$ und $(0; \ 0,833)$.

Übungsaufgaben

Determinanten

1.1. Man bestimme die Determinanten

a) $\begin{vmatrix} 34 & 32 \\ 90 & 48 \end{vmatrix}$,
b) $\begin{vmatrix} 3 & 5 & -1 \\ 0 & 2 & 1 \\ -2 & 4 & 5 \end{vmatrix}$
c) $\begin{vmatrix} 1 & 1 & 0 \\ 1 & 2 & 1 \\ 0 & 1 & 3 \end{vmatrix}$, d) $\begin{vmatrix} 2 & 1 & 0 \\ 1 & 3 & 1 \\ 0 & 1 & 4 \end{vmatrix}$, e) $\begin{vmatrix} 3 & 1 & 0 & 0 \\ 1 & 2 & 1 & 0 \\ 0 & 1 & 2 & 1 \\ 0 & 0 & 1 & 3 \end{vmatrix}$,

f) $\begin{vmatrix} 3 & 1 & 2 & 2 \\ 1 & 2 & 1 & 2 \\ 2 & 1 & 2 & 1 \\ 2 & 2 & 1 & 3 \end{vmatrix}$, g) $\begin{vmatrix} 2 & -2 & 3 & -2 & 3 \\ 2 & -3 & 2 & -3 & -7 \\ -6 & 4 & 1 & 4 & 3 \\ -4 & -3 & -4 & 3 & -4 \\ 2 & 1 & 2 & 2 & 5 \end{vmatrix}$ h) $\begin{vmatrix} 1 & 2 & 3 & 2 & 5 & -2 \\ 0 & 5 & -4 & 2 & 4 & 9 \\ -2 & 3 & 2 & 1 & -6 & 3 \\ 1 & 2 & 5 & 6 & -9 & 0 \\ -3 & 1 & 2 & 1 & 1 & 3 \\ -4 & 3 & 2 & 1 & 2 & 5 \end{vmatrix}$

1.2. Man bestimme alle Adjunkten A_{ik} der Determinante

a) $\begin{vmatrix} 2 & 1 & 0 \\ 1 & 2 & 3 \\ 0 & 1 & 1 \end{vmatrix}$, b) $\begin{vmatrix} -1 & 1 & 0 \\ 1 & -1 & 1 \\ 0 & 1 & -1 \end{vmatrix}$ c) $\begin{vmatrix} 1 & 2 & 3 \\ 0 & 1 & 2 \\ 1 & 0 & 1 \end{vmatrix}$, d) $\begin{vmatrix} 1 & 3 & 1 \\ 3 & 2 & 2 \\ 1 & 2 & 1 \end{vmatrix}$, e) $\begin{vmatrix} 3 & 2 & 1 \\ 2 & 1 & 5 \\ 1 & 5 & 3 \end{vmatrix}$

f) Man bestimme die Adjunkten A_{35} und A_{54} zu Aufgabe 1.1 h .

1.3. Man bestimme alle Hauptabschnittsdeterminanten von

a) $\begin{vmatrix} -1 & 1 & 0 \\ 1 & -2 & 1 \\ 0 & 1 & -3 \end{vmatrix}$, b) $\begin{vmatrix} 3 & 1 & 2 & 2 \\ 1 & 2 & 1 & 2 \\ 2 & 1 & 1 & 1 \\ 2 & 2 & 1 & 1 \end{vmatrix}$, c) $\begin{vmatrix} 3 & 2 & 2 & 6 \\ 2 & 2 & 1 & 2 \\ 4 & 5 & 5 & 7 \\ 6 & 2 & 7 & 1 \end{vmatrix}$, d) $\begin{vmatrix} 1 & 1 & 2 & 2 \\ 5 & 2 & 1 & 2 \\ 6 & 8 & 3 & 1 \\ 7 & 9 & 10 & 4 \end{vmatrix}$

1.4. Man löse das lineare Gleichungssystem mit Hilfe der Cramer'schen Regel

a)
$$\begin{aligned} x_1 & -x_2 & +x_3 & = 0 \\ 2x_1 & +x_2 & -2x_3 & = 7, \\ x_1 & -2x_2 & +2x_3 & = 4 \end{aligned}$$
b)
$$\begin{aligned} 3x_1 & -x_2 & +x_3 & = 2 \\ 2x_1 & +2x_2 & +2x_3 & = -4 \\ 4x_1 & -2x_2 & +2x_3 & = 2 \end{aligned}$$

1.5 Für welche t ist die Determinante null?

a) $\begin{vmatrix} t & 1 \\ 2 & t \end{vmatrix}$, b) $\begin{vmatrix} -t & 2 \\ 4 & 2-t \end{vmatrix}$, c) $\begin{vmatrix} 1-t & -3 \\ -3 & 1-t \end{vmatrix}$, d) $\begin{vmatrix} 1 & 2 & 3 \\ 0 & t & 2 \\ 2 & 0 & t \end{vmatrix}$, e) $\begin{vmatrix} 1 & t & 2 \\ 0 & 1 & t \\ 1 & 0 & 1 \end{vmatrix}$

Matrizen

2.1 Man berechne $A - 2B + 3C$ mit

$$A = \begin{pmatrix} 2 & 5 & 7 \\ 3 & 2 & 6 \end{pmatrix}, \quad B = \begin{pmatrix} -3 & 2 & 11 \\ 4 & -7 & 1 \end{pmatrix} \quad \text{und} \quad C = \begin{pmatrix} -1 & 2 & 21 \\ -6 & 5 & 1 \end{pmatrix}.$$

2.2 Man berechne das Produkt $A\,B^T\,C$ mit

$$A = \begin{pmatrix} -1 & 2 & -3 \\ 2 & 2 & 4 \end{pmatrix}, \quad B = \begin{pmatrix} 1 & 5 & 2 \\ 3 & 2 & 7 \\ 2 & 9 & 4 \end{pmatrix} \quad \text{und} \quad C = \begin{pmatrix} 1 & 1 \\ -1 & 2 \\ 0 & -1 \end{pmatrix}.$$

2.3 Man bestimme die Produkte $a^T\,B\,a$, $B\,D$, $D\,B$, $B\,S$, $S\,B$ und $B\,T$ mit

$$a = \begin{pmatrix} 1 \\ 1 \\ 1 \end{pmatrix}, B = \begin{pmatrix} 2 & 4 & 7 \\ -3 & 5 & -1 \\ 1 & -10 & -5 \end{pmatrix}, D = \begin{pmatrix} 2 & 0 & 0 \\ 0 & 3 & 0 \\ 0 & 0 & -3 \end{pmatrix}, S = \begin{pmatrix} 1 & 1 & 0 \\ 0 & 1 & 1 \\ 0 & 0 & 1 \end{pmatrix} \text{ und } T = \begin{pmatrix} 1 & 10 & 5 \\ 0 & 1 & 0 \\ 0 & 0 & 1 \end{pmatrix}.$$

2.4 Man bestimme die Produkte $L\,M$ und $U\,M$ mit

$$M = \begin{bmatrix} 1 & 1 & 2 & 2 \\ 5 & 6 & 1 & 2 \\ 6 & 8 & 5 & 3 \\ 7 & 9 & 7 & 5 \end{bmatrix}, L = \begin{bmatrix} 1 & 0 & 0 & 0 \\ -5 & 1 & 0 & 0 \\ -6 & 0 & 1 & 0 \\ -7 & 0 & 0 & 1 \end{bmatrix} \text{ und } U = \begin{bmatrix} 1 & 0 & 0 & 0 \\ -5 & 1 & 0 & 0 \\ 4 & -2 & 1 & 0 \\ -1 & 0 & -1 & 1 \end{bmatrix}.$$

2.5 Man berechne das Produkt von $A\,B\,C\,D$ und bestimme den Rang $rg(A\,B\,C\,D)$ mit

$$A = \begin{pmatrix} 2 & -1 & 3 & -2 \\ -2 & 2 & 0 & 4 \\ 0 & 1 & 0 & 1 \end{pmatrix}, B = \begin{pmatrix} 2 & 3 \\ 1 & 0 \\ 0 & 2 \\ 2 & -1 \end{pmatrix}, C = \begin{pmatrix} 2 \\ 3 \end{pmatrix} \quad \text{und} \quad D = \begin{pmatrix} 3 & 2 \end{pmatrix}.$$

2.6 In einem Unternehmen werden Zwischenprodukte (Z) eines Teilbetriebes zu Fertigprodukten (F) verarbeitet. Der (Roh-)Materialverbrauch (M) des Teilbetriebes und der Bedarf an Zwischenprodukten für die Endfertigung sind der folgenden Tabelle zu entnehmen:

alle Angaben in Mengeneinheiten ME !	Materialverbrauch des Teilbetriebes			Verbrauch an Zwischenprodukten bei der Endfertigung	
	M_1	M_2	M_3	F_1	F_2
Zwischenprodukt Z_1	3	5	4	4	5
Zwischenprodukt Z_2	7	4	0	1	0
Zwischenprodukt Z_3	2	5	6	5	2
Zwischenprodukt Z_4	6	1	0	4	3

a) Man bestimme den genau aufgeschlüsselten Bedarf an Rohmaterial für eine End-fertigung von 35 ME von F_1 und 78 ME von F_2 !

b) Man bestimme den genau aufgeschlüsselten Bedarf an Rohmaterial für eine Endfer-tigung von 35 ME von F_1 und 78 ME von F_2 , wenn 12 ME von M_1 , 14 ME von M_2 und 10 ME von M_3 sowie jeweils 10 ME von jedem Zwischenprodukt Z_1, Z_2, Z_3 und Z_4 zusätzlich ausgeliefert werden sollen!

2.7 In einem Unternehmen werden Zwischenprodukte (Z) eines Teilbetriebes zu Fertig-produkten (F) verarbeitet. Der (Roh-)Materialverbrauch (M) des Teilbetriebes und der Be-darf an Zwischenprodukten für die Endfertigung sind der folgenden Tabelle zu entnehmen:

alle Angaben in Mengeneinheiten ME !	Materialverbrauch des Teilbetriebes			Verbrauch an Zwischenpro-dukten bei der Endfertigung	
	M_1	M_2	M_3	F_1	F_2
Zwischenprodukt Z_1	4	7	2	1	3
Zwischenprodukt Z_2	12	4	0	1	0
Zwischenprodukt Z_3	2	5	6	5	2
Zwischenprodukt Z_4	6	3	0	2	3

Man bestimme den genau aufgeschlüsselten Bedarf an Rohmaterial für eine Endfertigung von 125 ME von F_1 und 238 ME von F_2 , wenn 112 ME von M_1 , 64 ME von M_2 und 50 ME von M_3 zusätzlich ausgeliefert werden sollen!

2.8 Ein Unternehmer stellt aus drei verschiedenen Rohstoffen (R) vier unterschiedliche Zwischenprodukte (Z) her. Diese Zwischenprodukte werden anschließend zu drei unter-schiedlichen Endprodukten (E) verarbeitet. Die Zusammensetzung der Zwischenprodukte bzw. der Endprodukte ist in den Tabellen angegeben. (ME = Mengeneinheiten)

	Z_1	Z_2	Z_3	Z_4
R_1	2	3	1	0
R_2	1	1	2	5
R_3	2	0	4	1

	E_1	E_2	E_3
Z_1	1	2	3
Z_2	2	2	1
Z_3	1	0	1
Z_4	0	2	1

a) Der Gesamtverbrauch an Rohstoffen für die Erzeugung der Endprodukte kann mit einer Matrix beschrieben werden. Wie heißen die Elemente der Matrix für den Gesamtvorgang?
b) Welche Mengen der Rohstoffe müssen bereitgestellt werden, wenn 35ME von E_1 , 125ME von E_2 und 75ME von E_3 hergestellt werden sollen?

2.9 Ein Bäcker stellt zwei Brotsorten, einfaches Landbrot und Vollkornbrot, her. Für das einfache Landbrot benutzt er 900 g Mehl, 100 g Sauerteig und 40 g Hefe je kg Brot; für das Vollkornbrot sind 530 g Mehl, 350 g Körner (Sesam, Sonnenblumenkerne u.a.), 80 g Sauerteig und 80 g Hefe notwendig.

a) Bestimmen Sie die Rohstoffverbrauchsmatrix.
b) Wie hoch ist der Bedarf an Rohstoffen für die Produktion von 200 Landbroten und 300 Vollkornbroten?
Hinweis: Ein Brot wiegt 1 kg.

2.10 Ein Unternehmen benutzt für die Herstellung bestimmter Produkte fünf verschiedene Standorte. Die Zwischenprodukte werden von einem Standort zum nächsten transportiert. Außerdem werden nicht nur die Endprodukte sondern auch Zwischenprodukte für den Primärbedarf abgegeben.
Die Produktionskette kann schematisch wie folgt dargestellt werden.

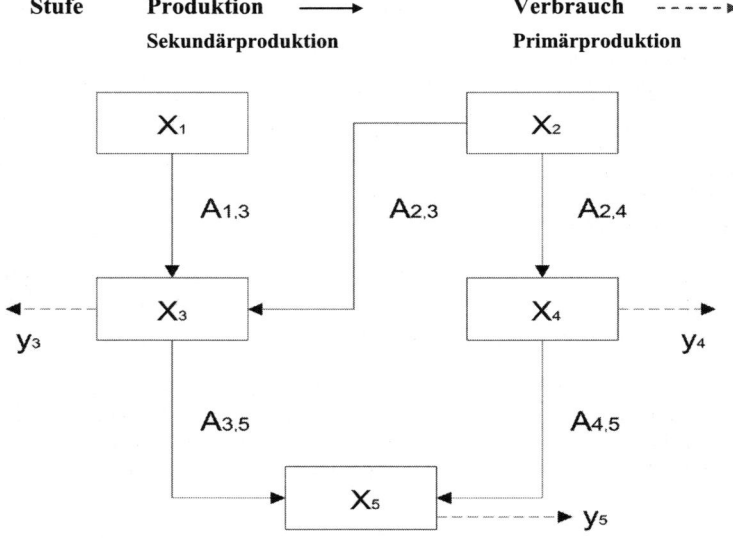

Die Verflechtungsmatrizen sind bekannt

$$A_{1,3} = \begin{bmatrix} 1 & 2 & 3 \\ 2 & 0 & 1 \\ 1 & 1 & 0 \end{bmatrix}, A_{2,3} = \begin{bmatrix} 1 & 5 & 2 \\ 2 & 1 & 3 \end{bmatrix}, A_{2,4} = \begin{pmatrix} 1 & 2 \\ 2 & 2 \end{pmatrix}, A_{3,5} = \begin{pmatrix} 1 & 2 & 1 & 2 \\ 1 & 0 & 2 & 0 \\ 2 & 3 & 1 & 1 \end{pmatrix} \text{ und}$$

$$A_{4,5} = \begin{bmatrix} 2 & 3 & 1 & 1 \\ 3 & 2 & 1 & 2 \end{bmatrix}.$$

Wie groß ist der Rohstoffverbrauch (R) für eine Endfertigung (E) von 2 ME von E_1, von 3 ME von E_2, von 2 ME von E_3 und 3 ME von E_4, wenn auch an den Standorten 3 und 4 Zwischenprodukte zum Verbrauch bereitgestellt werden?
Am Standort 3 werden von den drei Zwischenprodukten jeweils 1 ME abgegeben. Am Standort 4 werden von den zwei Zwischenprodukten jeweils 2 ME abgegeben.

2.11 In einer Region stehen drei Dienstleistungsunternehmen A, B und C im Wettbewerb. Das Verhalten der Kunden wird durch einen Zeilenvektor beschrieben, der wiedergibt, für welches Unternehmen der Kunde sich bei der nächsten Leistung entscheiden wird.

Verhalten_Kunde_j = (nutzt A, nutzt B, nutzt C, nutzt keines)

Verhalten_ Kunde _A = (80%; 6%; 1%; 13%)
Verhalten_ Kunde _B = (10%; 60%; 10%; 20%)
Verhalten_ Kunde _C = (10%; 10%; 70%; 10%)
Verhalten_ Kunde _K = (10%; 20%; 10%; 60%)

Eine Marktanalyse fand für die Unternehmen A, B und C die Marktanteile 30%, 30% und 30%. 10% der Kunden entschieden sich für keines dieser Unternehmen. Man bestimme die Marktanteile für die folgenden vier Perioden, wenn angenommen wird, dass sich das Kundenverhalten nicht verändert.

2.12 Die Reiseveranstalter A, B und C bieten regionale und internationale Urlaubsreisen an. Der Veranstalter A konnte wegen innerbetrieblicher Umstrukturierung zwei Perioden lang nicht genutzt werden und kehrte in den Markt zurück. Das Verhalten der Kunden vor der Umstrukturierung wird durch Zeilenvektoren beschrieben, die wiedergeben, für welches Unternehmen die Kunden sich bei der nächsten Buchung entscheiden werden.

Verhalten_Kunde_j = (nutzt A, nutzt B, nutzt C, nutzt keines)

Verhalten_ Kunde _A = (80%; 6%; 6%; 8%)
Verhalten_ Kunde _B = (20%; 50%; 10%; 20%)
Verhalten_ Kunde _C = (20%; 10%; 60%; 10%)
Verhalten_ Kunde _K = (20%; 20%; 10%; 50%)

Eine Untersuchung bei Wiedereröffnung des Veranstalters A ergab für die Unternehmen B und C die Marktanteile 30% und 30% . 40% der Kunden entschieden sich für keines dieser Unternehmen. Man bestimme die Entwicklung der Marktanteile für die folgenden vier Perioden, wenn angenommen wird, dass sich die Kunden wie vor der Umstrukturierung des Unternehmens A verhalten.

Lineare Gleichungssysteme
3.1 Man löse das lineare Gleichungssystem

a) $\begin{aligned} x_1 &- x_2 &+ x_3 &= 0 \\ 2x_1 &+ x_2 &- 2x_3 &= 7 \\ x_1 &- 2x_2 &+ 2x_3 &= 4 \end{aligned}$, b) $\begin{aligned} 3x_1 &- x_2 &+ x_3 &= 2 \\ 2x_1 &+ 2x_2 &+ 2x_3 &= -4 \\ 4x_1 &- 2x_2 &+ 2x_3 &= 2 \end{aligned}$

c)
$$\begin{aligned}
x_1 &-2x_2 &+x_3 &+2x_4 &= -1 \\
2x_1 &+x_2 &-2x_3 &-x_4 &= -3 \\
5x_1 &-2x_2 &+x_3 &+x_4 &= 4 \\
3x_1 &+2x_2 &-x_3 &-x_4 &= 4
\end{aligned}$$

d)
$$\begin{aligned}
5x_1 &-2x_2 &+x_3 &+x_4 &= 4 \\
x_1 &-2x_2 &+x_3 &+2x_4 &= -1 \\
4x_1 & & &+x_4 &= 3 \\
2x_1 &+x_2 &-2x_3 &-x_4 &= -3 \\
3x_1 &+2x_2 &-x_3 &-x_4 &= 4
\end{aligned}$$

Man löse das lineare Gleichungssystem

3.2 Für welche t ist das lineare Gleichungssystem lösbar?

$$\begin{aligned}
x_1 &+2x_2 &-x_3 &+x_4 &= 2 \\
2x_1 &+3x_2 &-3x_3 &-2x_4 &= 4 \\
4x_1 &+7x_2 &-5x_3 & &= t
\end{aligned}$$

3.3
$$\begin{aligned}
x_1 &+x_2 &+x_3 &-x_4 &= 4 \\
x_1 &-x_2 &+x_3 &+x_4 &= 8 \\
3x_1 &+x_2 &+3x_3 &-x_4 &= 16
\end{aligned}$$

3.4
$$\begin{aligned}
x_1 &-2x_2 &+4x_3 &-x_4 &= 0 \\
-x_1 &+x_2 &-3x_3 &-2x_4 &= 0 \\
x_1 &-3x_2 &+5x_3 &-4x_4 &= 0 \\
3x_1 &-2x_2 &+4x_3 &+3x_4 &= 0
\end{aligned}$$

3.5
$$\begin{aligned}
x_1 &-5x_2 &+x_3 &+4x_4 &+3x_5 &= 1 \\
2x_1 &+10x_2 &+x_3 &-2x_4 &-x_5 &= 11 \\
x_1 &-x_2 & &+2x_4 &+4x_5 &= 2 \\
6x_1 &+10x_2 &+4x_3 &+4x_4 &+4x_5 &= 24
\end{aligned}$$

3.6
$$\begin{aligned}
x_1 &+2x_2 & &+x_4 &+x_5 &= 3 \\
x_1 &+3x_2 &+2x_3 &+3x_4 &+3x_5 &= 5 \\
&x_2 &+2x_3 &+2x_4 &+2x_5 &= 2 \\
x_1 &+x_2 &+x_3 & &+x_5 &= 1
\end{aligned}$$

3.7
$$\begin{aligned}
2x_1 &-x_2 &+3x_3 &+2x_4 &+x_5 &+x_6 &= -2 \\
x_1 &+2x_2 &-x_3 &+x_4 &+x_5 &+x_6 &= 4 \\
x_1 &+x_2 &+x_3 &+x_4 &+2x_5 &-x_6 &= 1 \\
-4x_1 &+2x_2 &-6x_3 &-4x_4 &-2x_5 &-2x_6 &= 4
\end{aligned}$$

3.8 a)
$$\begin{aligned}
2p_1 &+3p_2 &= 1 \\
3p_2 &+4p_3 &= 2 \\
4p_3 &+5p_4 &= 3 \\
5p_4 &+6p_5 &= 4
\end{aligned}$$
, b)
$$\begin{aligned}
r_1 &-2r_2 &= 2 \\
4r_2 &-4r_3 &= 4 \\
6r_3 &-6r_4 &= 6 \\
8r_4 &-8r_5 &= 8
\end{aligned}$$
, c)
$$\begin{aligned}
s_1 &-2s_2 &= 2 \\
2s_2 &+4s_3 &= 2 \\
2s_3 &-6s_4 &= 2 \\
3s_4 &+9s_5 &= 3
\end{aligned}$$

$$
\begin{array}{l}
3.9
\end{array}
\quad
\begin{array}{rrrrrl}
3x_1 & +x_2 & -2x_3 & +4x_4 & -x_5 & = & 7 \\
x_1 & -x_2 & +x_3 & +2x_4 & -3x_5 & = & 0 \\
2x_1 & & & -3x_4 & +5x_5 & = & 4
\end{array}
$$

$$
\begin{array}{l}
3.10
\end{array}
\quad
\begin{array}{rrrrl}
2x_1 & +2x_2 & -12x_3 & -22x_4 & = & -12 \\
-3x_1 & -x_2 & +6x_3 & +10x_4 & = & 5 \\
-2x_1 & -x_2 & +5x_3 & +8x_4 & = & 4 \\
& -2x_2 & +10x_3 & +18x_4 & = & a
\end{array}
$$

Man benutze $a = -10$ und $a = 10$.

3.11 Man ermittle die allgemeine Lösung $\mathbf{x}$ der Gleichung $(\mathbf{A} - \mathbf{A}^T)\,\mathbf{x} = \mathbf{o}$ mit

$$
\text{a)} \quad \mathbf{A} = \begin{pmatrix} 1 & 2 & 4 & 5 \\ 3 & -1 & 3 & 4 \\ 5 & 2 & 2 & -1 \\ 2 & 3 & -5 & -2 \end{pmatrix}, \quad \text{b)} \quad \mathbf{A} = \begin{pmatrix} 1 & 2 & 3 & 5 \\ 4 & -2 & 3 & 4 \\ 5 & 1 & 3 & 4 \\ -1 & 2 & -4 & -4 \end{pmatrix}.
$$

3.12 Man ermittle die allgemeine Lösung $\mathbf{x}$ der Gleichung $(\mathbf{B} - 2\mathbf{E})\,\mathbf{x} = \mathbf{b}$ mit

$$
\mathbf{B} = \begin{pmatrix} 4 & 1 & 3 & 4 \\ -8 & 4 & 8 & -16 \\ -4 & 4 & 16 & -8 \\ 12 & 6 & 18 & 26 \end{pmatrix} \quad \text{und} \quad \mathbf{b} = \begin{pmatrix} 7 \\ -8 \\ 6 \\ 42 \end{pmatrix}.
$$

Matrizengleichungen

4.1 Man bestimme die inverse Matrix von

$$
\mathbf{A} = \begin{pmatrix} 1 & 2 & 1 & 3 \\ 0 & 1 & 0 & 1 \\ 2 & 0 & 2 & 1 \\ 1 & 0 & 0 & 1 \end{pmatrix}, \quad \mathbf{B} = \begin{pmatrix} 2 & 0 & 1 & 0 \\ 0 & 3 & 1 & 1 \\ 2 & 0 & 2 & 0 \\ 2 & 0 & 1 & 1 \end{pmatrix}, \quad \mathbf{C} = \begin{pmatrix} 1 & 0 & -1 & 2 \\ 2 & -1 & -2 & 3 \\ -1 & 2 & 2 & -4 \\ 0 & 1 & 2 & -5 \end{pmatrix}.
$$

4.2 Aus der Gleichung $\mathbf{A}\,\mathbf{X} + 2\mathbf{B} = \mathbf{B}\,\mathbf{X} + \mathbf{C}$ mit

$$
\mathbf{A} = \begin{pmatrix} 2 & 3 & -1 \\ 3 & 2 & 5 \\ 0 & -3 & 2 \end{pmatrix}, \quad \mathbf{B} = \begin{pmatrix} 3 & -1 & -4 \\ 4 & -3 & 2 \\ -1 & 3 & 6 \end{pmatrix} \quad \text{und} \quad \mathbf{C} = \begin{pmatrix} 7 & -2 & -8 \\ 8 & -4 & 4 \\ -2 & 6 & 15 \end{pmatrix}
$$

ist die Matrix $\mathbf{X}$ zu bestimmen.

4.3 Gegeben sind die Matrizen

$$A = \begin{bmatrix} 2 & 3 & -1 \\ 3 & 2 & 3 \\ 0 & -3 & 2 \end{bmatrix}, B = \begin{bmatrix} -6 & 6 & -5 \\ -3 & 6 & -3 \\ 0 & 3 & 0 \end{bmatrix} \text{ und } C = \begin{bmatrix} -6 & 14 & -1 \\ -7 & 23 & -9 \\ -8 & 21 & -8 \end{bmatrix}.$$

Man bestimme die Matrix X aus der Gleichung
  a) $A - XA = XB - C$,
  b) $XA = 2X - B$.

4.4 Aus der Gleichung $AX + B = 2(X - C)$ mit

$$A = \begin{pmatrix} 1 & -1 & 0 \\ -2 & 2 & 1 \\ 1 & -3 & 1 \end{pmatrix}, B = \begin{pmatrix} 2 & 1 & 6 \\ -4 & 3 & 2 \\ 0 & -2 & 4 \end{pmatrix} \text{ und } C = \begin{pmatrix} 1 & 3 & 2 \\ 2 & -1 & 3 \\ 1 & 5 & -6 \end{pmatrix}$$

ist die Matrix X zu bestimmen.

4.5 Man bestimme die Matrix X aus der Gleichung $a + B \cdot X = X + c$ mit $a = \begin{bmatrix} 3 \\ 2 \\ 1 \end{bmatrix}$,

$$B = \begin{bmatrix} 3 & 1 & 1 \\ 2 & 4 & 2 \\ 3 & 3 & 4 \end{bmatrix} \text{ und } c = \begin{bmatrix} 6 \\ 5 \\ 7 \end{bmatrix}.$$

4.6 In einem Unternehmen werden Zwischenprodukte (Z) eines Teilbetriebes zu Fertig-produkten (F) verarbeitet. Der (Roh-)Materialverbrauch (M) des Teilbetriebes und der Bedarf an Zwischenprodukten für die Endfertigung sind der folgenden Tabelle zu entnehmen:

alle Angaben in Mengeneinheiten ME !	Materialverbrauch des Teilbetriebes			Verbrauch an Zwischenprodukten bei der Endfertigung		
	M_1	M_2	M_3	F_1	F_2	F_3
Zwischenprodukt Z_1	1		1	2	3	
Zwischenprodukt Z_2	2	1		1	3	3
Zwischenprodukt Z_3	1	1	1		1	2

Welche Mengen der Zwischenprodukte können bei der Endfertigung (F) F_1 von 10 ME , F_2 von 30 ME und F_3 von 300 ME zusätzlich abgegeben werden, sowie von dem vorhandenen Rohmaterial M_1 5000, von M_2 4000 und von M_3 3000 ME zusätzlich noch 10 ME von M_1, 20 ME von M_2 und 20 ME von M_3 zur Abgabe bereitgestellt werden?

4.7 In einem Unternehmen werden Zwischenprodukte (Z) eines Teilbetriebes zu Fertigprodukten (F) verarbeitet. Der (Roh-)Materialverbrauch (M) des Teilbetriebes und der Bedarf an Zwischenprodukten für die Endfertigung sind der Tabelle zu entnehmen:

An Rohmaterial sind die Mengen M_1 800, M_2 600 und M_3 520 ME vorhanden.

Welche Mengen der Endprodukte (F) können produziert werden, wenn zusätzlich von den Zwischenprodukten 3 ME von Z_1, 2 ME von Z_2 und 5 ME von Z_3 und zusätzlich vom Rohmaterial 10 ME von M_1, 20 ME von M_2 und 20 ME von M_3 abgegeben werden sollen?

		Zwischenprodukt Z_1	Z_2	Z_3
Materialverbrauch des Teilbetriebes	M_1	1	1	1
	M_2		1	1
	M_3	1		1
Verbrauch an Zwischenprodukten bei der Endfertigung	F_1	1	1	
	F_2		1	1
	F_3			2

4.8 In einem Unternehmen werden Zwischenprodukte (Z) eines Teilbetriebes zu Fertigprodukten (F) verarbeitet. Der (Roh-)Materialverbrauch (M) des Teilbetriebes und der Bedarf an Zwischenprodukten für die Endfertigung sind der folgenden Tabelle zu entnehmen:

alle Angaben in Mengeneinheiten ME !	Materialverbrauch des Teilbetriebes			Verbrauch an Zwischenprodukten bei der Endfertigung		
	M_1	M_2	M_3	F_1	F_2	F_3
Zwischenprodukt Z_1	1		1	2	3	
Zwischenprodukt Z_2	2	2		1	3	3
Zwischenprodukt Z_3	1	1	2		1	2

Welche Mengen an Rohmaterial können bei einer Endfertigung (F) von F_1 30, von F_2 20 und von F_3 70 ME abgegeben werden, wenn zusätzlich von den Zwischenprodukten 5 ME von Z_1, 25 ME von Z_2 und 50 ME von Z_3 abgegeben werden sollen?
An Rohmaterial sind die Mengen M_1 mit 900, M_2 mit 900 und M_3 mit 900 ME vorhanden.

4.9 In einem Unternehmen werden Halbprodukte (H) eines Teilbetriebes zu Endprodukten (E) verarbeitet. Der (Roh-)Materialverbrauch (R) des Teilbetriebes und der Bedarf an Halbprodukten für die Endfertigung sind der folgenden Tabelle zu entnehmen:

alle Angaben in Mengeneinheiten ME !	Materialverbrauch des Teilbetriebes			Verbrauch an Halbprodukten bei der Endfertigung	
	R_1	R_2	R_3	E_1	E_2
Halbprodukt H_1	1	3		5	4
Halbprodukt H_2			0,1		1
Halbprodukt H_3	2	2		1	2

An Rohmaterial sind die Mengen R_1 mit 3800ME, R_2 mit 8400ME und R_3 mit 30ME vorhanden.
Können 300ME von E_1 und 200ME von E_2 hergestellt werden, wenn

a) vom Halbprodukt H_3 0,02ME für die Produktion von H_1 und 0,01ME für die Produktion von H_2 im Eigenverbrauch benötigt werden?
b) vom Halbprodukt H_3 nur 0,01ME für die Produktion von H_1 und 0,01ME für die Produktion von H_2 im Eigenverbrauch benötigt werden?

4.10 Man bestimme die Eigenwerte der Matrizen

$$\mathbf{A} = \begin{pmatrix} 5 & -2 \\ -3 & 4 \end{pmatrix}, \quad \mathbf{B} = \begin{pmatrix} 5 & 1 \\ 1 & 3 \end{pmatrix}, \quad \mathbf{C} = \begin{pmatrix} 7 & 1 \\ 2 & 3 \end{pmatrix}, \quad \mathbf{D} = \begin{pmatrix} 2 & 1 \\ 2 & 2 \end{pmatrix}$$

4.11 Wie lauten die Eigenwerte und die Eigenvektoren der Matrizen?

$$\mathbf{A} = \begin{pmatrix} 1 & 1 & 0 \\ 1 & 2 & 1 \\ 0 & 1 & 1 \end{pmatrix}, \ \mathbf{B} = \begin{pmatrix} 2 & 2 & 0 \\ 2 & 4 & 2 \\ 0 & 2 & 2 \end{pmatrix}, \ \mathbf{C} = \begin{pmatrix} 1 & 2 & 2 \\ 2 & 2 & 1 \\ 2 & 1 & 2 \end{pmatrix}, \mathbf{D} = \begin{pmatrix} 2 & 0 & 0 \\ 0 & 2 & 1 \\ 0 & 1 & 2 \end{pmatrix}, \ \mathbf{F} = \begin{pmatrix} 3 & 0 & 0 \\ 0 & 3 & 1 \\ 0 & 1 & 3 \end{pmatrix}$$

4.12 Sind die Matrizen positiv definit?

$$\mathbf{A_1} = \begin{pmatrix} 7 & 1 & 3 \\ 1 & 5 & 5 \\ 3 & 5 & 6 \end{pmatrix}, \ \mathbf{A_2} = \begin{pmatrix} 1 & 3 & 5 \\ 3 & 11 & 7 \\ 5 & 7 & 2 \end{pmatrix}, \ \mathbf{A_3} = \begin{pmatrix} 7 & 1 & 5 \\ 1 & 4 & 3 \\ 5 & 3 & 5 \end{pmatrix}$$

Wie lautet die quadratische Form $q(\mathbf{x}) = \mathbf{x}^T \mathbf{A} \mathbf{x}$ der Matrizen $\mathbf{A_i}$?

4.13 Sind die quadratischen Formen positiv definit?

a) $q(\mathbf{x}) = 4 x_1^2 + 3 x_2^2 + 2 x_3^2 + 2 x_1 x_2$
b) $q(\mathbf{x}) = -2x_1^2 - 2x_2^2 - 3x_3^2 + 4 x_1 x_3$
c) $q(\mathbf{x}) = 5 x_1^2 + 3 x_3^2 + 4 x_2 x_3$

Lineare Ungleichungssysteme

5.1 Die Firma **DingO** fertigt aus einem Grundmaterial die zwei Produkte Ding1 und Ding2. In dem Unternehmen gibt es Engpässe bei dem Grundmaterial und den Maschinenlaufzeiten in zwei Abteilungen. In der Tabelle sind die notwendigen Zahlen enthalten.

	Verfügbare Menge	Verbrauch je Einheit	
		Ding1	Ding2
Grundmaterial (t)	80	1	2
Maschine I (h)	100	2	1
Maschine II (h)	30		1

Man bestimme alle möglichen Lösungen grafisch und rechnerisch.

5.2 Zwei Produkte werden aus drei verschiedenen Rohmaterialien nach unterschiedlichen Rezepten hergestellt. Welche Mengen der beiden Produkte lassen sich erzeugen, wenn die Mengen der Rohmaterialien begrenzt sind?

Man stelle zunächst das zugehörige Ungleichungssystem auf.

Man bestimme die zulässige Lösungsmenge grafisch und rechnerisch.

Rohmaterial	Produkt		Vorhandene Mengen
	1	2	
1	2	4	900
2	3	3	900
3	5		1000

5.3 Man löse das lineare Ungleichungssystem grafisch und rechnerisch

$$7x_1 + 7x_2 \leq 630$$
$$-2x_1 + x_2 \leq 60 \quad \text{mit} \quad x_1, x_2 \geq 0 \ .$$
$$x_1 + 8x_2 \geq 160$$

5.4 Man löse das lineare Ungleichungssystem grafisch und rechnerisch

$$x_1 + 2x_2 \leq 42$$
$$2x_1 + x_2 \leq 60$$
$$-x_1 + x_2 \leq 72 \quad \text{mit} \quad x_1 = beliebig \quad \text{und} \quad x_2 \geq 0 \ .$$
$$x_1 + x_2 \geq 6$$

5.5 Die Firma **MultiMix** stellt ein bestimmtes Produkt durch Mischen zweier Ausgangsstoffe A_1 und A_2 her. Die in den Ausgangsmaterialien vorkommenden Spurenelemente E_1, E_2 und E_3 dürfen eine Maximalmenge nicht überschreiten.

Spurenelemente (mg)	Ausgangsmaterial		zulässige Maximalmenge
	A_1	A_2	
E_1	1	2	1,8
E_2	10	5	9
E_3	5	6	6

Von dem Spurenelement E_3 müssen mindestens 3 mg in dem Endprodukt enthalten sein. Da nicht bekannt ist, welche Mengen von dem Produkt hergestellt werden, wird die Berechnung für eine Mengeneinheit (ME) des Produktes durchgeführt. Man bestimme alle möglichen Mischungsverhältnisse grafisch und rechnerisch.
Hinweis: Alle Zahlen in der Tabelle sind in mg je ME gegeben.

5.6 Ein Unternehmen produziert zwei verschiedene Produkte **A** und **B**. Für die Produktion kann der Unternehmer 600 h einsetzen. Weiter ist bekannt:

	Produkt **A**	Produkt **B**
Bearbeitungszeit je Produkt [h]	6	8

Es sind noch weitere Bedingungen zu berücksichtigen:
Von Produkt **A** sollen mindestens 20 Stück, jedoch höchstens 80 Stück hergestellt werden.
Von **B** sollen höchstens das Vierfache der Stückzahl von **A** produziert werden.
Welche möglichen Stückzahlen kann das Unternehmen produzieren?

5.7 Ein Weinhändler möchte sein Weiß- und Rotweinlager neu auffüllen. Beim Einkauf muss er Mindestabnahmemengen, seine eigene Lagerkapazität und den Einkaufspreis beachten.

	Weißwein	Rotwein
Maximale Lagerkapazität [l]	9.000	8.000
Einkaufspreis je Liter [€]	0,40	0,30
Mindestabnahmemenge in Liter	3.000	2.000

Der Anteil von Rotwein soll mindestens 25% der Einkaufsmenge betragen. Welche Mengen an Weiß- bzw. Rotwein kann er ordern, wenn höchstens 4.800 € ausgegeben werden sollen?

5.8   In einem Unternehmen können drei verschiedene Produkte mit unterschiedlichen Technologien hergestellt werden. Für die Anwendung der einzelnen Technologien sind jedoch Grenzen durch die Zeitfonds beim Fräsen, Drehen und Schweißen gegeben. In der Tabelle sind die Werte [Maschinenstunden je Stück] dargestellt.

	Zeitaufwand für die Bearbeitung eines Stücks des jeweiligen Produkts							
	Produkt 1			Produkt 2			Produkt 3	
Technologie	1	2	3	1	2	3	1	2
Fräsen	2	2	1	3		4	3	3
Drehen	3	1	2	1	2		5	6
Schweißen		1	3	2	3	1	1	

Formulieren Sie das mathematische Modell, wenn für das Fräsen 200h, für das Drehen 340h und für das Schweißen 480h zur Verfügung stehen.

Lineare Optimierung

6.1 Man löse das lineare Optimierungsproblem grafisch und rechnerisch
$$z = 5x_1 + 4x_2 \rightarrow \max$$

$$
\begin{aligned}
x_1 &+ x_2 &\leq& \ 10 \\
x_1 &+ 2x_2 &\leq& \ 16 \quad \text{mit } x_1, x_2 \geq 0. \\
3x_1 &+ x_2 &\leq& \ 24
\end{aligned}
$$

6.2 Man löse das lineare Optimierungsproblem grafisch und rechnerisch
- a) $z = 9x_1 + 12x_2 \rightarrow \max$
- b) $z = 9x_1 + 12x_2 \rightarrow \min$
- c) $z = 6x_1 + 6x_2 \rightarrow \min$ unter den Bedingungen

$$
\begin{aligned}
x_1 &+ x_2 &\geq& \ 11 \\
3x_1 &+ 2x_2 &\leq& \ 30 \quad \text{mit } x_1, x_2 \geq 0. \\
x_1 &+ 2x_2 &\leq& \ 18
\end{aligned}
$$

6.3 Man löse das lineare Optimierungsproblem grafisch und rechnerisch
$$z = x_1 + x_2 \rightarrow \min$$

$$
\begin{aligned}
x_1 &+ 5x_2 &\geq& \ 25 \\
x_1 &+ 2x_2 &\geq& \ 16 \\
4x_1 &+ 5x_2 &\geq& \ 40 \quad \text{mit } x_1, x_2 \geq 0. \\
2x_1 &+ x_2 &\geq& \ 14
\end{aligned}
$$

6.4 Man löse das lineare Optimierungsproblem
$$z = 2x_1 + x_2 \rightarrow \max$$

$$
\begin{aligned}
3x_1 &+ 2x_2 &\geq& \ 12 \\
-x_1 &+ 2x_2 &\leq& \ 6 \quad \text{mit } x_1, x_2 \geq 0. \\
&\ x_2 &\leq& \ 8
\end{aligned}
$$

6.5 Man löse das lineare Optimierungsproblem grafisch und rechnerisch

$$
\begin{aligned}
x_1 &+ x_2 &=& \ 10 \\
x_1 &+ 2x_2 &\leq& \ 16 \quad \text{mit } x_1, x_2 \geq 0. \\
3x_1 &+ x_2 &\leq& \ 24
\end{aligned}
$$

a) $z = 5x_1 + 4x_2 \rightarrow \max$ b) $z = 5x_1 - 3x_2 \rightarrow \min$

6.6 Man löse das lineare Optimierungsproblem grafisch und rechnerisch
$$z = 2x_1 + x_2 \rightarrow \max$$

$$
\begin{aligned}
3x_1 &+ 2x_2 &=& \ 12 \\
-x_1 &+ 2x_2 &\leq& \ 6 \quad \text{mit } x_1, x_2 = beliebig. \\
x_1 & &\leq& \ 8
\end{aligned}
$$

6.7 Man löse das lineare Optimierungsproblem grafisch und rechnerisch

a) $z = 2x_1 - 2x_2 \to$ max   b) $z = -2x_1 + 3x_2 \to$ max   c) $z = 2x_1 - 2x_2 \to$ min

$$7x_1 \quad +7x_2 \quad \leq \quad 630$$
$$-2x_1 \quad +x_2 \quad \leq \quad 60 \quad \text{mit } x_1, x_2 \geq 0.$$
$$x_1 \quad +8x_2 \quad \geq \quad 160$$

6.8   Die Firma **DingO** fertigt aus einem Grundmaterial die zwei Produkte Ding1 und Ding2. In dem Unternehmen gibt es Engpässe bei dem Grundmaterial und den Maschinenlaufzeiten in zwei Abteilungen. In der Tabelle sind die notwendigen Zahlen enthalten.

	Verfügbare Menge	Verbrauch je Einheit	
		Ding1	Ding2
Grundmaterial (t)	80	1	2
Maschine I (h)	100	2	1
Maschine II (h)	30		1

Welche maximale Anzahl an Produkten kann die Firma DingO fertigen?

6.9   Man bestimme für die Aufgabe 5.3 Lösungen, wenn als Zielfunktion $z = 3x_1 + 3x_2 \to$ max angenommen wird.

6.10   Welche Lösungen ergeben sich für Aufgabe 5.4 unter Benutzen der Zielfunktion $z = 6x_1 + 4x_2 \to$ max?

6.11   Zwei Produkte werden aus drei verschiedenen Rohmaterialien nach unterschiedlichen Rezepten hergestellt. (siehe Aufgabe 5.2)

Welche maximalen Anzahlen der Produkte lassen sich erzeugen?

Rohmaterial	Produkt		Vorhandene Mengen
	1	2	
1	2	4	900
2	3	3	900
3	5		1000

6.12   Ein Weinhändler möchte sein Weiß- und Rotweinlager neu auffüllen. Beim Einkauf muss er Mindestabnahmemengen, seine eigene Lagerkapazität und den Einkaufspreis beachten. (siehe Aufgabe 5.7)

	Weißwein	Rotwein
Maximale Lagerkapazität [l]	9.000	8.000
Einkaufspreis je Liter [€]	0,40	0,30
Mindestabnahmemenge [l]	3.000	2.000

Der Anteil von Rotwein soll mindestens 25% der Einkaufsmenge betragen. Welche Mengen an Weiß- bzw. Rotwein kann er ordern, wenn höchstens 4.800 € ausgegeben werden sollen?
Der Weinhändler erzielt im Verkauf aus Weiß- und Rotwein den gleichen Gewinn je Liter Wein. Welche Mengen sollte er einkaufen, um einen maximalen Gewinn zu erzielen?

6.13 Man löse das lineare Optimierungsproblem $z = 4x_1 + 4x_2 + 3x_3 \to \max$

$$
\begin{array}{rcrcrcl}
x_1 & +x_2 & +x_3 & \le & 20 \\
3x_1 & +x_2 & +x_3 & \le & 36 \\
x_1 & +x_2 & -x_3 & = & 0 \\
x_1 & +4x_2 & +x_3 & \le & 35 \\
\end{array}
\qquad \text{mit } x_1, x_2, x_3 \ge 0.
$$

6.14 Man löse das lineare Optimierungsproblem $z = 2x_1 + x_2 + 3x_3 + x_4 + 2x_5 \to max$

$$
\begin{array}{rcrcrcrcrcl}
x_1 & +2x_2 & +x_3 & & & +x_5 & \le & 100 \\
& x_2 & +x_3 & +x_4 & +x_5 & = & 80 \\
x_1 & & +x_3 & +x_4 & & = & 50 \\
\end{array}
\quad \text{mit } x_2 \ge 10, \ x_4 \ge 10, \ x_1, x_3, x_5 \ge 0.
$$

6.15 Man löse das lineare Optimierungsproblem $z = 2x_1 + x_2 - 2x_3 \to min$

$$
\begin{array}{rcrcrcl}
x_1 & +x_2 & +2x_3 & \le & 6 \\
x_1 & -2x_2 & +x_3 & \le & 5 \\
2x_1 & -x_2 & +2x_3 & \ge & 7 \\
\end{array}
\quad \text{mit } x_2 \text{ beliebig und } x_1, x_3 \ge 0.
$$

6.16 Man löse das lineare Optimierungsproblem $z = x_1 - 4x_2 \to max$

$$
\begin{array}{rcrcl}
x_1 & +2x_2 & \ge & 14 \\
-x_1 & +3x_2 & \ge & 6 \\
x_1 & & \ge & 3 \\
\end{array}
\quad \text{mit } x_1, x_2 \ge 0.
$$

6.17   Ein Unternehmen produziert ein Material, dessen Parameter sich aus dem Mischungsverhältnis (gewogenes Mittel) der Grundstoffe zueinander ableiten lassen.

Parameter	G_1	G_2	G_3
Dichte	0,96	0,92	1,04
Gehalt Bestandteil B	18%	12%	25%
Siedetemperatur	550°C	600°C	690°C

Das produzierte Material soll die folgenden Eigenschaften (Parameter) besitzen:
- Dichte höchstens 1
- Gehalt des Bestandteils B mindestens 20%
- Siedetemperatur mindestens 600°C .
In welchen Mengenverhältnissen müssen die Grundstoffe G_1, G_2 und G_3 verwendet werden, um das geforderte Material möglichst kostengünstig zu produzieren, wenn die Preise der Grundstoffe $G_1 = 160$ €, $G_2 = 360$ € und $G_3 = 150$ € betragen?
Da nicht bekannt ist, welche Mengen von dem Material hergestellt werden, wird die Berechnung für eine Mengeneinheit (ME) des Produktes durchgeführt.

6.18 In einem Dienstleistungsunternehmen werden im Durchschnitt über den Tag verteilt folgende Zahlen an Mechanikern benötigt:

Uhrzeit	Anzahl der Mechaniker
00.00 - 04.00	2
04.00 - 08.00	3
08.00 - 12.00	6
12.00 - 16.00	9
16.00 - 20.00	8
20.00 - 24.00	4

Die Mechaniker können ihre Schicht um 0, 4, 8, 12, 16 oder 20 Uhr beginnen und sind dann 8 Stunden hintereinander im Einsatz.
Finden Sie einen Einsatzplan mit einer Minimalzahl an Mechanikern, wenn die Pausenregelung in den 8 Stunden enthalten ist. Formulieren Sie ein mathematisches Modell.

6.19 Eine Mischung soll aus zwei Grundstoffen G_1 und G_2 hergestellt werden. Der Grundstoff 1 kostet € 500 und der Grundstoff 2 € 210 je 100 kg. Das Verhältnis von Grundstoff 1 zu Grundstoff 2 soll mindestens 1 : 2 und höchstens 5 : 4 betragen. Es sollen mindestens 1 800 kg und höchstens 2 700 kg der Mischung hergestellt werden.
Wie viel Mengen von Grundstoff 1 und Grundstoff 2 müssen bereitgestellt werden, um unter den gegebenen Restriktionen eine Mischung mit minimalen Gesamtkosten zu erhalten?
Geben Sie auch die hergestellte Menge der Mischung, die minimalen Gesamtkosten und die Durchschnittskosten je 100 kg der Mischung an.

Ausgewählte Lösungen

1.1 a) −1248   b) 4   c) 2   d) 18   e) 16   f) 0   g) 3648   h) -1344

1.2 a) $\begin{bmatrix} -1 & -1 & 1 \\ -1 & 2 & -2 \\ 3 & -6 & 3 \end{bmatrix}$ b) $\begin{bmatrix} 0 & 1 & 1 \\ 1 & 1 & 1 \\ 1 & 1 & 0 \end{bmatrix}$ c) $\begin{bmatrix} 1 & 2 & -1 \\ -2 & -2 & 2 \\ 1 & -2 & 1 \end{bmatrix}$ f) 22, 4320

1.3 a) −1; 1; −2 b) 3; 5; −2; 1 c) 3; 2; 7; −143 d) 1; −3; 45; −200

1.4 a) (−4 −23 −19)   b) (1 −1 −2)   1.5 a) $t_{1,2} = \pm\sqrt{2}$ b) $t_1 = 4$, $t_2 = -2$
c) wie b)

2.1 $\begin{pmatrix} 5 & 7 & 48 \\ -23 & 31 & 7 \end{pmatrix}$ 2.2 $\begin{pmatrix} 23 & -41 \\ -18 & 58 \end{pmatrix}$ 2.5   1

2.3 $\mathbf{a}^T \mathbf{B} \mathbf{a} = (0)$, $\mathbf{B} \mathbf{D} = \begin{pmatrix} 4 & 12 & -21 \\ -6 & 15 & 3 \\ 2 & -30 & 15 \end{pmatrix}$, $\mathbf{D} \mathbf{B} = \begin{pmatrix} 4 & 8 & 14 \\ -9 & 15 & -3 \\ -3 & 30 & 15 \end{pmatrix}$

2.6 a) $(M_1 \ M_2 \ M_3) = (4.741 \ 4.819 \ 4.106)$ b) (4.933 4.983 4.216)

2.7 (12.954 14.834 8.334) 2.8 a) $\begin{pmatrix} 9 & 10 & 10 \\ 5 & 14 & 11 \\ 6 & 6 & 11 \end{pmatrix}$ b) (2.315 2.750 1.785)

2.9 (339 105 44 32) kg   2.10 $\mathbf{x}_1^T = (88 \ 53 \ 24)$, $\mathbf{x}_2^T = (154 \ 182)$

2.11 $\begin{bmatrix} 0,3 & 0,31 & 0,317 & 0,322 & 0,325 \\ 0,3 & 0,248 & 0,23 & 0,225 & 0,225 \\ 0,3 & 0,253 & 0,224 & 0,206 & 0,195 \\ 0,1 & 0,189 & 0,229 & 0,247 & 0,256 \end{bmatrix}$ 2.12 $\begin{bmatrix} 0 & 0,2 & 0,32 & 0,392 & 0,435 \\ 0,3 & 0,26 & 0,225 & 0,201 & 0,186 \\ 0,3 & 0,25 & 0,217 & 0,196 & 0,182 \\ 0,4 & 0,29 & 0,238 & 0,211 & 0,197 \end{bmatrix}$

3.1 a) (−4 −23 −19)   b) (1 −1 −2)   c) (1 2 4 −1)

3.2 $t = 8$ $\mathbf{x} = \begin{pmatrix} 2 \\ 0 \\ 0 \\ 0 \end{pmatrix} + t_1 \begin{pmatrix} 3 \\ -1 \\ 1 \\ 0 \end{pmatrix} + t_2 \begin{pmatrix} 7 \\ -4 \\ 0 \\ 1 \end{pmatrix}$ 3.3 $\mathbf{x} = \begin{pmatrix} 6 \\ -2 \\ 0 \\ 0 \end{pmatrix} + t_1 \begin{pmatrix} -1 \\ 0 \\ 1 \\ 0 \end{pmatrix} + t_2 \begin{pmatrix} 0 \\ 1 \\ 0 \\ 1 \end{pmatrix}$

3.4 $\mathbf{x} = t \begin{pmatrix} -2 \\ -\frac{9}{2} \\ -\frac{3}{2} \\ 1 \end{pmatrix}$ 3.5 $\mathbf{x} = \begin{pmatrix} \frac{5}{2} \\ \frac{1}{2} \\ 1 \\ 0 \\ 0 \end{pmatrix} + t_1 \begin{pmatrix} -\frac{3}{2} \\ \frac{1}{2} \\ 0 \\ 1 \\ 0 \end{pmatrix} + t_2 \begin{pmatrix} -\frac{7}{2} \\ \frac{1}{2} \\ 3 \\ 0 \\ 1 \end{pmatrix}$

3.6 $\mathbf{x} = \begin{pmatrix} -1 \\ 2 \\ 0 \\ 0 \\ 0 \end{pmatrix} + t_1 \begin{pmatrix} \frac{5}{3} \\ -\frac{4}{3} \\ -\frac{1}{3} \\ 1 \\ 0 \end{pmatrix} + t_2 \begin{pmatrix} \frac{1}{3} \\ -\frac{2}{3} \\ -\frac{2}{3} \\ 0 \\ 1 \end{pmatrix}$ 3.7 $\mathbf{x} = \begin{pmatrix} 1 \\ 1 \\ -1 \\ 0 \\ 0 \\ 0 \end{pmatrix} + t_1 \begin{pmatrix} -1 \\ 0 \\ 0 \\ 1 \\ 0 \\ 0 \end{pmatrix} + t_2 \begin{pmatrix} \frac{3}{5} \\ -\frac{7}{5} \\ -\frac{6}{5} \\ 0 \\ 1 \\ 0 \end{pmatrix} + t_3 \begin{pmatrix} -\frac{12}{5} \\ \frac{8}{5} \\ \frac{9}{5} \\ 0 \\ 0 \\ 1 \end{pmatrix}$

3.8 a) $\mathbf{p} = \begin{pmatrix} -1 \\ 1 \\ -\frac{1}{4} \\ \frac{4}{5} \\ 0 \end{pmatrix} + t \begin{pmatrix} 3 \\ -2 \\ \frac{3}{2} \\ -\frac{6}{5} \\ 1 \end{pmatrix}$ b) $\mathbf{r} = \begin{pmatrix} 8 \\ 3 \\ 2 \\ 1 \\ 0 \end{pmatrix} + t \begin{pmatrix} 2 \\ 1 \\ 1 \\ 1 \\ 1 \end{pmatrix}$ 3.11 $\mathbf{x} = t_1 \begin{pmatrix} -1 \\ -1 \\ 1 \\ 0 \end{pmatrix} + t_2 \begin{pmatrix} -1 \\ 3 \\ 0 \\ 1 \end{pmatrix}$

3.12 $\mathbf{x} = \begin{pmatrix} \frac{11}{6} \\ \frac{10}{3} \\ 0 \\ 0 \end{pmatrix} + t_1 \begin{pmatrix} \frac{1}{6} \\ -\frac{10}{3} \\ 1 \\ 0 \end{pmatrix} + t_2 \begin{pmatrix} -2 \\ 0 \\ 0 \\ 1 \end{pmatrix}$

4.1 $\mathbf{A}^{-1} = \begin{pmatrix} -2 & 4 & 1 & 1 \\ -2 & 5 & 1 & 0 \\ 1 & -2 & 0 & -1 \\ 2 & -4 & -1 & 0 \end{pmatrix}$ $\mathbf{B}^{-1} = \begin{pmatrix} 1 & 0 & -\frac{1}{2} & 0 \\ \frac{2}{3} & \frac{1}{3} & -\frac{1}{3} & -\frac{1}{3} \\ -1 & 0 & 1 & 0 \\ -1 & 0 & 0 & 1 \end{pmatrix}$

$\mathbf{C}^{-1} = \begin{pmatrix} 2 & -1 & -1 & 1 \\ 0 & \frac{1}{2} & 1 & -\frac{1}{2} \\ 5 & -4 & -3 & 2 \\ 2 & -\frac{3}{2} & -1 & \frac{1}{2} \end{pmatrix}$ 4.2 $\mathbf{X} = \begin{pmatrix} -2 & -4 & -9 \\ -1 & 2 & 0 \\ 1 & -4 & -3 \end{pmatrix}$ 4.3 a) $\mathbf{X} = \begin{pmatrix} 1 & 1 & 2 \\ 1 & 2 & 0 \\ 2 & 0 & 3 \end{pmatrix}$

b) $\mathbf{X} = \begin{pmatrix} 1 & 2 & 3 \\ 0 & 1 & 2 \\ 0 & 0 & 1 \end{pmatrix}$ 4.4 $\mathbf{X} = \begin{pmatrix} 5 & 6 & 15 \\ -1 & 1 & -5 \\ 10 & 11 & 22 \end{pmatrix}$ 4.5 $\mathbf{X} = \begin{bmatrix} 1 \\ -1 \\ 2 \end{bmatrix}$

4.6 $\mathbf{y_2}^T = (-105 \ 5 \ 2345)$ 4.7 $\mathbf{f}^T = (207 \ 81 \ 102)$ 4.8 $\mathbf{y_1}^T = (-85 \ 40 \ 355)$

4.9 a) $\mathbf{y_1}^T = (4\ \ 4\ \ 10)$ b) $\mathbf{y_1}^T = (50\ \ 50\ \ 10)$

4.10 **A** : $t_1 = 7,\ t_2 = 2$ **B:** $t_{1,2} = 4 \pm \sqrt{2}$ **C:** $t_{1,2} = 5 \pm \sqrt{6}$ **D:** $t_{1,2} = 2 \pm \sqrt{2}$

4.11 **A** : $\lambda_1 = 0,\ \mathbf{x_1^0} = \dfrac{1}{\sqrt{3}}\begin{pmatrix} 1 \\ -1 \\ 1 \end{pmatrix}$; $\lambda_2 = 1,\ \mathbf{x_2^0} = \dfrac{1}{\sqrt{2}}\begin{pmatrix} -1 \\ 0 \\ 1 \end{pmatrix}$; $\lambda_3 = 3,\ \mathbf{x_3^0} = \dfrac{1}{\sqrt{6}}\begin{pmatrix} 1 \\ 2 \\ 1 \end{pmatrix}$

B : $\lambda_1 = 0,\ \mathbf{x_1^0} = \dfrac{1}{\sqrt{2}}\begin{pmatrix} 1 \\ -1 \\ 1 \end{pmatrix}$; $\lambda_2 = 2,\ \mathbf{x_2^0} = \dfrac{1}{\sqrt{2}}\begin{pmatrix} -1 \\ 0 \\ 1 \end{pmatrix}$; $\lambda_3 = 6,\ \mathbf{x_3^0} = \dfrac{1}{\sqrt{6}}\begin{pmatrix} 1 \\ 2 \\ 1 \end{pmatrix}$

C : $\lambda_1 = -1,\ \mathbf{x_1^0} = \dfrac{1}{\sqrt{6}}\begin{pmatrix} -2 \\ 1 \\ 1 \end{pmatrix}$; $\lambda_2 = 1,\ \mathbf{x_2^0} = \dfrac{1}{\sqrt{2}}\begin{pmatrix} 0 \\ -1 \\ 1 \end{pmatrix}$; $\lambda_3 = 5,\ \mathbf{x_3^0} = \dfrac{1}{\sqrt{3}}\begin{pmatrix} 1 \\ 1 \\ 1 \end{pmatrix}$

4.12 $\mathbf{A_1}$ ja ; $\mathbf{A_2}$ nein ; $\mathbf{A_3}$ ja   4.13 a) ja   b) nein   c) nein

5.1 $\mathbf{x} = t_1\begin{pmatrix} 0 \\ 0 \end{pmatrix} + t_2\begin{pmatrix} 0 \\ 30 \end{pmatrix} + t_3\begin{pmatrix} 20 \\ 30 \end{pmatrix} + t_4\begin{pmatrix} 40 \\ 20 \end{pmatrix} + t_5\begin{pmatrix} 50 \\ 0 \end{pmatrix}$ mit $t_j \geq 0$ und $\sum\limits_{j=1}^{5} t_j = 1$.

5.2 $\mathbf{x} = t_1\begin{pmatrix} 0 \\ 0 \end{pmatrix} + t_2\begin{pmatrix} 200 \\ 0 \end{pmatrix} + t_3\begin{pmatrix} 200 \\ 100 \end{pmatrix} + t_4\begin{pmatrix} 150 \\ 150 \end{pmatrix} + t_5\begin{pmatrix} 0 \\ 225 \end{pmatrix}$ mit $t_j \geq 0$ und $\sum\limits_{j=1}^{5} t_j = 1$.

5.3 $\mathbf{x} = t_1\begin{pmatrix} 0 \\ 60 \end{pmatrix} + t_2\begin{pmatrix} 10 \\ 80 \end{pmatrix} + t_3\begin{pmatrix} 80 \\ 10 \end{pmatrix} + t_4\begin{pmatrix} 0 \\ 20 \end{pmatrix}$ mit $t_j \geq 0$ und $\sum\limits_{j=1}^{4} t_j = 1$.

5.4 $\mathbf{x} = t_1\begin{pmatrix} -30 \\ 36 \end{pmatrix} + t_2\begin{pmatrix} 6 \\ 0 \end{pmatrix} - t_3\begin{pmatrix} 30 \\ 0 \end{pmatrix} + t_4\begin{pmatrix} 26 \\ 8 \end{pmatrix}$ mit $t_j \geq 0$ und $\sum\limits_{j=1}^{4} t_j = 1$.

5.5 $\mathbf{x} = t_1\begin{pmatrix} 4/5 \\ 1/5 \end{pmatrix} + t_2\begin{pmatrix} 1/5 \\ 4/5 \end{pmatrix}$ mit $t_j \geq 0$ und $\sum\limits_{j=1}^{2} t_j = 1$.

5.6 $\mathbf{x} = t_1\begin{pmatrix} 20 \\ 0 \end{pmatrix} + t_2\begin{pmatrix} 80 \\ 0 \end{pmatrix} + t_3\begin{pmatrix} 80 \\ 15 \end{pmatrix} + t_4\begin{pmatrix} 20 \\ 60 \end{pmatrix}$ mit $t_j \geq 0$ und $\sum\limits_{j=1}^{4} t_j = 1$.

5.7 $\mathbf{x} = t_1\begin{pmatrix} 3 \\ 2 \end{pmatrix} + t_2\begin{pmatrix} 6 \\ 2 \end{pmatrix} + t_3\begin{pmatrix} 9 \\ 3 \end{pmatrix} + t_4\begin{pmatrix} 9 \\ 4 \end{pmatrix} + t_5\begin{pmatrix} 6 \\ 8 \end{pmatrix} + t_6\begin{pmatrix} 3 \\ 8 \end{pmatrix}$ mal Tausend mit $t_j \geq 0$ und $\sum\limits_{j=1}^{6} t_j = 1$.

5.8
$$\begin{aligned}
2x_{11} + 2x_{12} + x_{13} + 3x_{21} \phantom{+2x_{22}} + 4x_{23} + 3x_{31} + 3x_{32} &\leq 200 \\
3x_{11} + x_{12} + 2x_{13} + x_{21} + 2x_{22} \phantom{+4x_{23}} + 5x_{31} + 6x_{32} &\leq 340 \\
x_{12} + 3x_{13} + 2x_{21} + 3x_{22} + x_{23} + x_{31} \phantom{+6x_{32}} &\leq 480 \\
x_{11}, x_{12}, x_{13}, x_{21}, x_{22}, x_{23}, x_{31}, x_{32} &\geq 0
\end{aligned}$$

6.1 $\mathbf{x_{opt}} = \begin{pmatrix} 7 \\ 3 \end{pmatrix}$, $z_{max} = 47$ 6.2 a) $\mathbf{x_{max}} = \begin{pmatrix} 6 \\ 6 \end{pmatrix}$, $z_{max} = 126$, b) $\mathbf{x_{min}} = \begin{pmatrix} 8 \\ 3 \end{pmatrix}$, $z_{min} = 108$

c) $x_{1min} = \begin{pmatrix} 8 \\ 3 \end{pmatrix}$, $x_{2min} = \begin{pmatrix} 4 \\ 7 \end{pmatrix}$, $\mathbf{x_{min}} = t_1 \begin{pmatrix} 8 \\ 3 \end{pmatrix} + t_2 \begin{pmatrix} 4 \\ 7 \end{pmatrix}$, $t_1 + t_2 = 1$, $t_1, t_2 \geq 0$, $z_{min} = 66$,

6.3 $\mathbf{x_{opt}} = \begin{pmatrix} 4 \\ 6 \end{pmatrix}$, $z_{min} = 10$ 6.4 Keine Lösung   6.5 $\mathbf{x_{opt}} = \begin{pmatrix} 7 \\ 3 \end{pmatrix}$, $z_{max} = 47$

6.6 $\mathbf{x_{opt}} = \begin{pmatrix} 8 \\ -6 \end{pmatrix}$, $z_{max} = 10$ 6.7 a) (80 ;10),z=140 b) (10 ;80), z=220 6.8 (40 ;20), z=60

6.9 $x_{opt} = t_1 \begin{pmatrix} 10 \\ 80 \end{pmatrix} + t_2 \begin{pmatrix} 80 \\ 10 \end{pmatrix}$, $t_1 + t_2 = 1$, $t_1, t_2 \geq 0$, $z_{max} = 270$ 6.10 (26 ;8), z=188

6.11 $x_{opt} = t_1 \begin{pmatrix} 150 \\ 150 \end{pmatrix} + t_2 \begin{pmatrix} 200 \\ 100 \end{pmatrix}$, $t_1 + t_2 = 1$, $t_1, t_2 \geq 0$, $z = 300$ 6.12   (6T;8T)

6.13 $\mathbf{x_{max}} = t_1 \begin{pmatrix} 8 \\ 2 \\ 10 \end{pmatrix} + t_2 \begin{pmatrix} 5 \\ 5 \\ 10 \end{pmatrix}$, $z = 70$, $t_1 + t_2 = 1$, $t_i \geq 0$

6.14 $\mathbf{x_{max}} = \begin{pmatrix} 20 \\ 10 \\ 20 \\ 10 \\ 40 \end{pmatrix}$, $z = 200$ 6.15 $\mathbf{x_{min}} = \begin{pmatrix} 0 \\ -\frac{4}{5} \\ \frac{17}{5} \end{pmatrix}$, $z = -\frac{38}{5}$ 6.16 (6 ;4), z=−10

6.17 $z = 155$; $\mathbf{x} = \begin{bmatrix} 0{,}5 \\ 0 \\ 0{,}5 \end{bmatrix}$ 6.18 $z = 16$; $\mathbf{x} = t_1 \begin{bmatrix} 2 \\ 1 \\ 5 \\ 4 \\ 4 \\ 0 \end{bmatrix} + t_2 \begin{bmatrix} 0 \\ 3 \\ 3 \\ 6 \\ 2 \\ 2 \end{bmatrix}$, $t_1 + t_2 = 1$, $t_i \geq 0$

Literaturverzeichnis

Blohm, H; u.a.: Produktionswirtschaft, Verlag NWB, Herne/Berlin, 2008

Däumler, K.-D.; Grabe, J.: Kostenrechnung 2, Deckungsbeitragsrechnung, 4. Auflage, Verlag NWB, Herne u. Berlin, 2008

Dück, W; u.a.: Mathematik für Ökonomen, Formeln und Tabellen, Verlag die Wirtschaft, Berlin 2000

Eichholz, W.; Vilkner, E.: Taschenbuch der Wirtschaftsmathematik, 3. Auflage, Fachbuchverlag, Leipzig, 2009

Göhler, W.: Höhere Mathematik, Formeln und Hinweise, B. G. Teubner, Leipzig, 2007

Köhler, H.: Lineare Algebra, 3., durchgesehene und verbesserte Auflage, Hanser Verlag, München, Wien, 1998

Körth, H.; u.a.: Wirtschaftsmathematik, Band 1 und 2, Verlag Die Wirtschaft, Berlin und München, 1992

Larek, E.: Wirtschaftsmathematik – Musteraufgaben mit Musterlösungen, Frank&Timme Verlag für wissenschaftliche Literatur, Berlin, 2008

Luderer, B.; Würker, U.: Einstieg in die Wirtschaftsmathematik, B. G. Teubner, Stuttgart, 2008

Luderer, B.; u.a. : Mathematische Formeln für Wirtschaftswissenschaftler, B. G. Teubner, 1998

Manteuffel, K.; u.a.: Lineare Algebra, Minöl Band 13, B. G. Teubner, Leipzig, 1989

Nollau, V.: Mathematik für Wirtschaftswissenschaftler, 2. Auflage, B. G. Teubner, Leipzig, 2003

Papula, L.: Mathematik für Ingenieure und Naturwissenschaftler, Band 2, 7. Auflage, Vieweg, Braunschweig u. Wiesbaden, 2009

Papula, L.: Mathematische Formelsammlung für Ingenieure und Naturwissenschaftler, 4. Auflage. Vieweg, Braunschweig u. Wiesbaden, 2009

Rödder, W.: Wirtschaftsmathematik für Studium und Praxis 1, Lineare Algebra, Springer, Berlin u. Heidelberg, 1996

Seiffart, E.; Manteuffel, K.: Lineare Optimierung, Minöl Band 14, B. G. Teubner, Leipzig, 1974

Schwarze, J.: Mathematik für Wirtschaftswissenschaftler, Band 3, 9. Auflage, Verlag Neue Wirtschafts-Briefe, Herne u. Berlin, 1992
Stingl, P.: Mathematik für Fachhochschulen, 5. Auflage, Hanser Verlag, 2003

Stopp, F.; u.a.: Lehr- und Übungsbuch Mathematik IV, 13. Auflage, Fachbuchverlag, Leipzig u. Köln, 1992

Sydsæter, K.: Mathematik für Wirtschaftswissenschaftler, Pearson Education Deutschland GmbH, München, 2004

Tietze, J.: Einführung in die angewandte Wirtschaftsmathematik, 4. Auflage, Vieweg, Braunschweig u. Wiesbaden, 2009

Sachwortverzeichnis